面向新工科普通高等教育系列教材

Java Web 开发实用教程

宋　晏　谢永红　主编

陈晓美　副主编

机械工业出版社

本书以 Servlet 技术为起点,注重 Web 编程的原理知识,对 JSP 知识采取必要、必备原则,以 EL 和 JSTL 的使用为重点,通过传统的 MVC 模式应用将 Servlet、JSP 知识融会贯通;最后介绍了基于 Spring 框架技术的 MVC 应用,使读者掌握 Web 编程框架及其设计思想和 MVC 编程方法。

本书强调原理与实战的结合,注重通过实战来提升读者解决实际问题的能力,融合前端和后端技术,打通从学到用的路线,并利用流程图梳理 Web 编程要素:浏览器、服务器、HTTP 之间的工作过程,帮助读者建立清晰的编程思路。

本书可以作为大学本科、专科计算机及相关专业的教材,也可作为 Java 爱好者、工程技术人员的自学参考书。

本书配有授课电子课件、课后习题答案和程序源代码,需要的教师可登录 www.cmpedu.com 免费注册,审核通过后下载,或联系编辑索取(微信:15910938545,电话:010-88379739)。

图书在版编目(CIP)数据

Java Web 开发实用教程 / 宋晏,谢永红主编. —北京:机械工业出版社,2021.3(2024.6 重印)

面向新工科普通高等教育系列教材

ISBN 978-7-111-67589-1

Ⅰ. ①J… Ⅱ. ①宋… ②谢… Ⅲ. ①JAVA 语言-程序设计-高等学校-教材 Ⅳ. ①TP312.8

中国版本图书馆 CIP 数据核字(2021)第 031952 号

机械工业出版社(北京市百万庄大街 22 号 邮政编码 100037)

策划编辑:胡 静   责任编辑:胡 静

责任校对:张艳霞   责任印制:张 博

北京雁林吉兆印刷有限公司印刷

2024 年 6 月第 1 版·第 6 次印刷

184mm×260mm·19 印张·471 千字

标准书号:ISBN 978-7-111-67589-1

定价:69.00 元

电话服务

客服电话:010-88361066

    010-88379833

    010-68326294

封底无防伪标均为盗版

网络服务

机 工 官 网:www.cmpbook.com

机 工 官 博:weibo.com/cmp1952

金 书 网:www.golden-book.com

机工教育服务网:www.cmpedu.com

前　言

百年大计，教育为本。习近平总书记在党的二十大报告中强调"教育、科技、人才是全面建设社会主义现代化国家的基础性、战略性支撑"，首次将教育、科技、人才一体安排部署，赋予教育新的战略地位、历史使命和发展格局。

计算机科学是建立在数学、物理等基础学科之上的一门基础学科，对于社会发展以及现代社会文明都有着十分重要的意义。Java Web 应用开发作为 Web 后端开发的主流技术，在整个计算机相关课程体系中占有重要的地位，不仅仅是计算机学科的核心课程之一，而且已经成为许多其他相关学科所必须学习和掌握的课程。

Web 开发的难度首先在于涉及的技术繁多，以 Java Web 为例，除了本身的核心组件 Servlet 和 JSP 之外，完整的 Web 应用开发还需要具备前端页面和 CSS 的基础知识，同时使用 JavaScript 与后端程序进行交互，最后使用数据库访问技术完成数据存储的持久化。开发过程中除了 Java EE 体系中类库的学习之外，还需要搭建服务器运行环境，并通过对 HTTP 的理解驾驭请求和响应处理。那么，众多的代码从哪里开始写？代码之间的调用关系是什么？如何发起请求、传递数据？如何解决好这些涉及 Web 程序编写思路的问题十分重要。

另一方面 Web 开发打破了一般程序设计的编写调试过程，不只使用 IDE，还需要在服务器环境中部署程序、在浏览器中运行程序；调试程序不仅仅是 IDE 中的事情，还需要浏览器的配合。

并且 Web 开发技术的发展方向是从纯手工编写每行代码到运用框架技术开发应用，通过应用框架技术提升开发效率。

针对 Web 开发的这些特点，本书采取如下编写思路。

（1）以后端编程为主，融合前端设计的拟全栈式开发过程

后端开发以 Servlet 为起点，JSP 知识采取必要、必备原则，从传统 MVC 到 Spring MVC，构建 Web 编程的完整路线。同时，在后端程序的编写过程中融合前端技术，用 Ajax 技术+JSON 数据作为连接线将前端处理与后端处理相结合，实践完整的 Web 开发过程。

本书的案例及课后练习中已具有 CSS 样式设计的相关内容，可以作为前端学习的补充，并直接用于后端开发的实践。

（2）原理与实战并重

本书秉承知其然更知其所以然的思想，注重编程背后的理论知识的讲解，解决为什么浏览器和服务器可以通信，为什么会出现中文乱码，为什么要构建 MVC 模式等问题，让编程的基础更为坚实。

本书每章都包含了大量的 Web 应用实例，如注册登录、论坛、管理信息系统、网上书店等，通过实例讲解 Web 技术的运用，逐步培养学生解决复杂问题的能力，打通从学到用的路线。

（3）使用图表增强文字的表现力

相对于文字而言，图可以更形象、立体地展示知识及彼此间的联系，表可以梳理、对比相关、相似的知识点，从而快速提取到文字的主旨、脉络和精华。

本书尽可能使用图表简明扼要地展示知识结构、编程思路。利用流程图梳理 Web 编程三要素——浏览器、服务器、HTTP 之间的工作过程，建立清晰的 Web 编程思路；通过结构图展示系统各层之间的关系，体现系统架构。

本书各章都通过思维导图对整章知识、案例进行了梳理，提纲挈领，将知识从点连接成线，再构建为面，最终立体化。

本书内容结构如下。

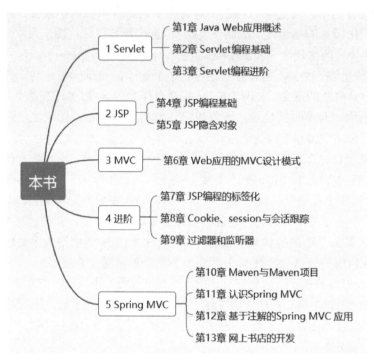

本书还随书提供关键技术索引、课后习题答案及所有程序源代码，可登录机械工业出版社教育服务网 www.cmpedu.com 注册并下载。

如同我们看到的钢琴家每一次流畅的演奏，运动员每一个漂亮的动作……每个成功都有我们没看到、但想象得到的日复一日的练习，编程亦是如此。希望读者在正确学习路线的引导下，通过锲而不舍的练习，稳步前行，掌握 Web 编程技术。

本书由宋晏和谢永红任主编，陈晓美任副主编，参加编写的还有张子萍、张小静。

书中难免有疏漏与不足之处，敬请广大读者批评指正。

编　者

目　　录

第1章 Java Web 应用概述

本章将开启 Java Web 编程的学习之旅，了解 Web 编程的基本概念，搭建 Java Web 编程环境，开始第一个 Java Web 应用的编写。

1.1 Web 应用的概念

Web 应用是运行在 Web 上的应用程序。以浏览器作为通用客户端的应用程序称为 B/S（Browser/Server，浏览器/服务器）模式的应用，还有一种 Web 应用称为 C/S（Client/Server，客户端/服务器）模式。

从使用角度上，B/S 结构的 Web 应用使用标准的浏览器作为客户端，常见的浏览器如 IE 已经作为操作系统的一部分直接被安装，而 C/S 模式的 Web 应用则需要专门安装客户端软件，如 QQ、迅雷等就是典型的 C/S 模式的应用。从技术角度看，B/S 模式的 Web 应用是基于网络应用层协议 HTTP，而 C/S 模式的应用是基于网络层协议 TCP 或 UDP 的。

本书研究的对象为与 WWW（World Wide Web）服务相关的 B/S 结构 Web 应用，浏览器、服务器和 HTTP 是 B/S 结构 Web 应用的三要素。在 Web 服务器上存储了代表各种信息的资源，如 HTML 网页、图片、声音、视频文件等，它们用超链接的方式相互链接；浏览器使用 HTTP 与 Web 服务器通信。

最初的 Web 应用是静态资源的集合，任何用户单击超链接请求资源时，都会获取到固定的内容。随着 Web 应用规模的扩大，海量的静态网页信息难以维护，用户也期待在访问过程中通过交互的方式获取到动态的结果，因此动态的 Web 应用应运而生。动态的 Web 应用中，用户可以向服务器提交请求参数信息，服务器返回到浏览器端的信息不是事先存储在服务器上的静态资源，而是根据用户参数信息动态生成的响应信息。

1.2 搭建 Java Web 编程环境

工欲善其事，必先利其器。学习一门编程语言，首先要搭建好编程环境。

Java Web 编程首先必须安装的是 Java 开发工具包，即 JDK（Java Development Kit），其次是选择一种集成开发环境（Integrated Development Environment，IDE），最后提供一个 Web 工作所需的服务器环境。

在众多的集成开发环境中本书选择 Eclipse，它是一款强大的编程工具，可以集成许多工具，操作简单，工具强大。

Web 编程需要将 Web 应用通过服务器发布运行，在众多的服务器软件中本书选择 Tomcat，它是 Apache Jakarta 项目组开发的产品，是学习开发 Java Web 应用的首选服务器。

万事开头难，在搭建环境的过程中，虽然遇到各种问题，但最重要的是明确每个软件在编程中所起的作用，并理解它们是如何组织在一起进行工作的。

1.2.1 JDK

JDK 包含了 Java 编译、运行、调试等关键命令。Eclipse、Tomcat 因为都是使用 Java 语言开发的，所以也需要 JDK 的支持。因此，搭建环境第一步是去官网（https://www.oracle.com/index.html）下载 JDK。

下载软件时，随着时间的推移和网页不断更新，页面可能会发生一些变化。但以不变应万变的策略，只要以待下载的软件为目标，借助关键词"Java SE"展开搜索，并在返回的结果中找到与"Downloads"相关的链接即可。

本书选择 JDK8 版本，目前 Oracle 建议所有 Java SE 8 用户使用 Java SE 8u241 版本，其中包含了重要的错误修复，如图 1-1 所示。

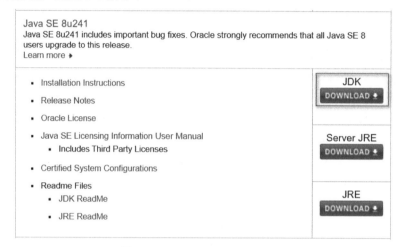

图 1-1　Java SE 8u241 下载页面

选择 JDK 的应用平台时要注意操作系统和字长。对于目前大多数的 Windows 操作系统用户，应该选择 Windows x64，如图 1-2 所示。

Java SE Development Kit 8u241		
You must accept the Oracle Technology Network License Agreement for Oracle Java SE to download this software. ○ Accept License Agreement ⦿ Decline License Agreement		
Product / File Description	File Size	Download
Linux ARM 32 Hard Float ABI	72.94 MB	jdk-8u241-linux-arm32-vfp-hflt.tar.gz
Linux ARM 64 Hard Float ABI	69.83 MB	jdk-8u241-linux-arm64-vfp-hflt.tar.gz
Linux x86	171.28 MB	jdk-8u241-linux-i586.rpm
Linux x86	186.1 MB	jdk-8u241-linux-i586.tar.gz
Linux x64	170.65 MB	jdk-8u241-linux-x64.rpm
Linux x64	185.53 MB	jdk-8u241-linux-x64.tar.gz
Mac OS X x64	254.06 MB	jdk-8u241-macosx-x64.dmg
Solaris SPARC 64-bit (SVR4 package)	133.01 MB	jdk-8u241-solaris-sparcv9.tar.Z
Solaris SPARC 64-bit	94.24 MB	jdk-8u241-solaris-sparcv9.tar.gz
Solaris x64 (SVR4 package)	133.8 MB	jdk-8u241-solaris-x64.tar.Z
Solaris x64	92.01 MB	jdk-8u241-solaris-x64.tar.gz
Windows x86	200.86 MB	jdk-8u241-windows-i586.exe
Windows x64	210.92 MB	jdk-8u241-windows-x64.exe

图 1-2　不同平台的 JDK 选择

JDK 安装的过程按照向导，选择默认项即可，但要记住安装的位置，如图 1-3 所示。

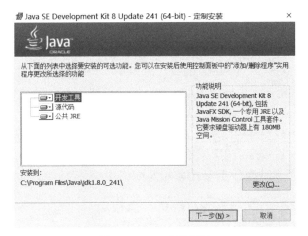

图 1-3　JDK 安装开始

安装完毕后，在操作系统中设置环境变量"JAVA_HOME"的取值。之所以要对"JAVA_HOME"的取值进行设置，是因为 Eclipse 和 Tomcat 的运行都需要 JRE 的支持，而"JAVA_HOME"提供了查找 JRE 的途径。

环境变量是操作系统工作时所需信息的存储。右击"我的电脑"，在弹出的快捷菜单中选择"属性"选项，在打开的窗口中选择"高级属性设置"选项，打开"系统属性"对话框，单击"环境变量"按钮，打开"系统变量"对话框，再单击"系统变量"（适用于所有用户）下的"新建"按钮，新建变量"JAVA_HOME"，取值为 JDK 的安装目录，如图 1-4 所示。

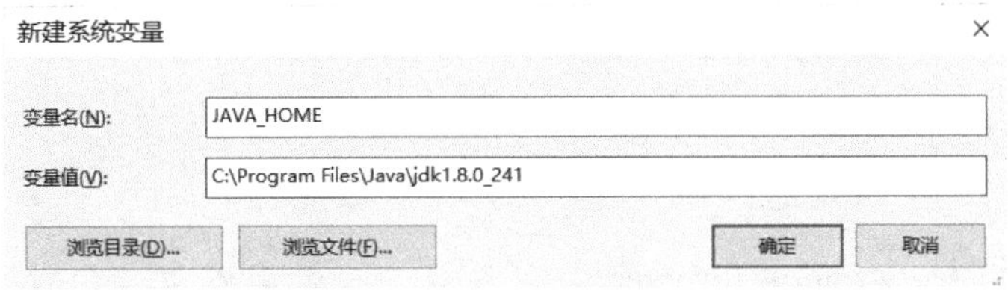

新建系统变量		×
变量名(N):	JAVA_HOME	
变量值(V):	C:\Program Files\Java\jdk1.8.0_241	
浏览目录(D)...	浏览文件(F)...	确定　取消

图 1-4　新建环境变量 JAVA_HOME

Tips: JDK 和 JRE 的区别。

JDK 安装完毕，会在安装路径下看到 JDK 和 JRE 两个文件夹，如图 1-5 所示。从名字上看，JDK 是 Java 开发工具包，JRE（Java Runtime Environment）是 Java 运行环境。所以 JDK 负责开发程序，而 JRE 负责运行，JRE 供只需运行 Java 程序的人使用，包含了 JVM 对应的 Java 虚拟机文件（jvm.dll）、运行 Java 文件的命令和一些类库等其他资源，所以体积比 JDK 小很多。

Program Files › Java ›

jdk1.8.0_241　　jre1.8.0_241

图 1-5　安装后的 JDK 与 JRE

但是让很多人不解的是，在 JDK 中还有一个 JRE 存在，事实上它的存在是为了向 JDK 中使用 Java 编写的命令（如 javac.exe 等）提供 Java 运行环境。

如果一台计算机安装两套以上的 JRE，使用哪一个呢？java.exe 会负责找到合适的 JRE，它按照以下的顺序来查找 JRE：自己的目录下的 JRE；父目录中的 JRE；注册表[HKEY_LOCAL_MACHINE/SOFTWARE/JavaSoft/Java Runtime Environment]下的配置信息。

1.2.2 Eclipse

Eclipse 最初是由 IBM 公司开发的 IDE 开发环境，2001 年贡献给开源社区，现在属于非营利软件供应商联盟 Eclipse 基金会。Eclipse 的设计思想是：一切皆插件，所以它的内核很小，其他所有功能都以插件的形式附加于内核之上。Eclipse 不是仅属于 Java 语言的 IDE，针对不同的开发者和不同的编程语言，它提供了不同的开发环境。

Java Web 编程需要下载安装的版本是 Eclipse IDE for Java EE Developers，如图 1-6 所示。它是 Java 程序员创建 Java EE Web 应用程序的工具，包括了 Java IDE、Java EE 工具、JPA、JSF、Mylyn 和 EGit 等。选择版本时注意要与 JDK 相匹配。

图 1-6　Eclipse IDE for Java EE Developers 下载

在如图 1-6 所示的下载页面选择对应版本，下载得到的是一个压缩包文件，直接解压缩即可。在 Eclipse 文件夹内，通过 eclipse.exe 文件即可启动 Eclipse，启动过程中它会自动检测系统中与之匹配的 JRE。

1.2.3 Tomcat 服务器

Tomcat 是 Apache 软件基金会的一个开源软件项目，可以在官网（tomcat.apache.org）下载，如图 1-7 所示。

图 1-7　Apache Tomcat 首页

Tomcat 最早由 SUN 开发，后贡献给 Apache 基金会，它按照 SUN 提供的技术规范，实现了对 Servlet 和 JSP（Java Server Page）的支持，并提供了作为 Web 服务器的一些特有功能，可以看作是 SUN Servlet 的一个官方参考实现。Tomcat 内含一个 HTTP 服务器，可以作为独立的 Web 服务器。它技术先进、性能稳定，在中小型系统和并发访问用户不是很多的场合下被普遍使用，是开发和调试 Java Web 程序的首选。

本书选择 Tomcat 8.5.50 版本，它实现了 Servlet 3.1 和 Java Server Pages 2.3 规范。可在如

图 1-8 所示的界面中选择与操作系统相匹配的版本下载。

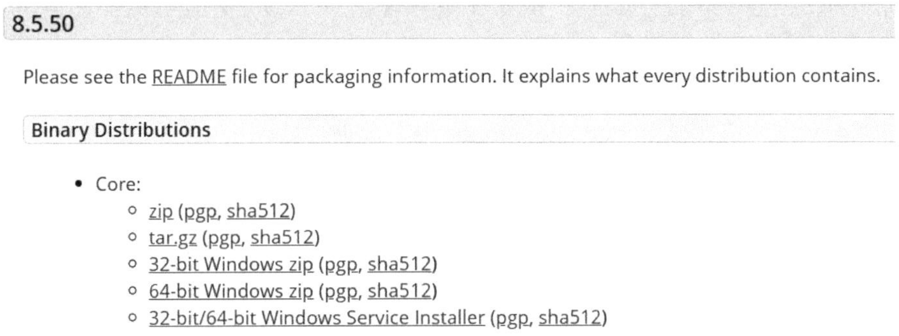

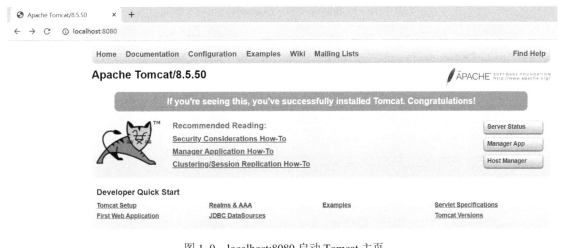

图 1-8 Tomcat 8.5.50 下载页面

Tomcat 完全使用 Java 编写，运行需要 JRE 的支持，之前必须配置好环境变量 JAVA_HOME。Tomcat 下载得到的也是一个压缩文件，解压缩存储在磁盘上，并记住该位置，后续配置服务器时会使用。Bin 文件夹下的"startup.bat"可以启动 Tomcat 服务器，如果出现闪退情况请检查 JAVA_HOME 环境变量的设置是否正确；"shutdown.bat"可以关闭服务器。

启动服务器后，在浏览器地址栏中输入"localhost:8080"即出现 Tomcat 的主页，说明 Tomcat 可以正常工作，如图 1-9 所示。

图 1-9 localhost:8080 启动 Tomcat 主页

Tips: 如果没有出现欢迎页面，则可能的原因及其解决方法如下。

1）Tomcat 压缩包下载错误。下载的 Tomcat 压缩包和自身使用的操作系统不匹配，需要重新下载。

2）Tomcat 版本和已安装的 JDK 版本不匹配。Tomcat 8 及其以上版本需要 JDK1.7 版本及以上。

3）8080 端口被占用。Tomcat 默认的端口是 8080，如果 8080 端口被其他服务占用，启动会失败。

1.2.4 在 Eclipse 中配置 Tomcat 服务器

使用 Eclipse 开发 Java Web 项目，需要将 Tomcat 关联到 Eclipse，并创建 Server 服务。

Eclipse 创建 Server 服务分为两步：第一步是创建 Server 运行环境（Server Runtime Environment），即配置 Web 服务器（如 Tomcat 服务器）；第二步是建立 Server 服务。具体操作步骤如下。

1）在 Eclipse 中选择"Window"→"Preferences"命令，打开"Preferences"窗口，并在查询栏中输入"server"，选择"Runtime Environments"选项，如图 1-10 所示。

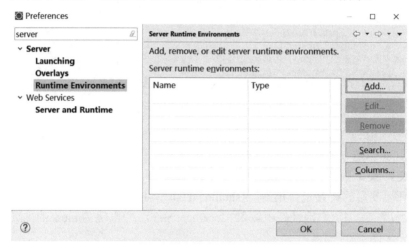

图 1-10　在 Eclipse 中找到 Tomcat 运行环境配置

2）单击"Add"按钮，打开"New Server Runtime Environment"窗口，其中列出了当前 Eclipse 支持的 Tomcat 版本。选择已安装的 Tomcat 版本，单击"Next"按钮，如图 1-11 所示。

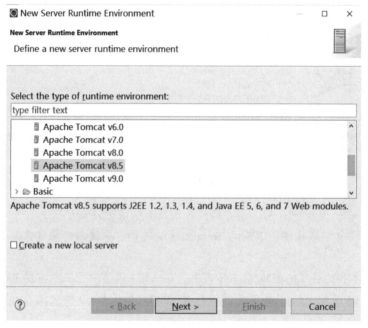

图 1-11　选择 Tomcat 服务器

3）通过单击"Browse"按钮找到 Tomcat 的安装位置后返回"New Server Runtime Environment"窗口，如图 1-12 所示。单击"Finish"按钮返回"Preferences"设置窗口，新创建的 Tomcat 服务器运行环境会在窗口的右侧列出。

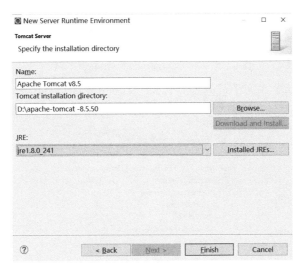

图 1-12　设置 Tomcat 工作目录

4）Tomcat 运行环境设置完毕，然后还要在 Eclipse 中加入 Tomcat 服务。在 Eclipse 中打开"Servers"选项卡（选择"Window"→"Show View"→"Servers"命令），初始情况如图 1-13 所示。

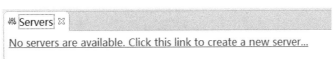

图 1-13　Eclipse 中的"Servers"选项卡

5）单击超链接，打开"New Server"窗口，为之前配置好的 Tomcat 指定服务器主机地址、服务器名称、服务器运行环境。这些均选择默认即可，主机地址为本地 localhost，即 127.0.0.1，运行时环境为之前已添加环境名称。单击"Finish"按钮完成配置，如图 1-14 所示。

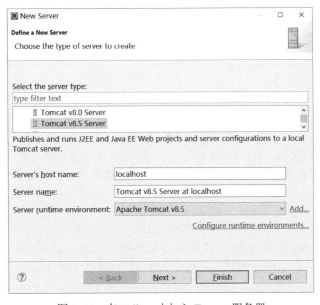

图 1-14　在 Eclipse 中加入 Tomcat 服务器

加入 Tomcat 服务的"Servers"选项卡如图 1-15 所示。

图 1-15　加入 Eclipse 的 Tomcat 服务器

6）查看在 Eclipse 的工作区中已创建的名为"Servers"的项目，如图 1-16 所示，其中包含了之前被配置的 Tomcat 服务器配置文件的副本，可以更方便地查看和修改配置。

图 1-16　Eclipse 中加入 Tomcat 后的"Servers"项目

此时，在图 1-15 所示服务器上右击，弹出关于服务器操作的快捷菜单，其中"Start"命令可启动服务器，如图 1-17 所示。启动服务器的过程会在"Console"选项卡中显示，调试程序时可以观察服务器启动过程是否发生异常。

New	>
Open	F3
Show In	Alt+Shift+W >
Copy	Ctrl+C
Paste	Ctrl+V
Delete	Delete
Rename	F2
Debug	Ctrl+Alt+D
Start	Ctrl+Alt+R
Profile	
Stop	Ctrl+Alt+S
Publish	Ctrl+Alt+P
Clean...	
Add and Remove...	
Monitoring	>
Clean Tomcat Work Directory...	
Update Password...	
Properties	Alt+Enter

Servers ⊠
Tomcat v8.5 Server at localhost [Stopped, Synchronized]

图 1-17　服务器操作的快捷菜单

Tips: 配置尚未结束！此时服务器已启动，但若在浏览器中输入"localhost:8080"会发生 404 的错误。404 是在 Web 编程中最常见，但却不愿意看到的错误类型。

出现 404 错误的原因是：在 Eclipse 中加入的 Tomcat 只将核心组件内置到了 Eclipse，此时启动服务器并不会联动安装在磁盘上的 Tomcat，而浏览器端的"localhost:8080"的访问也不会启动内置 Tomcat。

7）双击图 1-15 中已加入的 Tomcat 服务器，打开"Tomcat v8.5 Server at localhost"选项卡，在"Server Locations"选项组按如图 1-18 所示进行修改。从图 1-18a 可知，Eclipse 内置的 Server Locations 是在工作区（workspace）的 metadata 文件夹，与磁盘上的 Tomcat 程序无关联。令 Server Locations 使用 Tomcat 的安装路径，再指定"Server Path"为 Tomcat 的工作目录，最后指定"Deploy Path"为工作目录下的"webapps"，即未来的 Web 应用部署在该位置，如图 1-18b 所示。

完成修改后保存，启动服务器，在浏览器中再次输入"local host:8080"，Tomcat 主页出现。

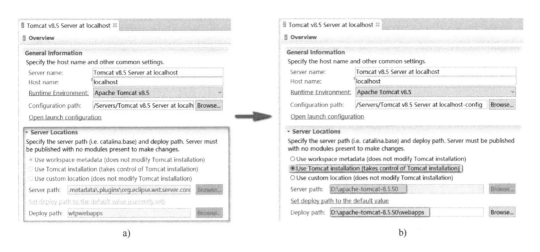

a)   b)

图 1-18　将 Eclipse 中的 Tomcat 服务器与 Tomcat 应用程序相关联

a) 修改前　b) 修改后

Tips: 如果"Server Locations"处于不可编辑的状态，则先把 Tomcat 下的所有项目删除，然后右击，在弹出的快捷菜单中选择"clean"命令。再次双击图 1-15 所示的 Tomcat 服务器进入设置界面，"Service Locations"即为可编辑状态。

至此，为 Eclipse 配置了 Tomcat 服务器，编程环境搭建完成。

1.3　编写第一个 Java Web 应用

从现在开始，代码都将以"Java Web 应用"的形式出现，什么是 Java Web 应用呢？按照 SUN 的 Servlet 规范是这样定义的："Java Web 应用由一组 Servlet/JSP、HTML 文件、相关 Java 类以及其他的可以被绑定的资源构成，它可以在由各种供应商提供的符合 Servlet 规范的 Servlet 容器中运行。"

SUN 是 Servlet 规范的制定者，这些规范将 Web 应用和 Web 服务器的工作细节都做了规约。Java Web 应用的最主要组件是 Servlet 和 JSP（JSP 运行时会被翻译为 Servlet），编程时按照 Servlet 规范编写。Servlet 规范也将 Web 服务器称为 Servlet 容器，它负责动态地访问执行 Servlet 实现类中的代码，它们的关系可以用图 1-19 表示。

图 1-19　Java Web 应用与 Web 服务器关系

Servlet 是 Java Web 编程的核心，Tomcat 是选用的 Servlet 容器。

1.3.1　创建 Java Web 应用

选择"File"→"New"→"Dynamic Web Project"命令，打开"New Dynamic Web Project"对话框，新建一个动态 Web 工程，如图 1-20 所示。如果"New"菜单下没有"Dynamic Web Project"

命令，则选择"File"→"New"→"Other"命令，在弹出的对话框中，选择"Web"→"Dynamic Web Project"选项即可。

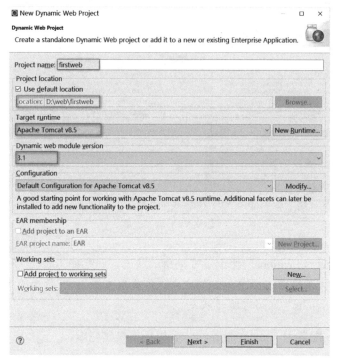

图 1-20 "New Dynamic Web Project"对话框

- "Project name"为 Java Web 项目的名称，这里输入"firstweb"。
- "Project location"指定 Java Web 项目文件的存储位置，默认为 Eclipse 配置的 Workspace 工作目录。
- "Target runtime"为项目指定 Server 运行环境，选择之前创建好的运行环境。
- "Dynamic web module version"配置 Java 动态 Web 模块版本，即 Servlet 规范的版本号，需要与 Tomcat 的版本相对应，Tomcat 8 及以上版本需要选择 3.0 及以上版本。

设置完以上选项，单击"Next"按钮，进入设置项目源代码（Java 类）存储目录模块，如图 1-21 所示。

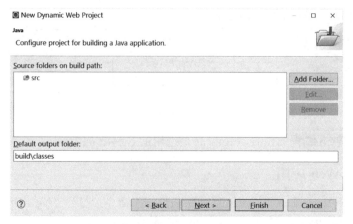

图 1-21 选择源文件在项目中的存储位置

项目代码一般存储到 src 目录下，采用默认值即可。单击"Next"按钮进入 Web 配置模块，如图 1-22 所示。

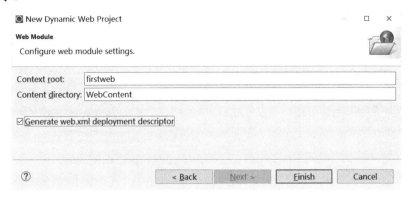

图 1-22　Web 模块的相关设置

- "Context root"为项目上下文路径，默认与项目名（Project name）一致，是在浏览器端访问该项目的映射名称。
- "Content directory"指定 JSP、HTML 等页面文件的存储位置。

选中"Generate web.xml deployment descriptor"复选框，允许创建 web.xml 配置文件。单击"Finish"按钮完成 Java Web 项目的创建。

Tips： 上下文路径不建议修改，采用默认值。但如果修改了上下文路径，访问时注意资源路径要与修改后的名称保持一致。

重新定义上下文路径的方法：选中项目后选择"project"→"properties"选项，在打开的"Properties for firstweb"对话框中对"Context root"选项进行修改，如图 1-23 所示。

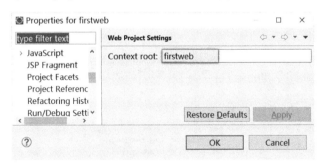

图 1-23　修改项目的上下文路径

项目创建成功后，项目资源文件显示在"Project Explorer"窗口内，展开项目，可以看到如图 1-24 所示的项目管理结构。其中，"src"用于存储 Java 源代码文件；"WebContent"用于存储 JSP、HTML、CSS、JavaScript 文件；在"WEB-INF"文件夹下有 Web 配置文件 web.xml。

完成运行环境（Tomcat）的配置后，在创建 Web 项目时，Tomcat 自带的各种 jar 包组"Apache Tomcat v8.5"被引入项目，为 Web 编程提供了环境支持；其中"servlet-api.jar"就是 Java EE 编程所需要的 API，如图 1-25 所示。

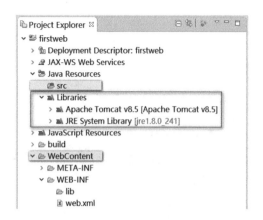

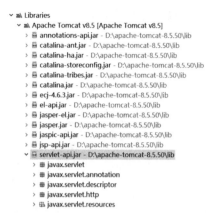

图 1-24　项目文件结构　　　　　　　图 1-25　项目中引入的 Tomcat 运行环境包

1.3.2　创建 Servlet 类

Servlet 类是 Java Web 编程的核心，下面展示创建和运行 Servlet 类的方法。

1. 创建类

单击 "src" 文件夹并右击，在弹出的快捷菜单中选择 "New" → "Class" 选项，弹出 "New Java Class" 对话框，如图 1-26 所示。

图 1-26　"New Java Class" 对话框

在 "New Java Class" 对话框中，"Package" 用于指定创建类的所在包，可以事先建好，也可以在此指定。"Name" 为要创建的 Servlet 类的名称，按照命名规范首字母大写，以 "Servlet" 结尾。

创建 Servlet 类时，通常通过"Superclass"选项指定其父类为 HtppServlet，可以单击其后的"Browse"按钮打开如图 1-27 所示的"Superclass Selection"对话框来选择 Servlet 类的父类。

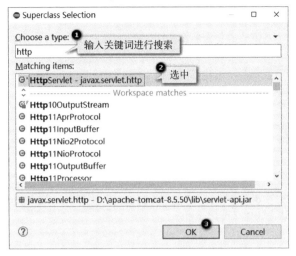

图 1-27 "Superclass Selection"对话框

2．重写父类中的方法

Servlet 类需要重写父类 HttpServlet 中负责接收 HTTP 请求的方法，通常是 service()方法。重写父类的步骤如下：令 Servlet 类处于被编辑状态；选择"Source"→"Override/Implement Methods"选项，打开"Override/Implement Methods"对话框，如图 1-28、图 1-29 所示。

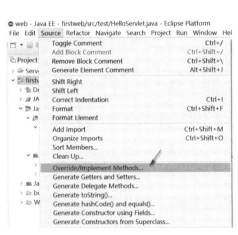

图 1-28 指定 Servlet 类的代码

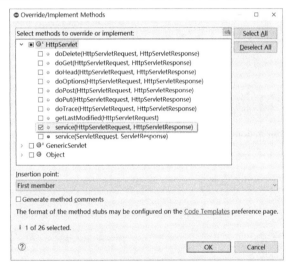

图 1-29 "Override/Implement Methods"对话框

在"Override/Implement Methods"对话框中，可以看到与该类相关的各级父类。

在父类 HttpServlet 类中有很多方法，Servlet 类重写父类最常用的方式是重写其中带有参数 HttpServletRequest 和 HttpServletResponse 的 service()方法。在 service()方法中删除原有代码、加入两行代码，完成"hello world"的输出。其中，利用 HttpServletResponse 类型的对象 response 可以获取向浏览器端打印输出的输出流 PrintWriter 对象，利用该对象中的 print()方法即可输出数据。代码如程序清单 1-1 所示。

程序清单 1-1

```
 1 package test;
 2
 3 import java.io.IOException;
 4 import java.io.PrintWriter;
 5
 6 import javax.servlet.ServletException;
 7 import javax.servlet.http.HttpServlet;
 8 import javax.servlet.http.HttpServletRequest;
 9 import javax.servlet.http.HttpServletResponse;
10
11 public class HelloServlet extends HttpServlet {
12
13     @Override
14     protected void service(HttpServletRequest request,
15             HttpServletResponse response) throws ServletException, IOException {
16
17         PrintWriter pw = response.getWriter();
18         pw.print("hello world");
19     }
20 }
```

3. 为 Servlet 类配置浏览器端访问的映射路径

Servlet 程序需要通过浏览器进行访问，因此不能使用类名，而需要为其配置在浏览器端可以使用的映射路径。

Servlet 规范规定，Web 应用的配置信息必须存储在 WEB-INF/web.xml 文件中，在发布 Servlet 组件时需要在 web.xml 中添加关于组件的配置信息。

在"Project Explorer"窗口中，选择"WebContent"→"WEB-INF"→"web.xml"文件，单击屏幕下方的"Source"按钮切换编辑视图，改写文件内容，如图 1-30 所示。

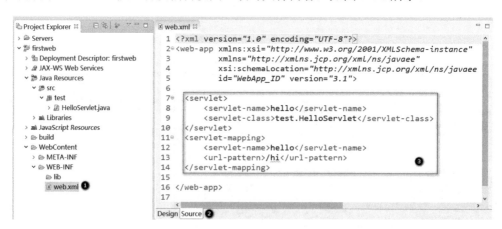

图 1-30　web.xml 文件

web.xml 文件使用标签配置 Servlet 类，为其创建一个在浏览器端进行 Web 访问的映射名，即路径。

<servlet-name>标签定义 Servlet 类的别名，在 web.xml 内部使用，分别在和中出现。<servlet-class>标签声明 Servlet 完整的类名（包名.类名）；<url-pattern>为 Servlet 指定映射路径。

在浏览器端访问 Servlet 的 URL 路径格式为

http://服务器地址:服务端口/Web 项目上下文路径/Servlet 映射路径

14

修改 Servlet 的 URL 路径后，在浏览器端访问 HelloServlet 的 URL 路径为"http://localhost:8080/firstweb/hi"。其中，"localhost:8080"是服务器的地址和应用端口，"firstweb"是 Web 项目的上下文路径（或称为 Web 项目的根），"hi"是 Servlet 映射路径。

1.3.3　部署和运行 Web 应用

运行 Servlet 之前，先将 Web 应用项目部署在 Tomcat 中。

1）右击"Servers"中的服务器，在弹出的快捷菜单中选择"Add and Remove"选项，如图 1-31 所示。

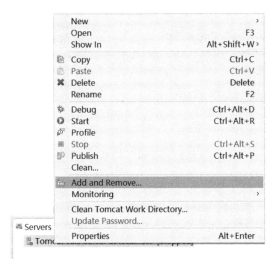

图 1-31　服务器应用的快捷菜单

2）在打开的"Add and Remove"对话框中将"firstweb"项目加入服务器，如图 1-32 所示。

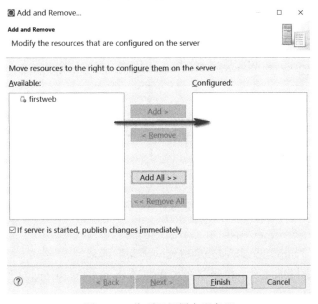

图 1-32　将项目部署在服务器

3）单击"Finish"按钮关闭对话框，服务器下出现项目，如图 1-33 所示。"Synchronized"表示项目已与最新代码同步。

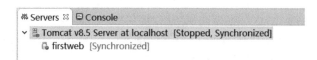

图 1-33   项目部署成功

同时，项目也会在 Tomcat 应用程序的 "webapps" 下出现。Servlet 规范规定了 Web 应用必须采用固定的目录结构，即每种类型的组件在 Web 应用中都对应固定的存储目录，服务器运行 Web 应用时按照这样的目录结构寻找相应的资源。以 "firstweb" 项目为例，它在 "webapps" 下的目录结构如图 1-34 所示。

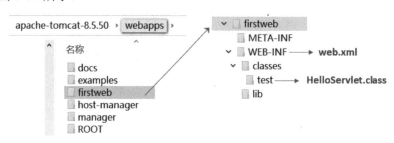

图 1-34   部署在 Tomcat 下的 Web 应用目录结构

各级目录的含义如表 1-1 所示。

表 1-1   Servlet 规范规定的 Web 应用目录结构

目录名称	描述
/firstweb	Web 应用的根目录，所有项目下的资源都存储于此。HTML、JSP、CSS、JavaScript 等文件直接存储在这里，或者存储在用户自定义的/firstweb 的子目录下
/firstweb/WEB-INF	存储 Web 应用的配置文件 web.xml
/firstweb/WEB-INF/classes	按照包结构存储各种.class 文件
/firstweb/WEB-INF/lib	存储 Web 应用所需的各种 jar 包

右击 "Servers" 中的服务器，在弹出的快捷菜单选择 "Start" 选项启动服务器，在浏览器的地址栏中输入 "http://localhost:8080/firstweb/hi"，访问成功的效果如图 1-35 所示。

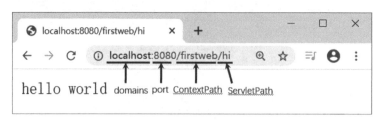

图 1-35   在浏览器端访问 Servlet

运行过程的描述如图 1-36 所示。

1）浏览器端发起 "http://localhost:8080/firstweb/hi" 请求。

2）请求通过服务器端的组件，按照路径寻找在 Tomcat 的 webapps 文件夹下的 firstweb 项目，并找到其中的 web.xml 文件。

3）根据 Servlet 映射路径 "/hi" 的 servlet-name，即 "hello"，找到对应的 Servlet 类 "test.HelloServlet"。

4）对应包名、类名找到 HelloServlet，执行其中的 service ()方法，向浏览器端输出字符串"hello world"。

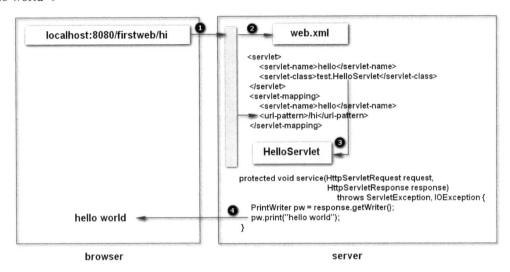

图 1-36　Servlet 的运行过程

Tips: 如果创建、修改 Web 应用下的文件时服务器已经启动，项目会随着修改进行同步，Republish 后呈现 Synchronizated 状态，控制台 Console 中会出现"信息: Reloading Context with name [/firstweb] is completed"。此时，不必为修改再次重新部署项目，但显然频繁的"同步"部署会降低服务器的工作效率，建议在工作完成后关闭服务器，再次测试时再启动服务器。

1.4　思维导图

1.5　习题

1．不定项选择题

1）下面关于 C/S 和 B/S 结构的 Web 应用的叙述中，不正确的是（　　　）。

　　A．C/S 是 Client/Server 的缩写，B/S 是 Browser/Server 的缩写

B．C/S 客户端需要安装专用的客户端软件，B/S 客户机上只要安装一个浏览器

C．B/S 结构的 Web 应用工作在网络应用层，使用 HTTP；C/S 结构的 Web 应用工作在网络层，使用 TCP 或 UDP

D．QQ 应用程序属于 B/S 结构的 Web 应用

2）下面关于静态 Web 应用和动态 Web 应用的叙述中，不正确的是（　　）。

A．静态 Web 应用的页面内容固定，服务器不能接收用户的特定请求信息并予以响应

B．静态 Web 应用的海量信息可以很方便地进行维护

C．动态 Web 应用中，用户可以向服务器提交特定的请求信息，服务器根据用户的请求信息动态生成响应信息

D．动态 Web 应用中，服务器保存一个组件，动态拼接一个 HTML 发送给浏览器

3）Tomcat 服务器的默认端口号是（　　）。

A．80　　　　　　　　B．8080　　　　　　　　C．21　　　　　　　　D．2121

4）关于 Java Web 应用的目录结构，以下说法正确的是（　　）。

A．Java Web 应用的目录结构完全由开发人员自己决定

B．Java Web 应用的 HTML 文件只能存储在 Web 应用的根目录下

C．web.xml 文件存储在 WEB-INF 目录下

D．Java Web 应用中的.class 文件存储在 WEB-INF/classes 目录或其子目录下

5）假设 Java Web 应用的名称为 web，其中某 Servlet 的配置如下。

```
<servlet>
  <servlet-name>timer</servlet-name>
  <servlet-class>chap1.TimeServlet</servlet-class>
</servlet>
<servlet-mapping>
  <servlet-name>timer</servlet-name>
  <url-pattern>/timer</url-pattern>
</servlet-mapping>
```

那么，正确访问该 Servlet 的 URL 是（　　）。

A．localhost:8080/timer　　　　　　　　B．localhost:8080/TimeServlet

C．localhost:8080/web/timer　　　　　　D．localhost:8080/web/TimeServlet

2．实践题

搭建 JDK、Eclipse 及 Tomcat 编程环境，新建一个动态 Web 项目，并编写一个 Servlet，发布后，在浏览器端查看运行结果。

第 2 章　Servlet 编程基础

本章介绍 Servlet 编程的基础知识，从 HTTP 出发了解请求和响应数据的格式，使用 Servlet 完成请求参数的获取和响应数据的拼接，进行服务器端程序的跳转，解决可能出现的中文乱码、路径书写等问题。本章使用数据库、应用 JDBC 技术搭建一个小型的应用系统。

2.1　HTTP

Web 编程是基于 HTTP 的，正式开始编程前，先了解 HTTP 的工作原理。

HTTP 的全称是 HyperText Transfer Protocol，通常被翻译为超文本传输协议。协议是网络中通信双方的一种约定，HTTP 是由 W3C 制定的 TCP/IP 网络体系结构中的一种应用层协议，用来定义浏览器与 Web 服务器之间如何通信以及通信的数据格式。

Tips: 超文本传输协议这种译法并不严谨，严谨的译名应该为"超文本转移协议"。传输，应为 transport，指从端到端（例如从 ip1:port1 到 ip2:port2）可靠地搬运比特流，是 TCP/IP 中第 3 层、传输层协议所做规定的事情。而" transfer"的含义是通过在客户端、服务器之间转移一些带有操作语义的命令来执行某种操作，" transfer"是 TCP/IP 中的第 4 层应用层的概念。"transfer"所转移的是带有明确操作语义的操作原语，而不是没有操作语义的比特流。

HTTP 规定的通信过程由 4 个环节组成，如图 2-1 所示。

图 2-1　HTTP 规定的通信过程

通信时浏览器与服务器首先建立 TCP 连接；然后浏览器可以使用这个连接向服务器发出 HTTP 请求；服务器端收到请求后完成相应处理返回 HTTP 响应；最后，浏览器端收到响应后关闭 TCP 连接。HTTP 通信一次请求进行一次连接的方式，目的是使 Web 服务器可以利用有限的连接为尽可能多的浏览器端服务（实际应用中策略略有调整）。

在互联网中，浏览器和服务器端的程序可能是不同语言编写的，也有可能运行在不同的平台上，那么通信双方是如何看得懂对方发送过来的数据呢？这主要依赖于 HTTP 严格规定了 HTTP 请求和 HTTP 响应的数据格式，只要双方程序交换的数据都遵守 HTTP，就可以实现无障碍地交流。

2.1.1　请求数据

在 HTTP 中请求（request）由 3 部分组成，如图 2-2 所示。

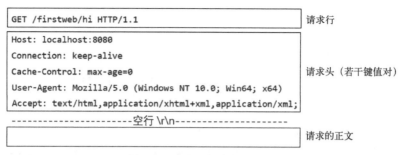

图 2-2　HTTP 请求数据格式

（1）请求行

请求行是关于请求的基本信息，包括请求方式（get、post 等）、请求资源路径和 HTTP 的版本号（目前最高为 1.1 版），它们之间各自用一个空格分隔。

（2）请求头

请求头由若干键值对组成，是通信双方约定好的一些具有特定含义的内容，根据协议由浏览器自动生成。

- "Host"用于指定被请求资源的 Internet 主机和端口号。
- "Connection"表示客户端与服务连接类型，由浏览器和服务器协商是否一次响应后断开连接。例如，浏览器发起一个包含 Connection:keep-alive 的请求（HTTP/1.1 中 keep-alive 为默认值），Server 收到请求后，如果 Server 支持 keep-alive，回复一个包含 Connection:keep-alive 的响应，不关闭连接；如果 Server 不支持 keep-alive，回复一个包含 Connection:close 的响应，关闭连接。

如果浏览器收到包含 Connection:keep-alive 的响应，则利用同一个连接继续发送其他请求，直到一方主动关闭连接。

keep-alive 在很多情况下能够重用连接，减少资源消耗，缩短响应时间，例如，当浏览器需要多个文件时（一个 HTML 页面中还会用到的 CSS 文件、图片文件、Javascript 文件等），不需要每次都去请求建立连接。这个策略是为了平衡 TCP 工作时需要通信双方的三次握手才能确认线路已连通的较高成本。

- "Cache-Control"表示缓存机制，在请求和响应中均可使用。其中，max-age 通知服务器，浏览器希望接收一个存在时间不大于指定数值对应秒数的资源。如果取值为 no-cache 则告知服务器不直接使用缓存数据，而是每次向服务器发起新的请求。
- "User-Agent"标识客户浏览器的类型。这个标识在爬虫程序中广泛使用，爬虫用这个字段伪装自己，表示自己不是爬虫而是某种浏览器。
- "Accept"指浏览器可以接受的多用途互联网邮件扩展（Multipurpose Internet Mail Extensions，MIME）文件类型，服务器可以根据它判断并返回适当的文件格式。这里的"邮件"不特指 E-mail，包括通过各种应用层协议在网络上传输的数据。

常见的 MIME 类型还有 xml 文档（text/xml）、txt 文本（text/plain）、PDF 文档（application/pdf）、Word 文档（application/msword）、PNG 图像（image/png）、JPEG 图形（image/jpeg）等。例如，"Accept: */*"表示浏览器什么都可以接收；"Accept: text/html"表明浏览器希望接收 HTML 文本；"Accept：image/png"表明浏览器希望接收 PNG 图像格式的资源，等等。

请求头中的数据很多，此处不一一赘述。在服务器端可以使用 request 对象获取请求中的各项信息（详见程序清单 5-1）；在浏览器端可以通过插件或开发者工具查看，例如，Chrome 浏览器可以按〈F12〉键，打开开发者工具并在"Network"中查看。

（3）请求的正文

请求的正文，即浏览器发送给服务器的具体的业务数据，例如，浏览器端注册时提交的用户在表单上填写的各项信息。正文和前面的请求头之间以一个空行作为分隔，空行为正文数据开始的标志。只有当请求方式为 post 时，正文中才会有提交的数据；get 请求的业务数据会随请求行到达服务器。

2.1.2　响应数据

HTTP 同样规定了响应（response）的结构，也由 3 部分组成，如图 2-3 所示。

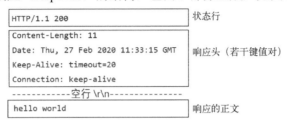

图 2-3　HTTP 响应数据格式

（1）状态行

响应的状态行包含了响应的基本信息：HTTP 版本、响应状态码等。

响应状态代码由 3 位数字组成，第一个数字定义了响应的类别，有 5 种可能取值。

- 1xx：表示服务器成功接收部分请求，要求浏览器继续提交其余请求才能完成整个处理过程。
- 2xx：表示服务器成功接收请求并已完成整个处理过程，常用 200 表示请求成功。
- 3xx：表示未完成请求，浏览器需进一步细化请求。例如，请求的资源位于另一个地址，需进行重定向，响应代码为 302。
- 4xx：表示浏览器端的请求有错误，常用 404 表示服务器无法找到被请求的页面，403 表示服务器拒绝浏览器的访问（权限不够），405 表示服务器不支持浏览器的请求方式等。
- 5xx：表示服务器端出现错误，常用 500 表示请求未完成，在服务器遇到不可预知的情况下，属于服务器端程序错误。

（2）响应头

响应头是响应数据的相关描述，多数是对请求头的回应。

- "Connection：keep-alive"作为对浏览器的回应，告诉浏览器服务器的 TCP 连接也是一个长连接，浏览器可以继续使用这个 TCP 连接发送 HTTP 请求。
- "Keep-alive：timeout=**"则表明连接可以持续的时间。
- "Content-Length：**"表示服务器返回的响应的字节数。

理论上所有的响应头信息都是对请求头的回应，但服务器端为了效率、安全等其他方面的考虑，也会添加其他的响应头信息。响应头由服务器根据协议自动生成。

（3）响应的正文

响应的正文，即从服务器端返回的具体数据，由服务器端的程序给出。

如前所述，HTTP 对通信的过程、数据的格式都进行了规定，并由浏览器和服务器分别予以实现、封装。因此，在进行 Web 开发时，程序员是在服务器端用 request 对象获取请求数据进行业务处理和用 response 对象提供业务处理后的响应数据。

2.2　Servlet 获取请求参数

获取浏览器发送过来的请求参数是编写 Servlet 的第一步，浏览器最常用的发送请求方式分为

get 和 post 方式两种，在浏览器地址栏输入一个地址后按〈Enter〉键、单击一个超链接和表单提交的默认方式都是 get。

2.2.1 获取请求

在 Web 编程中，浏览器和服务器相当于高级语言中的主调函数和被调函数。浏览器地址栏中输入的请求地址，对应着服务器中的某个 Web 应用程序，相当于发起一次函数调用；Web 应用程序返回给浏览器的输出，相当于函数调用的结果。

显然，浏览器和服务器这对特殊的"主调函数"和"被调函数"间传递参数也需要使用特殊的形式。使用 get 方式提交请求时，在请求资源路径后加上"? key=value&key=value…"的形式由请求行向服务器端传递参数；使用 post 方式提交请求时，参数则被封装在请求实体中传递，请求资源路径上不会出现参数信息。

但是，无论哪种方式提交的请求，在服务器端都是使用请求对象[如 service()方法中的 HttpRequest 对象]，调用 getParameter()或 getParameterValues()实现按名称获取参数取值。

- String getParameter(String name)方法按照参数名称获取请求中的单值参数。
- String[] getParameterValues(String name)方法用于获取多值参数，如复选框控件的取值。

【例 2-1】 设计一个 Servlet 类读取注册表单 registe.html 中的注册信息。

说明：本章所有例题都运行在 Web 应用项目"chap2"中。

步骤 1：在"WebContent"目录下创建 registe.html 页面，如图 2-4 所示。

图 2-4　registe.html 页面

页面中由上至下包含了文本框（type="text"）、密码框（type="password"）、单选按钮（type="radio"，单值控件）、多选按钮（type="checkbox"，多值控件）、表单提交按钮（type="submit"）等控件。如果需要在服务器端读取表单提交的数据，需要指定控件的"name"属性。registe.html 页面的 HTML 代码如下。

```
<form action=" ">
账号: <input type ="text" name="code" /><br /><br />
密码: <input type ="password" name="pwd" /> <br /><br />
性别:
    <input type="radio" name="sex" value="male" checked/>男
    <input type="radio" name="sex" value="female"/>女
    <br /><br />
关注:
    <input type="checkbox" name="hobby" value="computer" />计算机
    <input type="checkbox" name="hobby" value="finance" />金融
    <input type="checkbox" name="hobby" value="Language" />外语
    <br /><br />
    <input type="submit" value="  注册  " />
    <br /><br />
</form>
```

步骤 2：创建 RegisteServlet 类读取表单提交参数。

新建 RegisteServlet 类，首先在 service()方法中获取参数值。"账号""性别"单选控件使用 getParameter()方法读取，返回值为字符串；"关注"多选按钮使用 getParameterValues()读取，返回值为字符串数组。读取控件取值均通过"name"属性。代码如下。

```
String code = request.getParameter("code");
String sex = request.getParameter("sex");
String[] hobbies = request.getParameterValues("hobby");
```

文本框读取到的值是用户在文本框中填写的数据。"性别"是单选按钮组，获取的数据为 <input>中"value"属性的取值，"male"或者"female"；"关注"是多选按钮组，获取的数据为 "computer""finance""language"中的一个或多个。注意，"值"与页面中控件前显示的文字（男、女、计算机等）无关，控件前显示的文字只是页面上呈现给用户的信息。

步骤 3：组织向浏览器端返回的响应数据。

首先还是利用 response 对象获取输出对象 out。为了向浏览器声明输出给它的数据应该用网页的方式解读，执行语句"response.setContentType("text/html")"，因此输出时可以加上 HTML 中控制格式的标签。
代码如下。

```
response.setContentType("text/html");
PrintWriter out = response.getWriter();
out.print("code: "+code+"<br/>");
out.print("sex: "+sex+"<br/>");
if(hobbies!=null){                        //勾选了订阅数据
    for(String hobby: hobbies){
        out.print("hobby: "+hobby+"<br/>");
    }
}
```

步骤 4：在 web.xml 中配置 RegisteServlet 类的访问路径。

设分配给 RegisteServlet 类的访问路径为"/reg"，web.xml 中的代码如下。

```
<servlet>
    <servlet-name>registe</servlet-name>
    <servlet-class>web.RegisteServlet</servlet-class>
</servlet>
<servlet-mapping>
    <servlet-name>registe</servlet-name>
    <url-pattern>/reg</url-pattern>
</servlet-mapping>
```

<form>表单的"action"属性用于指定提交表单的去向，现将 RegisteServlet 类的访问路径 "/reg"分配给它，代码如下。

```
<form action="reg">
```

完整的代码如程序清单 2-1 所示。

程序清单 2-1　使用 Servlet 读取注册页面

```java
package web;

import java.io.IOException;
import java.io.PrintWriter;
import javax.servlet.ServletException;
import javax.servlet.http.HttpServlet;
import javax.servlet.http.HttpServletRequest;
import javax.servlet.http.HttpServletResponse;

public class RegisteServlet extends HttpServlet {
    @Override
    protected void service(HttpServletRequest request,
        HttpServletResponse response) throws ServletException, IOException {
        //从 request 读取请求参数
        String code = request.getParameter("code");
        String sex = request.getParameter("sex");
        String[] hobbies = request.getParameterValues("hobby");

        //利用 response 向浏览器返回数据
        response.setContentType("text/html");
        PrintWriter out = response.getWriter();
        out.print("code: "+code+"<br/>");
        out.print("sex: "+sex+"<br/>");
        if(hobbies!=null){                       //勾选了订阅数据
            for(String hobby: hobbies){
                out.print("hobby: "+hobby+"<br/>");
            }
        }
    }
}
```

说明：为了节约篇幅，程序清单中的 import 部分，只在第一次导入时在清单中呈现，其他程序读者可以参看之前代码的导入部分。

重新部署项目后，运行结果如图 2-5 所示。

图 2-5　填写 registe.html 后的响应结果

结合 2.1 节的 HTTP 工作原理，从发出请求到收到响应的处理过程如图 2-6 所示。

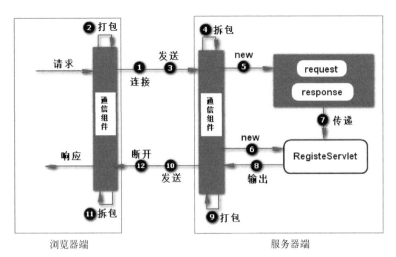

图 2-6　HTTP 的工作过程

单击浏览器页面上的"注册"按钮，请求提交到浏览器的通信组件，开始通信过程，步骤如下。

1）浏览器与服务器建立连接。

2）浏览器端通信组件将请求数据打包（形式如图 2-2 所示）。

3）通过已经建立的连接，向服务器发送请求。

4）服务器接收到数据后，拆包解读请求数据。

5）服务器创建 request、response 对象，将请求数据写入 request 对象。

6）服务器创建 Servlet 对象。

7）调用 Servlet，同时传入 request 和 response 对象。

8）由 Servlet 输出响应数据。

9）服务器端通信组件将响应数据打包（形式如图 2-3 所示）。

10）服务器发送响应数据给浏览器。

11）浏览器拆包获取响应。

12）断开连接。

2.2.2　请求方式

Web 编程中最常用的提交请求的方式有两种：get 和 post，默认为 get。例 2-1 中未指定表单的提交方式即按照 get 方式提交。

两种请求方式的对比见表 2-1。

表 2-1　get 和 post 请求方式的对比

	get	post
参数传递	随请求行传递，在请求路径中可见	随请求实体传递
隐私性	隐私性差	隐私性较好
参数大小	有限制	无限制
表达	默认请求方式	表单上加 method="post"
应用场景	从服务器获取数据	向服务器提交数据

两者的区别主要体现在隐私性和大小的限制上。在实际应用中，如果是向服务器索取数据，

例如查询，因为向服务器提交的数据有限且不具有隐私性，因此多使用 get 方式；当向服务器提交数据时，例如注册，因为提交的数据可能较多，且不能随意暴露，则使用 post 方式。

下面使用 Chrome 浏览器的开发者工具查看注册问题中的 get 请求，如图 2-7 所示。

图 2-7　get 请求方式示例

修改表单的 method 值为 post，请求信息如图 2-8 所示。

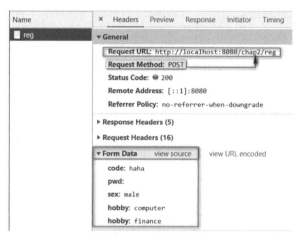

图 2-8　post 请求示例

两种方式下请求提交的参数在开发者工具中均是可见的，只是所处位置不同，get 方式参数在 Query String Parameter 中，post 方式参数在 Form Data 中，所以隐私性只是相对的，post 方式只是没有直接呈现在地址栏。

2.2.3　action 中的相对路径和绝对路径

在 Web 程序的编写过程中，路径是一个重要的问题，否则 404 错误就会经常出现。首先应明确 Web 项目中的路径指的都是网络上资源所在的路径，即发布到服务器端后各资源所处的位置，与磁盘路径无关。

路径的表达有两种，一种是绝对路径，从根目录开始，但是 Web 应用中 HTML 标签属性、各种语句认可的"根"不尽相同，需要区别对待；另一种是相对路径，必须要清楚当前路径。

.html 文件中<form>、<img>和<a>标签涉及路径问题。<form>标签的 action 属性指定表单提交的路径；<img>标签的 src 属性执行加载图片的路径；<a>标签的 href 属性指定超链接转向的路径。这些属性的路径取值如果以"/"开头则表示是绝对路径，根为服务器的根目录，例如，Tomcat

是服务器，那么"/"表示"http://localhost:8080/"。

因此，如果注册时 action 的路径写为

> <form method="*post*" action="*/reg*">

那么，完整的请求路径就是"http://localhost:8080/reg"。若丢失了 Web 应用项目的根，会出现 404 错误。如果按绝对路径书写，应写为

> <form method="*post*" action="*/chap2/reg*">

另一个是相对路径，而"相对"的标准是当前文件所处路径。

例如，例 2-1 的 registe.html 文件位于 http://localhost:8080/chap2 下，<form>标签中的 action 路径写为

> <form method="*post*" action="*reg*">

那么，action 路径就是在当前路径"http://localhost:8080/chap2"的基础上拼上"reg"，完整路径为"http://localhost:8080/chap2/reg"，访问无误。

【例 2-2】 假设 registe.html 文件现位于 chap2 项目根的"test"子目录下，Servlet 的映射路径仍为"/reg"不变。分别用绝对路径和相对路径的方式写出 registe.html 中正确的<form>标签的 action 属性取值。

（1）绝对路径的表达

绝对路径由"/"开始，而"/"的意义是不变的，所以无论 registe.html 文件在哪里，绝对路径的表达都是相同的，即

> <form method="*post*" action="*/chap2/reg*">

但是，绝对路径的限制是 Web 应用名称在路径中出现，如果将代码迁移到其他项目下，则会因为项目名称的变化导致访问失败，出现 404 错误。

- -
Tips: 实际开发时，不建议用这样的方式书写绝对路径，书写方法可参见 4.2.3 节中的例 4-1。
- -

（2）相对路径的表达

相对路径要先明确当前路径。registe.html 的当前路径为 "http://localhost:8080/chap2/test"，而 Servlet 的访问路径应该是 "http://localhost:8080/chap2/reg"，如图 2-9 所示。

从"test"向上使用".."（".."表示当前目录的父目录）沿着目录层次从下向上走，相对路径的表达方式为

> <form method="*post*" action="*../reg*">

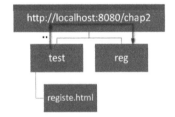

图 2-9　相对路径示意图

路径表达中，绝对的"根"是谁，相对的"当前路径"在哪里是表达的关键，明确了这些，其他涉及绝对路径和相对路径的地方则会触类旁通。

2.3　请求和响应中的中文乱码问题

到目前为止，Web 应用的请求和响应还未对中文进行处理。中文的编码非常复杂，一不小心就会出现乱码问题。大家可以尝试在注册案例的请求和响应中使用中文，观察出现的状况。

在 Web 应用中可能出现的主要编码有 ISO8859-1、GBK 和 Unicode（主要是 UTF-8）。

- ISO8859-1 是扩充 ASCII 字符集中的一种，也称 Latin1，在 ASCII 码的基础上增加了西欧的文字，仍使用 1 个字节编码，不支持汉字。
- GBK 是我国颁布的汉字编码标准，在 GB2312 的基础上扩展而来，兼容 ASCII 码，汉字使用了双字节编码方案，绝大多数的中文操作系统的默认编码都是 GBK。
- Unicode 是一种支持多语言的编码方案，有 UTF-8、UTF-16 等具体的实现方案，UTF-8 等实现方案真正定义了 Unicode 字符的存储和传输。

UTF-8 编码中，英文符号对应 1 个字节，大部分汉字为 3 个字节；而 UTF-16 编码中，中英文符号和绝大多数汉字都统一采用 2 字节，并且要进行大小端的区分。因此，UTF-8 编码总体的存储和使用效率都比较高，尤其对于以西文为主的页面。UTF-8 编码在每个字节中赋予编码相应的标记，如表 2-2 所示，这样不会因为部分数据的丢失而影响其他字符的译码。例如，如果第一个字节是 "1110" 开头，则向后一共读取 3 个字节完成译码；如果后续满足要求的字节数不足，则放弃它们，继续对后续满足规则的字节译码。所以 UTF-8 编码非常适合传输和网络通信应用。

表 2-2   UTF-8 编码规则

字节数	表示数据的位数	Byte1	Byte2	Byte3	Byte4
1	7	0xxxxxxx			
2	11	110xxxxx	10xxxxxx		
3	16	1110xxxx	10xxxxxx	10xxxxxx	
4	21	11110xxx	10xxxxxx	10xxxxxx	10xxxxxx

下面来看 Web 编程中涉及编码的各个环节。

1）网页.html 文件。为保证浏览器支持以中文编码方式打开页面，html 页面中通常在<head>标签内增加<meta>标记，即

```
<head>
    <meta charset="UTF-8" />
</head>
```

数据通过网络由浏览器向服务器传送时，传递的不是字符串，而是二进制数据。所以传递前 UTF-8 编码的数据会被转换为二进制数据。

2）Tomcat 服务器的配置中，对于 get 请求方式传递的查询字符串默认使用 ISO8859-1 解码。如图 2-10 所示，如果不进行编码设置必然出现乱码。

按照问题的本质，无论是 get 请求还是 post 请求，服务器端接收到数据后，按照 ISO8859-1 还原出所有的字节流，再用 UTF-8 对这些字节进行编码就可以解决问题。例如：

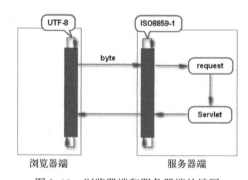

图 2-10   浏览器端和服务器端的编码

```
byte[] bs = code.getBytes("ISO8859-1");
code = new String(bs,"UTF-8");
```

虽然这个方法适用于各种请求方式，但是对每个参数进行这样的转换非常烦琐，所以编程中并不建议使用。

Web 编程中对 post 请求的中文编码的解决方法如下。

1）在第一次使用 request 对象获取请求数据之前，设置 request 的编码为 UTF-8，即

request.setCharacterEncoding("UTF-8");

注意，这个方法对 get 请求无效，所以一般情况下不建议使用 get 方式提交中文字符。

2）返回给浏览器的中文编码，可设置响应对象 response 的 contentType 字段，同样，在第一次使用 response 对象之前，如下设置。

response.setContentType("text/html;charset=UTF-8");

这条语句的作用是：通知浏览器服务器返回的内容按照 HTML 网页解读，并且解读时使用 UTF-8 编码。

利用以上方法在注册时提交中文，并用中文向用户提供更好的响应方式，代码如程序清单 2-2 所示。

程序清单 2-2　请求和响应中包含中文的处理方法

```java
public class RegisteServlet extends HttpServlet {
    @Override
    protected void service(HttpServletRequest request,
        HttpServletResponse response) throws ServletException, IOException {
        //从 request 读取请求参数
        request.setCharacterEncoding("UTF-8");    //预设读取请求数据的编码
        String code = request.getParameter("code");
        String sex = request.getParameter("sex");
        String[] hobbies = request.getParameterValues("hobby");
        //利用 response 向浏览器返回数据
        response.setContentType("text/html;charset=UTF-8");    //预设响应的编码
        PrintWriter out = response.getWriter();
        out.print("你好: "+code+"<br/>");
        if(sex.equals("male")){
            out.print("性别: 男<br/>");
        }else{
            out.print("性别: 女<br/>");
        }
        out.print("你订阅的内容包括: <br/>");
        if(hobbies!=null){ //勾选了订阅数据
            String h=null;
            for(String hobby: hobbies){
                switch(hobby){
                    case "computer": h="计算机"; break;
                    case "finance":   h="金融"; break;
                    case "language": h="外语"; break;
                }
                out.print(h+"<br/>");
            }
        }
    }
}
```

运行效果如图 2-11 所示。

图 2-11　包含了中文请求和中文响应的运行效果

2.4　用 Servlet 搭建小型应用系统

本节使用 Servlet 技术搭建一个小型的体温申报查看应用系统，模拟进入某个场所时测体温、登记的场景。系统中的数据存储在数据库中，因此会涉及 JDBC 的相关操作。

2.4.1　系统功能原型

系统的功能设计很简单，主要完成添加数据和查看数据列表两个功能。通过表单收集姓名、电话、湖北接触史、当日体温信息，将数据提交到服务器后，服务器能够将数据保存至数据库，并显示已有数据列表，要求能够支持中文。系统原型如图 2-12 和图 2-13 所示。

体温平安报

姓名：_____

电话：_____

最近14天是否有湖北接触史：
没有 ◉　有 ○

体温：_____

[上报]

图 2-12　添加数据表单

序号	姓名	电话	14天内是否有湖北接触史	日期	体温
1	李原浩	13861158987	否	2020-02-28	36.5
2	荆楚	15769213569	否	2020-02-28	36.2
3	徐天慧	15961164922	否	2020-02-28	35.9
4	江哲	18735661278	否	2020-02-28	36.9

[添加新数据]

图 2-13　数据列表

2.4.2　数据库及 JDBC 访问

1. 建立 MySQL 数据库

本案例使用 MySQL 数据库保存后台数据。数据表结构及字段含义如图 2-14 所示。

数据库：temp
数据表：temperature

名	类型	长度	小数点	允许空值 (Null)		
id	int	11	0	☐	🔑1	关键字，自动增长
name	varchar	30	0	☐		姓名
telephone	char	11	0	☐		电话号码
isContacted	tinyint	1	0	☐		是否有湖北接触史，0无1有
date	datetime	0	0	☐		登记日期
temp	decimal	3	1	☐		体温

图 2-14　数据表结构及字段含义

MySQL 的常用操作数据表的命令如表 2-3 所示。

表 2-3　MySQL 中常用操作命令

功　能	命　令
创建数据库	create database [if not exists] 数据库名 [default character set …];
连接数据库	use 数据库名;
建表	create table <表名> (<字段名 1><类型 1> [,…<字段名 n><类型 n>]) [charset=…];
显示表	show tables;
查看表结构	desc 表名;
删除表	drop table <表名>;

建立程序所需的数据库和数据表可以使用如下脚本。

```
create database if not exists temp default character set utf8;
use temp;
drop table if exists temperature;
create table temperature (
    id int(11) NOT NULL auto_increment,
    name varchar(30) NOT NULL,
    telephone char(11) NOT NULL,
    isContacted tinyint(1) NOT NULL,
    date date NOT NULL,
    temp decimal(3,1) NOT NULL,
    primary key (id)
) charset=utf8;
```

为了防止中文乱码出现，在建库、建表时均指定 UTF-8 编码，服务器端程序中连接数据库时也指定 UTF-8，保持存储和使用的一致性。

注意：MySQL 中 UTF-8 编码的表达为"utf8"，没有中间的"-"。

数据表中，id 是关键字，自动增长，其余字段不允许为空。在 MySQL 数据库中用 tinyint(1) 保存布尔型数据，是否有湖北接触史字段"isContacted"使用 tinyint 类型，用 0 表示无接触史，1 表示有接触史。

2．SQL 语句

SQL 语句是所有关系型数据库通用的命令语句，JDBC API 是操作 SQL 语句的工具，所以编程之前先回顾基本的 SQL 知识。

完成增、删、改操作的 SQL 语句如表 2-4 所示。

表 2-4　增、删、改操作的 SQL 语句

功能	命令
插入记录	insert into <表名> [(<字段名 1>[,<字段名 2>…])] values(值 1)[(值 2)…]
更新记录	update <表名> set 字段名 1=值 1[,字段名 2=值 2]…[where 条件]
删除记录	delete from <表名> [where 条件]

（1）insert 语句

insert into 用于向指定数据表插入记录，表名后可以用括号列出所有要插入值的字段名，values

后用括号列出对应需要插入的值。例如：

> *insert into temperature(name, telephone,isContacted,temp) values('张欣宇', '13641052991',0,36.5);*

Tips: 对于 auto_increment 型字段不必为其规定取值，MySQL 会自动为其添加一个唯一的值。

如果省略了表名后面的括号，默认为所有字段都插入值，这时需要在 values 中为所有字段都指定取值（包括 auto_increment），值的顺序与创建表时的字段顺序一致。如果某个字段的取值不确定，可以用 null 值占位，所以 auto_increment 型字段的位置可以使用 null，由系统填入该字段的取值。例如：

> *insert into temperature values(null, '张欣宇', '13641052991',0, '2020-2-28',36.5);*

（2）update 语句

update 语句用于修改数据表中的记录，默认修改表中的所有记录，通常会按照 where 条件做筛选，每次修改指定的记录。

> *update temperature set temp='36.1' where name='张欣宇';*

（3）delete 语句

delete from 语句用于删除指定数据表的记录，为行方式的操作，所以删除时不需要指定字段。默认删除表中的所有记录，通常会按照 where 条件做筛选，删除指定的记录。

> *delete from temperature where temp<37.3;*

（4）select 语句

select 语句的功能是查询数据表，是 SQL 语句中功能最丰富的语句，常用形式如表 2-5 所示。

表 2-5　select 语句的常用形式

功　　能	命　　令
基本型	select * from <表名> [where 条件] select [字段 1,字段 2,…] from <表名> [where 条件]
清除重复记录	select [distinct]…
对查询结果排序	select … [order by 字段 1[desc],…]

1）基本查询。select 后面的字段列表用于确定选择哪些字段，如果要选择出所有列，则用星号*表示。

> *select name,temp from temperature;*
> *select * from temperature where temp>37.3;*

2）清除重复记录。select 默认会将所有符合条件的记录全部查询出来，即使记录一模一样。如果要去除重复行，可以使用 distinct 关键字从查询结果中清除重复行。

> *select **distinct** name, temp from temperature;*

3）对查询结果排序。select 的查询结果默认按插入记录的顺序排列，如果要按某个字段或某几个字段的取值进行排序，可使用 "order by" 子句。排序默认为升序（asc），如果强制按照降序排列，可以在字段后面用 desc 关键字指定。

> *select * from temperature order by temp;*

order by 可以指定按多个字段排序，当第一个字段取值相同时，继续按后面的字段排序。

多个字段的排序规则可以不同，但需要在每个字段后指定。

3．JDBC 访问

JDBC API 由一系列与数据库访问有关的类和接口组成，它们在 java.sql 包中。其中主要的类和接口有 DriverManager 类、Connection 接口、Statement 接口、PreparedStatement 接口和 ResultSet 接口。它们的调用关系如图 2-15 所示。

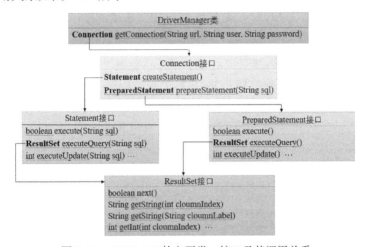

图 2-15　JDBC API 的主要类、接口及其调用关系

- DriverManager 类是管理 JDBC 驱动的服务类，使用 getConnection()方法获取到数据库的连接对象 Connection。
- Connection 对象代表到数据库的物理连接，通过它可以获取执行 SQL 语句的 Statement 对象和 PreparedStatement 对象。
- Statement 对象在执行 SQL 语句时将 SQL 语句传入。
- PreparedStatement 对象则用预编译的方式包装 SQL 语句，执行 SQL 语句时无须再传入 SQL 语句，通常只需要传入 SQL 语句的参数，因为数据库不必每次都编译 SQL 语句，因此性能更好。

Statement 对象和 PreparedStatement 对象执行 select 语句时，会返回查询得到的结果集 ResultSet 对象。ResultSet 接口提供了访问查询结果的方法：用 next()方法实现对记录集合的迭代（行层次），对于当前记录通过字段的索引值或者字段名可以获取字段的取值（列层次）。

使用 JDBC 编写数据库应用程序的步骤如下。

1）加载驱动。

2）建立数据库连接。

3）创建 Statement 或 PreparedStatement 对象。

4）执行 SQL 语句。

5）如果有 ResultSet 结果集，则对其进行处理。

6）释放资源。

2.4.3　连接 MySQL 数据库

1．下载和导入数据库驱动

在 Java 程序中连接数据库，最常用的方式是使用本地协议纯 Java 驱动程序。

（1）下载驱动程序 jar 包

从数据库供应商的官网下载驱动程序 jar 包，并在项目中导入 jar 包。jar 包中的驱动程序将 JDBC API 调用直接转换为数据库所使用的网络协议，由此可以实现客户端到数据库的访问。

以 MySQL 数据库为例，它提供的各种驱动可以在官网 https://dev.mysql.com/downloads 下载，其中，Connector/J 驱动为 MySQL 数据库的 JDBC 驱动程序，可根据需要选择下载得到驱动程序 jar 包。

（2）在 Java 项目中加入驱动 jar 包

在 Web 项目中导入 jar 包，可以直接将 jar 包复制到 WEB-INF/lib，这样 jar 包将随着 WEB-INF 文件夹部署在 Tomcat 服务器中。

另外一种组织方式是将 jar 包组织在自定义的"User Libraries"中，方法如下。

1）为 jar 包命名，加入到 Eclipse 的"User Libraries"。

在 Eclipse 中，选择"Window"→"Preference"→"Java"→"Build Path"→"User Libraries"命令，在打开的 User Libraries 对话框中单击"New"按钮，在打开的"New User Library"对话框中为 jar 包所在库命名，例如"MySQL"，如图 2-16 所示。

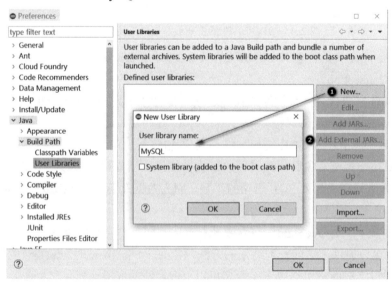

图 2-16　"New User Libraries"对话框

虽然此步可以省略，但建议按如上步骤操作，好处是今后其他的项目需要使用这个 jar 包时，可以直接在"User Libraries"中选择，实现复用。尤其是对于一个目标应用需要很多 jar 包的情况，用这样的方式将多个 jar 包组织在一个 library 中，实现整体管理，整体引用。

继续单击"Add External JARs"按钮，从磁盘上选择 jar 包。创建好的用户库如图 2-17 所示。

图 2-17　新建 User Libraries 库

2）为项目添加驱动 jar 包。

右击项目，在弹出的快捷菜单中选择"Build Path"→"Configure Build Path"命令，在打开的对话框中完成添加，操作如图 2-18 所示。

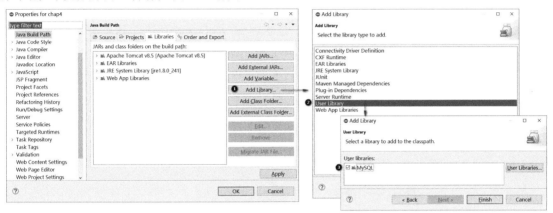

图 2-18　为 User Libraries 库添加 jar 包

3）将 jar 包引用至 WEB-INF/lib。

右击项目，在弹出的快捷菜单中选择"Properties"命令，在打开的对话框中选择"Deployment Assembly"选项，操作过程如图 2-19 所示。

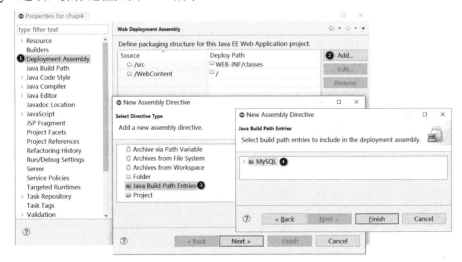

图 2-19　将 jar 包部署到项目的操作过程

操作完成后，jar 包的部署路径为 "WEB-INF/lib"，导入成功，如图 2-20 所示。

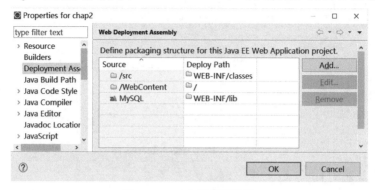

图 2-20　jar 包的部署路径

说明：采用以上方式导入 jar 包后，项目的 WEB-INF/lib 下不会直接看到 jar 包的存在，但不用担心，导入操作已成功。例如，将 Web 应用打包为 WAR 文件（发布形式），可以看到 WEB-INF/lib 下有 jar 包的存在，为 Web 应用在服务器端的运行提供了支持。

2. 加载驱动

加载驱动可以有不同的方式，使用类装载器加载驱动是方式之一。

Java 的 Class 类提供了静态方法 forName("类名")，其功能是要求 JVM 查找并加载指定的类，代码如下。

Class.forName(driverName);

通过以上语句就可以加载驱动程序类，并创建该类的实例。

driverName 为数据库驱动程序类，例如，MySQL 的驱动程序类为 com.mysql.jdbc.Driver（在 MySQL 的驱动 jar 包下按照包层次可以找到 Driver 类），加载 MySQL 驱动的方式为

Class.forName("com.mysql.jdbc.Driver");

因为被加载的类未必总会被找到，所以 forName()方法有一个 ClassNotFoundException 异常需要被捕获。

3. 建立数据库连接

驱动加载成功后，就可以使用 DriverManger 类的 getConnection()方法建立与特定数据库的连接，并返回到该数据库连接的 Connnetion 对象。getConnection()的格式如下：

Connnetion getConnection(String url, String user, String password)

其中，3 个参数的解读如表 2-6 所示。

表 2-6　getConnection()方法的 3 个参数

url	访问数据库的路径	jdbc:	subProtocol:	subName
		主通信协议	子通信协议	主机地址+数据库文件名称
user	数据库用户名			
password	用户密码			

参数 url 是访问数据库的 URL 路径，由 3 部分组成。例如，MySQL 数据库的 URL 字符串格

式为"jdbc:mysql://ip:port/database"，所以，一个将本机（IP 地址表示为 127.0.0.1，域名表示为 localhost）作为 MySQL 服务器的 test 数据库的 URL 字符串为："jdbc:mysql://127.0.0.1:3306/test"。

设该 MySQL 数据库的 root 用户密码为"1234"，那么获取到 test 数据库连接的语句为：

Connection con = DriverManager.getConnection("jdbc:mysql://127.0.0.1:3306/test",
"root", "1234");

2.4.4 查看数据列表

加入 jar 包、完成驱动加载、建立与 MySQL 数据库的连接后，就可以开始 JDBC 对数据库的操作了。现假设数据表 temperature 中已存在数据，当在浏览器中输入"localhost:8080/chap2/findall"时将数据用表格的形式呈现在网页中。

新建 ListTempServlet 类，service()方法中的处理分为两步：首先从数据表中查询得到要展示的数据；然后利用 response 组织网页上的表格数据完成输出。

（1）数据库查询

按照 JDBC 的访问过程，首先加载数据库的驱动、建立与数据库的连接，然后准备执行 SQL 语句的 Statement 对象和 SQL 语句，最后执行查询获取到记录集 ResultSet 对象。相关代码如下。

```
Connection con = null;
Statement st = null;
ResultSet rs = null;
try{
        Class.forName("com.mysql.jdbc.Driver");    //加载数据库的驱动
        //建立与 MySQL 数据库的连接
        con =   DriverManager.getConnection(
                    "jdbc:mysql://127.0.0.1:3306/temp?characterEncoding=utf8","root", "1234");
        st = con.createStatement();    //创建 Statement 对象
        String sql = "select * from temperature";    //准备 SQL 语句
        rs = st.executeQuery(sql);        //执行查询，rs 为查询结果记录集
        //输出表格头……
        while(rs.next()){
                //获取并在页面输出表格中的数据行信息，信息来自结果集……
                //rs.getInt("id")
                //rs.getString("name")
                //rs.getString("telephone")
                //rs.getInt("isContacted")
                //rs.getDate("date")
                //rs.getDouble("temp")
        }
}catch(Exception e){
        e.printStackTrace();
}finally{
        if(rs!=null) {try{rs.close();} catch(Exception e){}}
        if(st!=null) {try{st.close();} catch(Exception e){}}
        if(con!=null) {try{con.close();} catch(Exception e){}}

}
```

（2）用 Servlet 组织网页中的表格数据

体温列表以表格的形式呈现在页面中（见图 2-13）。网页中的表格由一组 HTML 标签组成，如图 2-21 所示。现在这些全部要由 Servlet 利用 response 对象返回给浏览器。其中的每一个标签和数据都要拼成字符串输出，由浏览器对它们进行渲染。

```html
<table border='1px' cellpadding='10' cellspacing='0'>
    <tr>
        <th>序号</th>
        <th>姓名</th>
        <th>电话</th>
        <th>14天内是否有湖北接触史</th>
        <th>日期</th>
        <th>体温</th>
    </tr>
    <tr>
        <td>1</td>
        <td>李原浩</td>
        <td>13861158987</td>
        <td style='text-align:center'>否</td>
        <td>2020-02-29</td>
        <td>36.5</td>
    </tr>
</table>
```

图 2-21   表格的结构框架

创建 List TempServlet 类，Service()方法中的代码如下。

```java
response.setContentType("text/html;charset=UTF-8");
PrintWriter out = response.getWriter();
//表格表头部分
out.print("<table border='1px' cellpadding='10' cellspacing='0'>");
out.print("<tr>");
out.print("<th>序号</th>");
out.print("<th>姓名</th>");
out.print("<th>电话</th>");
out.print("<th>14 天内是否有湖北接触史</th>");
out.print("<th>日期</th>");
out.print("<th>体温</th>");
out.print("</tr>");
//表格数据部分，从 rs 对象中取出，拼接至<td>标签间
while(rs.next()){
    out.print("<tr>");
    out.print("<td>"+ rs.getInt("id") +"</td>");
    out.print("<td>"+rs.getString("name")+"</td>");
    out.print("<td>"+rs.getString("telephone")+"</td>");
    if(rs.getInt("isContacted")==0){
        out.print("<td style='text-align:center'>否</td>");
    }else{
        out.print("<td style='text-align:center'>是</td>");
    }
    out.print("<td>"+rs.getDate("date")+"</td>");
    out.print("<td>"+rs.getDouble("temp")+"</td>");
    out.print("</tr>");
}
out.print("</table><br/>");
```

Tips: 拼接 HTML 标签和数据时，如果遇到引号的嵌套，可以在双引号内部使用单引号，以避免引号的配对异常，例如"<td style='text-align:center'>否</td>"。无法回避时，需要使用转义字符"\'或者\""。

接下来，在表格的下方添加一个按钮，由此打开"填报体温"的 addTemp.html 页面。

通常情况下，为了分门别类地管理"WebContent"目录下与页面相关的文件，会再建立子目录。因此，在"WebContent"下建立"tmp"子目录存储 addTemp.html 页面。因为页面没有<form>表单，"填报体温"按钮是一个独立存在的"button"，单击它发生跳转用的 JavaScript 代码写在"onclick"事件中，代码如下。

```
<input type='button' value='添加新数据' onclick='location.href="tmp/addTemp.html"' />
```

处理 onclick 事件时，已经出现单引号中嵌套双引号。所以将它们用 out.print()输出时，必须对其中的双引号进行转义：

```
out.print("<input type='button'    value=' 添加新数据 '
                                onclick='location.href=\"tmp/addTemp.html\"' />");
```

从上面的代码可以体会到，用 Servlet 输出网页是一件十分辛苦的事，所以 SUN 规范中引入了 JSP 技术，可以更好地完成服务器端输出网页的需求。

在 web.xml 中为 ListTempServlet 类分配访问路径"/findall"（表示查找所有体温数据进行列表展示）。

2.4.5 上报体温数据

上报体温的 addTemp.html 如图 2-22 所示。

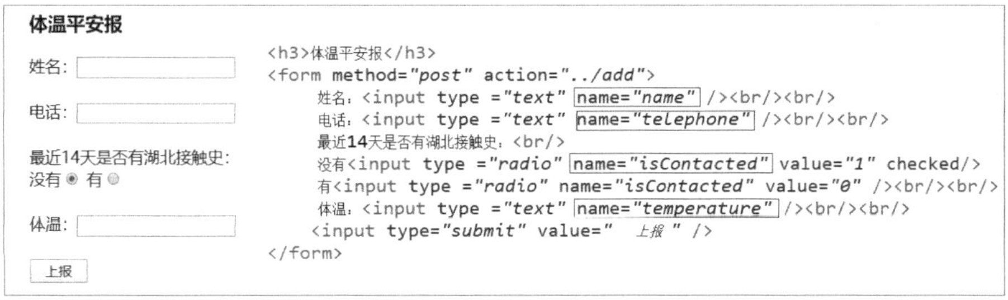

```
体温平安报

姓名：[            ]          <h3>体温平安报</h3>
                             <form method="post" action="../add">
电话：[            ]              姓名：<input type ="text" name="name" /><br/><br/>
                                 电话：<input type ="text" name="telephone" /><br/><br/>
最近14天是否有湖北接触史：         最近14天是否有湖北接触史：<br/>
没有 ◉ 有 ○                      没有<input type ="radio" name="isContacted" value="1" checked/>
                                 有<input type ="radio" name="isContacted" value="0" /><br/><br/>
体温：[            ]              体温：<input type ="text" name="temperature" /><br/><br/>
                                 <input type="submit" value=" 上报 " />
[ 上报 ]                         </form>
```

图 2-22　addTemp.html

创建 AddTempServlet 类，获取表单提交的参数，并添加至数据表。

（1）获取表单参数

由 request.getParameter()获取到的参数为 String 类型，存入数据库之前需要将它们转换为与数据表结构相一致的数据类型。

```
request.setCharacterEncoding("UTF-8"); //支持中文参数
String name = request.getParameter("name");
String telephone = request.getParameter("telephone");
String isContacted = request.getParameter("isContacted");
String temperature = request.getParameter("temperature");
int isCon = 0;     //将字符串数据处理为数据表需要的 tinyint(0/1)
if(isContacted!=null){
    isCon=Integer.parseInt(isContacted);
```

```
        double temp=0;    //将字符串数据处理为数据表需要的浮点数
        if(temperature!=null){
            temp= Double.parseDouble(temperature);
        }
```

（2）添加数据到数据库

按照 JDBC 的访问过程，依然是先加载数据库的驱动，建立与数据库的连接，然后准备 SQL 语句和负责执行带有参数的 SQL 语句的 PreparedStatement 对象，最后执行更新。相关代码如下。

```
        Connection con = null;
        PreparedStatement pst = null;
        ResultSet rs = null;
        try{
            Class.forName("com.mysql.jdbc.Driver");
            con =    DriverManager.getConnection(
                "jdbc:mysql://127.0.0.1:3306/temp?characterEncoding=utf8","root", "1234");
            String sql = "insert into temperature(name,telephone,isContacted,date,temp)
                    values(?,?,?,?,?)";
            pst = con.prepareStatement(sql);
            pst.setString(1, name);
            pst.setString(2,telephone);
            pst.setInt(3, isCon);
            //记录当前系统日期：java.util.Date->java.sql.Date
            pst.setDate(4, new java.sql.Date(new java.util.Date().getTime()));
            pst.setDouble(5,temp);
            pst.executeUpdate();    //执行添加
        } catch(Exception e){
            e.printStackTrace();
        }finally{
            if(rs!=null) {try{rs.close();} catch(Exception e){}}
            if(pst!=null) {try{pst.close();} catch(Exception e){}}
            if(con!=null) {try{con.close();} catch(Exception e){}}
        }
```

Tips: Java 中 java.util 包和 java.sql 包下各自有一个 Date 类，一般使用 java.util.Date，但是操作数据表中的日期型数据时则要使用 java.sql.Date，java.sql.Date 是 java.util.Date 的子类。因此，在向数据表传入生日信息时，需要将 java.util.Date 对象转换为 java.sql.Date 对象，转换的方法是利用日期类型中存储的时间的绝对毫秒数（可以用 getTime()方法获取）创建新对象。

在 web.xml 中为 AddTempServlet 类分配映射路径 "/add"。

因为 addTemp.html 所处的位置是 "local host:8080/chap2/tmp/addTemp.html"，所以 action 属性的当前路径为 "local host:8080/chap2/tmp"。

使用相对路径提交调用 "/add" 时，其路径为从根开始，因此从 addTemp.html 的当前路径先向上一级，action 书写为 "../add"，即 "local host:8080/chap2/add"。

2.4.6 请求的重定向

在本案例中，添加完新的体温数据后，希望自动转到列表页面，展示最新的数据集，这需要在 AddTempServlet 类中跳转到 ListTempServlet 类，即执行"/findall"。

服务器端的组件间跳转时，可以使用重定向的方式。

重定向放弃当前的请求（"/add"），重新开辟一个新的请求（"/findall"），也就是浏览器地址栏会随着重定向发生变化。当地址栏变为查询功能后（"/findall"），执行刷新页面的操作时，不会导致数据的重复添加。所以在实际开发中，增、删、改几个涉及数据变化的操作之后都是用重定向的方式转到查询功能。

重定向使用 response 的 sendRedirect(path)方法完成，参数 path 为要跳转到的位置。重定向在路径表达时，绝对路径开头的"/"是服务器的根（localhost:8080）；使用相对路径时，依然是要明确当前路径，即发起重定向的 Servlet 所在路径。本案例 AddTempServlet 类的路径为"localhost:8080/chap2/add"，当前路径与"/findall"的路径相同，所以重定向语句可以直接写为

```
response.sendRedirect("findall");
```

服务器组件间的跳转还有一种方式，称为"转发"，转发与重定向的模式不同，此处暂不讲解，待应用场景出现时再进行对比，详见 5.6.2 节。

包含了上报和查看列表两个功能的系统执行流程如图 2-23 所示。假设访问从上报数据的表单开始，过程如下。

1）单击"上报"按钮引发表单的提交。

2）按照 action 路径找到 AddTempServlet 类。

3）获取表单提交的参数信息，将它们保存至数据库。

4）重定向到"/findall"，浏览器地址栏发生变化，开始新的请求。

5）按照"/findall"路径找到 ListTempServlet 类。

6）向数据库提交 select 查询。

7）数据库返回查询的记录集。

8）ListTempServlet 类将查询结果拼接为表格 HTML，返回给浏览器。

9）通过页面中的"添加新数据"按钮可以继续添加数据。

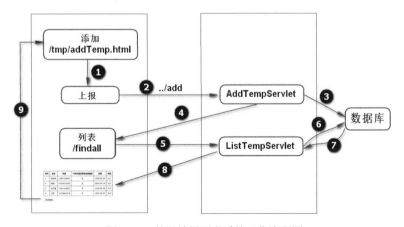

图 2-23　体温填报列表系统工作流程图

完整程序请查看教材配套资源中的源代码。

2.5 思维导图

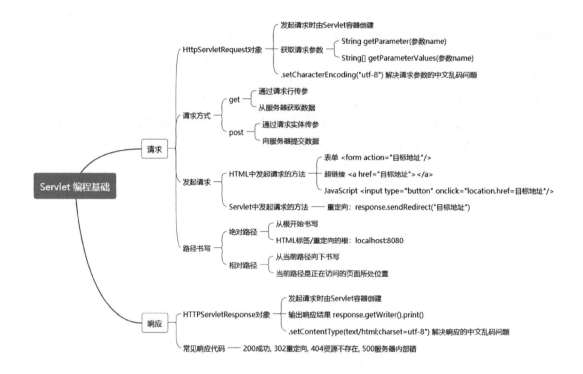

2.6 习题

1. 不定项选择题

1）关于 Servlet，不正确的叙述是（   ）。

    A．Servlet 是满足规范的 Java 对象

    B．Servlet 需要部署在服务器中执行

    C．Servlet 是 SUN 制定的用来在服务器端处理 HTTP 的组件规范

    D．任何 Java 对象都可以作为 Servlet 存在

2）Web 应用中 web.xml 配置了某个 Servlet 的信息，如果 Web 应用名为 test，那么 web.xml 位于（   ）。

    A．test/   B．test/src/

    C．test/WebContent/   D．test/ WebContent/WEB-INF/

3）关于 Web 应用的部署，叙述正确的是（   ）。

    A．所谓"部署"就是将 Web 应用程序存储在服务器上一份，以便服务器执行

    B．部署在服务器上的 Web 应用代码，包括 Java 的源代码

    C．重新启动服务器可以起到重新部署项目的效果

    D．重新部署项目时，必须关闭服务器

4）适合使用 get 请求发送的是（   ）。

    A．注册用户名、密码   B．查询论坛页面

    C．用户填写的信用卡资料   D．查询数据的分页信息

5）以下适合使用 post 请求发送的是（   ）。

    A．查询商品数据   B．新增商品资料

    C．更新商品数据   D．删除商品数据

6）HttpServletRequest 对象的（   ）方法能够获取表单或查询字符串参数的值。

    A．getQueryString()   B．getPathInfo()

    C．getParameter()   D．getAttribute()

7）（   ）程序代码可以取得表单中 name 属性为 "password" 的请求参数的值。

    A．request.getParameter("password");

    B．request.getParameters("password")[0];

    C．request.getParameterValues("password")[0];

    D．request.getRequestParameter("password");

8）在 login.html 中存在如下代码：

```
<form action="/demo/login">
    username:<input type="text" name="userName" id="myName">
</form>
```

正确获得文本框取值的操作是（   ）。

    A．request.getAttribute("myName")   B．request.getAttribute("userName")

    C．request.getParameter("myName")   D．request.getParameter("userName ")

9）如果某网页在 Web 应用中的存储位置及名称为 WebContent /registe.html，现要访问某个 Servlet 的映射路径为 "/registe"，那么表单的 "action" 选项应写为（   ）。

    A．<form action="registe">

    B．<form action="/registe">

    C．<form action= WebContent /registe" >

    D．<form action="../registe" >

10）如果某网页在 Web 应用中的存储位置及名称为 WebContent/form/registe.html，现要访问某个 Servlet 的映射路径为 "/registe"，那么表单的 "action" 选项应写为（   ）。

    A．<form action="registe">   B．<form action="/registe">

    C．<form action=../registe" >   D．<form action="/form/registe" >

11）关于 Servlet 中文乱码的处理，以下选项不正确的是（   ）。

    A．在一般情况下，get 请求方式不要传递中文

    B．post 请求时，接收请求数据前可以这样解决中文乱码问题：request.setCharacterEncoding("UTF-8")

    C．只要接收请求时将乱码问题解决好，响应阶段就不会再产生乱码问题了

    D．如果令响应的结果不出现中文乱码，则应该在利用响应对象获取输出对象前设置编码：response.setContentType("text/html;charset=utf-8");

2. 编程题

1）编写 Servlet，获取请求数据中消息头的各键值对的名称和值、请求方式、协议版本、请求资源路径等信息，并输出到控制台中。

2）设计如图 2-24 所示的表单，收集员工姓名、薪水、年龄信息，将数据提交到服务器后，

服务器正确获取参数值并用 HTML 标签进行有格式的输出，要求能够支持中文。

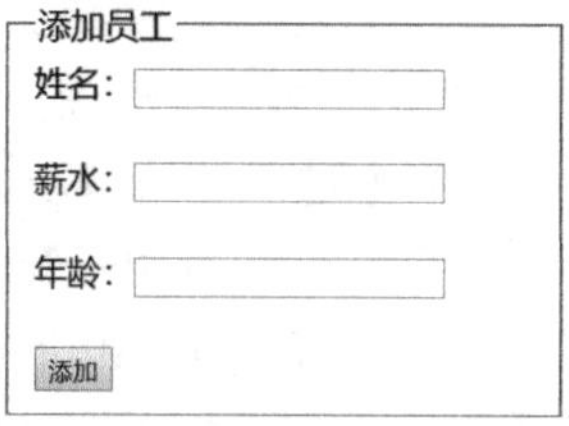

图 2-24 "添加员工"表单

第3章　Servlet 编程进阶

在掌握了基本的 Servlet 编程之后，本章学习 Servlet 的体系结构、生命周期等，从而了解 Servlet 的工作原理和工作过程，并应用 ServletConfig 对象和 ServletContext 对象完成针对每个 Servlet 的配置和整个 Web 应用的配置。

3.1　Servlet API

知其然并知其所以然才是一条好的学习路线。通过第 2 章的学习已经能够应用 Servlet 编写基本的 Web 应用，明晰了从请求到响应，包括再次重定向的工作过程及编程实现。那么，Servlet 容器、Web 应用以及自定义的 Servlet 是如何联系在一起的；为什么每次编写 Servlet 时都是去继承 HttpServlet；为什么 Servlet 类中只重写 service()方法就可以处理各种请求……这一系列的问题可以通过 Servlet API 的体系结构来回答。

Servlet API 的层次结构如图 3-1 所示。

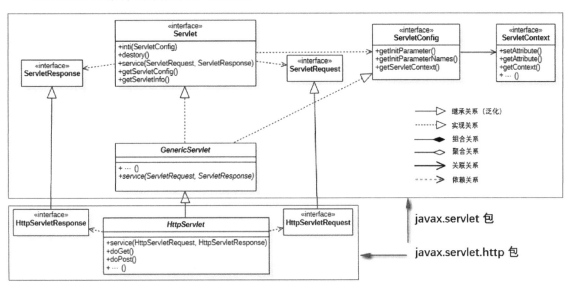

图 3-1　Servlet API 层次结构

Tips: 图 3-1 使用统一建模语言（Unified Modeling Language，UML）图展示面向对象中的类之间的关系，每种关系的表达都有特定的符号。类与类之间的关系主要有 6 种，如表 3-1 所示。类与类之间的关系，从泛化→实现→组合→聚合→关联→依赖，关系越来越弱。

关联关系是指某个类以成员变量的形式出现在另一个类中，而组合、聚合是关联的特殊表现，是引用类与被引用类之间存在整体和部分的关系。"组合"关系中，两者是不可分的，引用类如果消失则被引用类也随之消失，例如学生证依附于学生而存在，学生实体消失，则学生证也没必要存在。"聚合"中两者的关系相对独立，例如学校和学生是整体和部分的关系，学校实体如果消失，学生实体依然可以独立存在。

表 3-1　UML 图中类之间的关系

关　　系		Java 中的表现与实现	
泛化（Generalization）		extends 继承	
实现（Realization）		implements 实现	
关联	组合（Composition）	某个类以成员变量的形式出现在另一个类中	整体与部分，两者不可分 例如，学生和学生证
	聚合（Aggregation）		整体与部分，相对独立 例如，学校和学生
	关联（Association）		其他，例如，学生和课程
依赖（Dependency）		某个类以局部变量或参数的形式出现在另一个类中	

Servlet API 主要由 javax.servlet 包和 javax.servlet.http 包组成。javax.servlet 包中定义了 Servlet 接口、GenericServlet 抽象类等通用接口和类；javax.servlet.http 包定义了与 HTTP 相关的 HttpServlet 抽象类、HttpServletRequest 接口、HttpServletResponse 接口等。Servlet API 分为两部分，上层通用，下层与具体的协议相关，这样的设计使代码具有一定的解耦性。

Servlet API 的核心是 Servlet 接口，所有的 Servlet 类都必须实现该接口。GenericServlet 抽象类实现了 Servlet 接口，HttpServlet 是它的子类。目前的 Web 访问都是基于 HTTP 的，因此自定义 Servlet 类时继承 HttpServlet 即可。

以 HelloServlet 为例，在 Eclipse 中单击类名，按〈Ctrl + T〉组合键，即可快速查看类的继承结构，如图 3-2 所示，与图 3-1 描述一致。注意这个继承结构中不展示接口。

图 3-2　查看类的继承结构

3.2　请求的处理过程

本节分析请求的处理过程，查看在 Servlet API 中请求是如何被处理的。由此可知在 Servlet 类中重写 service() 方法即可处理各种 Web 请求的原因。

在图 3-2 所示的继承结构中，双击 HttpServlet，在 "Outline" 窗口中查看 HttpServlet 类的成员，如图 3-3 所示。

图 3-3   HttpServlet 的成员

其中，Eclipse 用"绿点"表示 public，"黄点"表示 protected，"红色方块"表示 private。可以看到，HttpServlet 从父类 GenericServlet 继承了 public void service(ServletRequset，ServletResponse)方法，它来源于最顶层的 Servlet 接口，GenericServlet 未对其予以实现，是 GenericServlet 中唯一的抽象方法，HttpServlet 对其进行了重写。

同时，HttpServlet 中还有一个 protected void service(HttpServletRequset，HttpServletResponse)方法，它的参数已经是与 HTTP 请求和响应相关的接口类型，在定义 Servlet 类时对它进行了重写。

除此之外，HttpServlet 中还有各种 do**()方法，它们没有真正地处理请求的业务代码，而只是负责抛出异常，如果调用则必须重写它们。

结合 Servlet API 中的继承、实现关系，一个 HelloServlet 请求的执行过程如图 3-4 所示，步骤如下。

1）当发起访问 HelloServlet 的请求，Tomcat 首先实例化 HelloServlet 对象。

2）作为专门处理 HTTP 请求的 Servlet 容器，Tomcat 解析客户端的请求数据，创建 HttpServletRequset 对象及 HttpServletResponse 对象。

3）Tomcat 找到 HttpServlet 中 public 修饰的 service(ServletRequset，ServletResponse)方法，开始执行（因为 Tomcat 容器是第三方，无权调用 HelloServlet 中 protected 修饰的 service()方法，所以继续向父类查询）。

这个 service()方法只是将自己的参数数据类型都强制转换为 HttpServletRequset 和 HttpServletResponse，然后调用 protected void service(HttpServletRequset，HttpServletResponse)方法。

4）因为是 HelloServlet 对象发起的调用，所以按照多态性，调用 service(HttpServletRequset，HttpServletResponse)方法时，不再执行父类 HttpServlet 中的 servie()方法，而是执行子类 HelloServlet 中重写的 service()方法。

请求未区分是 get 方式还是 post 方式，即 HelloServlet 中的 service ()方法对两种请求予以相同的处理。

Tips：注意在 Servlet 类中重写 service()方法时，需要去掉默认添加的 super.service(request，response)调用，否则 HttpServlet 中的 service(HttpServletRequset，HttpServletResponse)将先被调用，执行到 doGet ()或者 doPost()时会因为未重写而抛出异常，如图 3-4 所示。

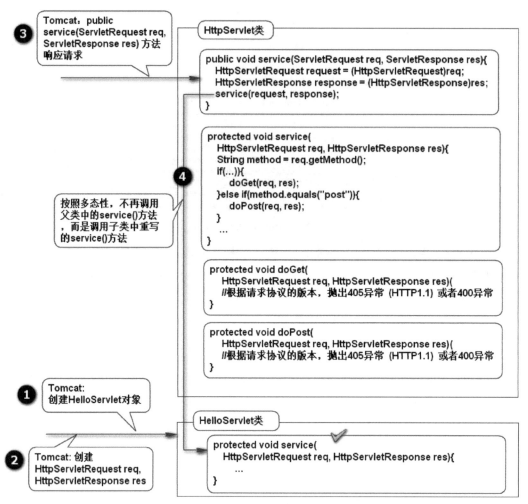

图 3-4 请求在继承层次间响应的过程

3.3 Web 应用和 Servlet 的生命周期

Web 应用和 Servlet 对象都具有生命周期，包含了从出现到消亡的各个阶段。

3.3.1 Web 应用的生命周期

Web 应用的生命周期由 Servlet 容器控制，包含启动、运行和终止 3 个阶段。

1）启动 Web 应用时，容器会加载 Web 应用中 web.xml 文件数据到内存；为 Web 应用创建一个 ServletContext 对象（详见 3.5 节）；对需要在 Web 应用启动阶段创建的 Servlet 进行创建和初始化；对 Filter 过滤器进行初始化（第 9 章）。

2）运行是 Web 应用最主要的生命阶段，所有的 Servlet 都处于待命状态，随时可以响应客户端的请求，为之提供服务。

3）Servlet 容器在终止 Web 应用时，会销毁 Web 应用中所有处于运行状态的 Servlet 对象、Filter 对象和与 Web 应用相关的对象，如 ContextServlet 等，并释放 Web 应用占用的相关资源。

3.3.2 Servlet 生命周期

Servlet 是 Web 应用中最核心的组件，它的生命周期也是由 Servlet 容器控制的。Servlet 生命周期分为创建、初始化、运行和销毁 4 个阶段，执行过程如图 3-5 所示。

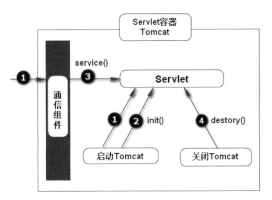

图 3-5　Servlet 生命周期

（1）创建 Servlet

大多数的 Servlet 是在首次被请求时由 Servlet 容器创建。

但是，如果在 web.xml 文件中为 Servlet 配置了<load-on-startup>元素，那么当 Servlet 容器启动时就会创建 Servlet 对象。例如：

```
<servlet>
    <servlet-name>demo</servlet-name>
    <servlet-class>DemoServlet</servlet-class>
    <load-on-startup>1</load-on-startup>
</servlet>
<servlet-mapping>
    <servlet-name>demo</servlet-name>
    <url-pattern>/demo</url-pattern>
</servlet-mapping>
```

设置<load-on-startup>配置项大于 0，使得 Servlet 的实例化、初始化发生在服务器启动时，数字代表加载 Servlet 的顺序，越小优先级越高。这种配置适用于负责为 Web 应用在启动阶段进行初始化的 Servlet。大多数 Servlet 还是当首次被请求时才创建，因为如果很多 Servlet 都在启动时创建，会浪费容器的资源。

（2）初始化 Servlet

容器创建 Servlet 对象后，就调用 init(ServletConfig)方法，完成对 Servlet 对象的初始化。ServletConfig 对象包含了 Servlet 的初始化参数，在创建 Servlet 对象之前已由容器创建好。

以 DemoServlet 为例，如果重写 init(ServletConfig)方法，则一定要进行 super.init()的调用，如图 3-6 所示，目的是完成对 GenericServlet 类中 ServletConfig 成员的赋值。

通过 ServletConfig 对象，可以获取当前 Web 应用的 ServletContext 对象（在 Web 应用的启动阶段已创建）。也就是说，初始化阶段打通了 Servlet 对象、ServletConfig 对象和 ServletContext 对象之间的通道。ServletConfig 对象和 ServletContext 对象的应用将在后两节中介绍。

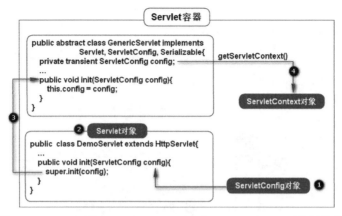

图 3-6 Servlet 对象、ServletConfig 对象和 ServletContext 对象间关系

（3）运行 Servlet

这是 Servlet 生命周期中的主要时段，每当请求到达，Servlet 就一次次地进入运行状态。

（4）销毁 Servlet

当 Web 应用被终止时，Servlet 容器会先调用 Web 引用中所有 Servlet 对象的 destory()方法，然后销毁这些 Servlet 对象。在 destory()方法中，可以释放 Servlet 占用的资源，例如，关闭文件流、关闭与数据库的连接等。

此外，容器还会销毁与 Servlet 对象关联的 ServletConfig 对象。

在生命周期的 4 个阶段中，只有运行阶段执行多次，其他都仅执行一次，也就是说 Servlet 对象只能被创建一次，在内存中只有一个 Servlet 实例，也称为单例。

下面通过一段代码演示 Servlet 生命周期的 4 个阶段。

【例 3-1】 Servlet 的生命周期演示。

创建一个 DemoServlet 类，添加构造方法、重写 init()方法、重写 destroy()方法及 service()方法，通过部署动作、访问动作、停止服务器动作观察方法的执行情况及执行次数。

步骤 1：创建 DemoServlet 类，实现 4 个阶段对应的方法。代码如程序清单 3-1 所示。

程序清单 3-1　Servlet 的生命周期演示

```java
public class DemoServlet extends HttpServlet {
    public DemoServlet() {
        System.out.println("创建 DemoServlet");
    }
    protected void service(HttpServletRequest request,
            HttpServletResponse response)
            throws ServletException, IOException {
        System.out.println("DemoServlet service 方法被调用");
    }
    public void destroy() {
        System.out.println("DemoServlet 销毁");
    }
    public void init(ServletConfig config) throws ServletException {
        super.init(config);
        System.out.println("DemoServlet 初始化");
    }
}
```

步骤 2：在 web.xml 中完成配置。

```
<servlet>
    <servlet-name>demo</servlet-name>
    <servlet-class>DemoServlet</servlet-class>
</servlet>
<servlet-mapping>
    <servlet-name>demo</servlet-name>
    <url-pattern>/demo</url-pattern>
</servlet-mapping>
```

步骤 3：启动 Tomcat 服务，观察 Console 控制台的输出。

部署 Web 应用，启动 Tomcat 服务，在控制台未找到 4 个方法的任何输出。

步骤 4：在浏览器地址栏中输入访问地址，观察控制台输出。

控制台输出如图 3-7 所示。构造方法、初始化 init()方法以及 service()方法依次被执行。

步骤 5：再次刷新页面，观察控制台输出。

构造方法和初始化方法只会执行一次，再次刷新页面时，发现只有 service()方法被执行，如图 3-8 所示。

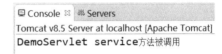

图 3-7　初次访问 Servlet 的运行展示　　　　　　图 3-8　再次调用 Servlet 的运行展示

步骤 6：修改 web.xml 文件，为 DemoServlet 添加<load-on-startup>配置（见本小节创建 Servlet 部分），重启服务器，注意不要进行 Servlet 的访问，直接观察控制台的输出。

在启动 Web 应用的过程中，DemoServlet 即完成了创建和初始化，这就是<load-on-startup>的作用，在容器启动时就会创建、初始化 Servlet 对象，如图 3-9 所示。

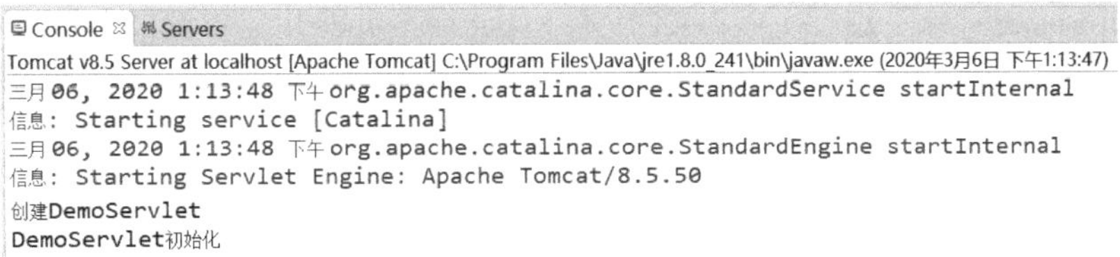

图 3-9　添加<load-on-startup>后启动 Tomcat 服务器的运行展示

步骤 7：停止服务器，查看控制台输出。

停止服务器，destory()方法被执行，如图 3-10 所示。

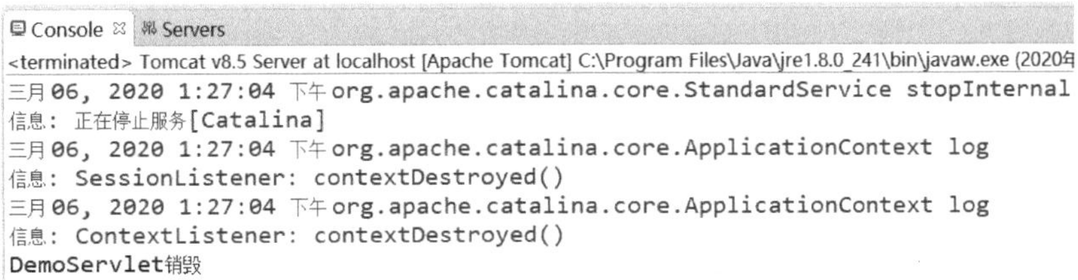

图 3-10　停止 Tomcat 服务器销毁 Servlet 的运行展示

3.4 ServletConfig 对象

因为 Servlet 对象由容器负责创建，不像普通的 Java 类可以去调用构造方法传递参数。因此，向 Servlet 对象传递参数需要按照 SUN 的 Servlet 规范，将参数写在 web.xml 文件中。

web.xml 中书写的参数有两种，一种是属于某个 Servlet 的参数，由 ServletConfig 对象保存；另一种是属于所有 Servlet 的参数，由 ServletContext 对象保存。所以，ServletConfig 对象保存的参数相当于是局部变量，只对配置该参数的 Servlet 有效；而 ServletContext 对象保存的参数相当于是全局变量，为所有 Servlet 共享。

下面首先介绍 ServletConfig 对象的使用。

【例 3-2】 ServletConfig 对象应用举例。

假设有一个网页版的聊天室，限制在线人数 maxOnline。Servlet 工作在单例模式，服务器中只有唯一一个该对象对客户端的请求予以响应，它以多线程并发的方式工作。配置最高在线人数，可以限制访问量。

现假设在登录处理的 LoginServlet 中配置参数，web.xml 的代码如下。

```
<servlet>
    <servlet-name>login</servlet-name>
    <servlet-class>LoginServlet</servlet-class>
    <init-param>    <!—设置 maxOnline=1000-->
        <param-name>maxOnline</param-name>
        <param-value>1000</param-value>
    </init-param>
</servlet>
<servlet-mapping>
    <servlet-name>login</servlet-name>
    <url-pattern>/login</url-pattern>
</servlet-mapping>
```

其中，<init-param>标签进行了参数的定义；<param-name>指定参数的名称；<param-value>指定参数的取值；它们位于<servlet>标签内。<init-param>中配置的参数会在容器调用 init()方法前由已创建的 ServletConfig 对象读取保存。

读取参数使用 ServletConfig 对象中的 getInitParameter()方法：

String   getInitParameter(String)

在 Servlet 中读取 ServletConfig 对象有两种方式。

（1）在 init()方法中读取参数

init(ServletConfig)方法自带 ServletConfig 对象，所以可以直接在方法体内使用，代码如下：

```
public void init(ServletConfig config)    throws ServletException {
    super.init(config);    //不能丢失，向 Servlet 对象传入 ServletConfig 对象
    System.out.println(config.getInitParameter("maxOnline"));
}
```

Tips: 如果 init(ServletConfig)方法出现，则是对父类方法的重写，所以 super.init(config)的调用不能丢失，否则 ServletConfig 对象没有真正地进入对象，参见图 3-6。

（2）在 service()方法中读取参数

因为 service()方法中没有 ServletConfig 对象，所以需要利用父类中的 getServletConfig()方法手动获取，即

> *ServletConfig getServletConfig()*

代码如下：

```
protected void service(HttpServletRequest request,
    HttpServletResponse response) throws ServletException, IOException {
        ServletConfig config = super.getServletConfig();   //手动获取
        System.out.println(config.getInitParameter("maxOnline"));
}
```

上述 Servlet 的参数应用过程如图 3-11 所示。在 web.xml 中配置参数；由容器在初始化前将参数保存至 ServletConfig 对象并传递给 Servlet 对象；Servlet 对象从 ServletConfig 中提取数据。

图 3-11   Servlet 参数的应用过程

加入登录人数限制的业务控制，完整的 LoginServlet 的源代码如程序清单 3-2 所示。

程序清单 3-2   使用 ServletConfig 对象读取参数控制登录人数

```
package config;

import java.io.IOException;
import javax.servlet.ServletConfig;
import javax.servlet.ServletException;
import javax.servlet.http.HttpServlet;
import javax.servlet.http.HttpServletRequest;
import javax.servlet.http.HttpServletResponse;

public class LoginServlet extends HttpServlet {
    private int online = 0;    //在线人数计数器
    private int maxOnline;
    //在 init ()方法中获取参数
    public void init(ServletConfig config) throws ServletException {
        super.init(config);
        maxOnline = Integer.parseInt(config.getInitParameter("maxOnline"));
    }
    //在 service()方法的业务处理过程中使用参数
    protected void service(HttpServletRequest request,
        HttpServletResponse response) throws ServletException, IOException {
            if(online<maxOnline){
                //准予登录，进入登录逻辑处理……
                System.out.println("登录成功.");
                online++;    //在线人数加 1
            }else{
                //禁止登录处理……
                System.out.println("聊天室人数已满.");
            }
        }
}
```

3.5 ServletContext 对象

ServletContext 对象是 Servlet 与容器之间直接通信的接口。在 Web 应用启动时由容器创建，Web 应用终止时销毁，它属于 Web 应用，即为 Web 应用中的所有 Servlet 共享。ServletContext 接口中提供了一些方法，可以实现在 Web 应用范围内存取 Servlet 的共享数据，以及获取关于 Web 应用、容器信息等，下面重点看如何使用 ServletContext 对象为 Servlet 传递参数。

【例 3-3】 ServletContext 对象应用举例。

假设有一个电商网站的后台商品管理系统，在查询数据时需要用到分页功能。为了保持各类商品的浏览风格一致，在每个页面中都显示相同数目的数据行（pageSize）。那么，为了使管理多种商品的 Servlet 都能获取到这个参数，应将参数以公有化的方式配置，交给 ServletContext 对象保存，如图 3-12 所示。

图 3-12　Web 应用参数的应用过程

在 web.xml 中的配置如下。

```
<context-param>   <!—设置 size=15-->
    <param-name>size</param-name>
    <param-value>15</param-value>
</context-param>
```

其中，<context-param>标签在 web.xml 中与<servlet>标签同级别，是属于整个 Web 应用的参数；<param-name>指定参数的名称；<param-value>指定参数的取值。

< context -param>中配置的参数会在容器启动时、创建 ServletContext 对象后被读取保存。

在 Servlet 中获取 ServletContext 对象，使用父类中的 getServletContext()方法：

ServletContext　getServletContext()

读取参数使用 ServletContext 对象中的 getInitParameter()方法：

String　getInitParameter(String)

例如，在 FindBookListServlet 中获取参数 size 的代码如程序清单 3-3 所示。

程序清单 3-3　使用 ServletContext 读取全局参数

```java
public class FindBookListServlet extends HttpServlet {
    @Override
    protected void service(HttpServletRequest req,
        HttpServletResponse res) throws ServletException, IOException {
        // 获取 ServletContext 对象
        ServletContext context = super.getServletContext();
        System.out.println(context.getInitParameter("size"));
    }
}
```

【例 3-4】 使用 ServletContext 对象记录网站访问次数。

在上网时，某些网站会显示"您是访问本网站的第**名用户"，或者网站出于自身流量统计的需求，也会对总访问次数进行记录。这个计数，只要是 Web 应用范围内的访问都全部记录在内，它不属于某个 Servlet，而是属于 Web 应用中的所有 Servlet，每个 Servlet 都要在原有计数值的基础上加 1，并将这个加 1 后的结果告知其他 Servlet。所以，保存这个计数值的变量需要以全局的方式存在于 Web 应用。

ServletContext 中的 setAttribute()方法可以在 ServletContext 对象中设置参数；get Attribute()方法可以从 ServletContext 中读取参数。

> *void setAttribute(String, Object): 将取值为 Object 的对象存储在 String 所指的参数中*
> *Object   getAttribute(String)：读取参数名为 String 的参数取值*

将计数器的取值保存在 ServletContext 中即可实现共享。

- -

Tips： 在 ServletContext 对象中可以保存任意类型的数据，所以 setAttribute()的第二个参数为 Object 类型。getAttribute()获取到的值也是 Object 类型，在使用时需要进行强制类型转换。

- -

计数器的使用过程如图 3-13 所示。

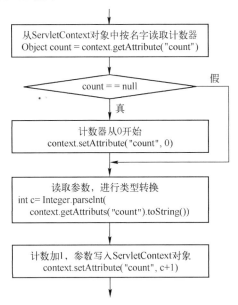

图 3-13　使用 ServletContext 对象为网站计数

图 3-13 所示的处理逻辑很常见，对数据使用的起点从获取到一个 null 对象开始，为其赋初值；当数据已经存在时，则取出已有数据使用，修改后再次保存。完整的代码如程序清单 3-4 所示。

程序清单 3-4　使用 ServletContext 进行全局计数统计

```java
public class CountDemoServlet extends HttpServlet {
    protected void service(HttpServletRequest request,
        HttpServletResponse response) throws ServletException, IOException {
        ServletContext context = super.getServletContext();
        Object count = context.getAttribute("count");
        if(count==null){
            context.setAttribute("count", 0);
        }
        int c = Integer.parseInt(context.getAttribute("count").toString());
```

```
                context.setAttribute("count",c+1);
                response.setContentType("text/html;charset=UTF-8");
                PrintWriter out = response.getWriter();
                out.println(context.getAttribute("count"));
        }
    }
```

说明：虽然程序清单 3-4 中的代码实现了网站的计数功能，但是如果每个 Servlet 中都加入这样的代码，显然非常臃肿，代码被重复很多次。解决这个问题的方法是使用监听器（第 9 章），当有用户登录，或者退出登录时自动修改在线人数。

3.6 思维导图

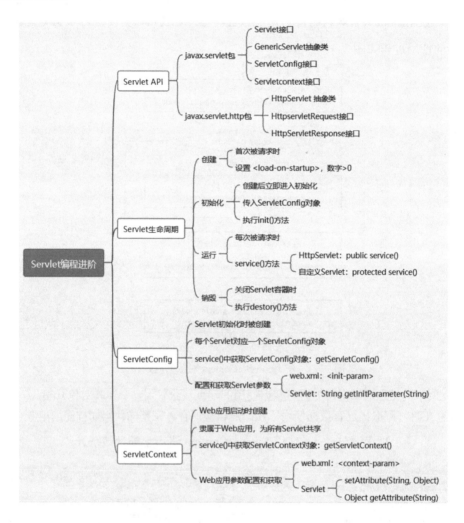

3.7 习题

1. 不定项选择题

1）关于 Servlet 相关类和包的叙述中，不正确的是（　　　）。

A. Servlet 框架的核心是 javax.servlet.Servlet 接口，所有的 Servlet 都必须实现这一接口。在 Servlet 接口中有 3 个方法代表了 Servlet 的生命周期：init()方法负责初始化 Servlet 对象；service()方法负责处理客户的请求；当 Servlet 对象结束生命周期时，destory() 方法负责释放占有的资源

B. Servlet 框架由两个 jar 包组成：javax.servlet 和 javax.servlet.http。在 javax.servlet 包中定义了所有的 Servlet 类都必须实现或扩展的通用接口和类，在 javax.servlet.http 包中定义了采用 HTTP 的相关接口和类

C. javax.servlet.GenericServlet 类实现了 javax.servlet.Servlet 接口，javax.servlet.http.HttpServlet 类是它的子类，专用来处理 HTTP 的请求

D. 创建处理 HTTP 请求的 Servlet，只能继承 javax.servlet.http.HttpServlet 类

2）关于 Servlet 生命周期的叙述中，不正确的是（　　）。

A. 首次访问 Servlet 时会创建并初始化 Servlet 对象，其对应的方法是 init()

B. 通过修改 web.xml，为 Servlet 增加<load-on-startup>10</load-on-startup>设置，可以在启动服务器时就创建和初始化 Servlet，数字的大小无所谓

C. 因为 Servlet 对象只会被创建一次，所以在内存中只有一个 Servlet 实例，Servlet 为单例模式

D. Servlet 对象在服务器关闭时被销毁

3）一个 Servlet 生命周期包括的方法有（　　）。

A. init()方法　　　　　　　　　　B. service()方法
C. invalidate()方法　　　　　　　 D. destroy()方法

4）关于 ServletConfig 和 ServletContext 的叙述中，不正确的是（　　）。

A. ServletConfig 和 ServletContext 都可以保存 web.xml 中预置的参数

B. ServletConfig 采用一对一的方式针对某个 Servlet 设置参数，被某个 Servlet 私有

C. ServletContext 对象为多个 Servlet 所共有

D. 在 web.xml 中，ServletConfig 和 ServletContext 参数的配置方式相同

5）设有如下配置：

```
<servlet>
    <servlet-name>config</servlet-name>
    <servlet-class>test.GameServlet</servlet-class>
    <init-param>
        <param-name>maxOnline</param-name>
        <param-value>10000</param-value>
    </init-param>
</servlet>
```

其中，<init-param>中的配置信息在 service()方法中的读取方法是（　　）。

A. ServletConfig config= super.getServletConfig();
　 String maxOnline = config.getParameter("maxOnline")

B. ServletConfig config= super.getServletConfig();
　 String maxOnline = config.getInitParameter("maxOnline")

C. ServletContext context = super.getServletContext();
　 String maxOnline = context.getInitParameter("maxOnline");

    D．ServletContext context = super.getServletContext();

        String maxOnline =context.getParameter("maxOnline");

6）设有如下配置：

```
<context-param>
    <param-name>size</param-name>
    <param-value>10</param-value>
</context-param>
```

其中，<context-param>中的配置信息在 service()方法中的读取方法是（　　　）。

    A．ServletConfig config= super.getServletConfig();

        String size = config.getInitParameter("size ")

    B．ServletConfig config= super.getServletConfig();

        String size = config.getParameter("size ")

    C．ServletContext context = super.getServletContext();

        String size =context.getInitParameter("size ");

    D．ServletContext context = super.getServletContext();

        String size = context.getParameter("size ");

7）以下说法正确的是（　　　）。

    A．HttpServletRequest 接口的主要作用是获得客户端的请求信息

    B．HttpServletResponse 接口的主要作用是返回服务器端的响应信息

    C．ServletContext 接口的主要作用是与相应的 Servlet 容器通信

    D．ServletConfig 接口的主要作用是用于在 Servlet 初始化时向 Servlet 传递信息

8）ServletContext 接口中，将对象保存到 Servlet 上下文的方法是（　　　）。

    A．getServetContext()　　　　　　　　B．getContext()

    C．getAttribute()　　　　　　　　　　D．setAttribute()

9）关于 ServletContext 的叙述中，正确的是（　　　）。

    A．ServletContext 是一个 Web 应用的上下文环境

    B．ServletContext 中保存的参数可以被所有 Servlet 所共享

    C．通过 ServletContext 可以获取某个 Servlet 的配置信息

    D．通过 ServletContext 可以获取 Web 应用的初始化参数

10）关于 Servlet 的叙述中，不正确的是（　　　）。

    A．Servlet 运行在服务器端

    B．在浏览器的地址栏直接输入要请求的 Servlet 路径，该 Servlet 默认使用 post 方式提交请求

    C．Servlet 的生命周期包括实例化、初始化、运行和销毁几个阶段

    D．Servlet 不能向浏览器发送 HTML 标签

2．编程题

基于某一特定数字，实现对网站的访问量进行计数。

提示：当计数基于某一个特定的数字开始时，可以使用 ServletContext 配置参数。访问 Servlet 时读取到初始值，继续实现后续的计数。

第4章　JSP 编程基础

Servlet 作为服务器端组件可以很方便地完成服务器端的任务，但向客户端呈现结果时，却只能使用大量的 out.print()输出 HTML 页面元素，代码烦琐且难于理解。用字符串拼接的方式将 HTML 与 Java 代码混合在一起使代码的编写、维护都很不便。

JSP（Java Server Page）是 Java 服务器端的页面技术，是 SUN 制定的一种服务器端动态页面技术的组件规范，可以将 Servlet 中负责输出的语句抽取出来，实现业务处理与结果展示的代码分离。本章介绍 JSP 的基础语法。

4.1　JSP 的工作原理

首先回顾一下在第 2 章"体温平安报"案例中的查看数据列表功能。在 Servlet 完成数据库的查询工作，获取要展示的数据后，将数据以表格的形式输出到客户端时曾写下的代码如图 4-1 所示。为了向客户端输出 HTML 格式的数据，费尽周折地将各种 HTML 标签与 Java 数据拼接在一起，有时为了避免字符串拼接中定界符的匹配问题（"添加新数据"按钮），还要小心翼翼地做引号的转义，非常烦琐，且代码也变得晦涩。

```
while(rs.next()){
    out.print("<tr>");
    out.print("<td>"+ rs.getInt("id") +"</td>");
    out.print("<td>"+rs.getString("name")+"</td>");
    out.print("<td>"+rs.getString("telephone")+"</td>");
    if(rs.getInt("isContacted")==0){
        out.print("<td style='text-align:center'> 否</td>");
    }else{
        out.print("<td style='text-align:center'> 是</td>");
    }
    out.print("<td>"+rs.getDate("date")+"</td>");
    out.print("<td>"+rs.getFloat("temp")+"</td>");
    out.print("</tr>");
}
out.print("</table><br/>");

out.print("<input type='button' value='   添加新数据  ' "
        + "onclick='location.href=\"tmp/addTemp.html\"' />");
```

序号	姓名	电话	14天内是否有湖北接触史	日期	体温
1	李愿浩	13861158987	否	2020-02-29	36.5
2	荆楚	15769213569	否	2020-02-29	36.2
3	徐天慧	15961164922	否	2020-02-29	35.9
4	江哲	18735661278	否	2020-02-29	36.9
11	李浩源	13861158987	否	2020-02-29	36.2

添加新数据

图 4-1　烦琐、晦涩的 Servlet 代码

JSP 很好地解决了客户端数据展示的问题，它在传统 HTML 文档中加入 Java 代码。也就是说，JSP 建立在 HTML 的基础上，这样页面的主体，即结构部分可以用 HTML 标签直接书写，用嵌入的 Java 脚本去完成数据展示中的流程的控制、数据的输出。

例如，将图 4-1 中的代码写在图 4-2 所示的 JSP 文件中。其中，HTML 标签均可以直接书写；"while""if""else"等流程控制的代码以及一些业务性的处理代码，写在 JSP 的 Java 代码块中；实现输出的部分可以写在 JSP 的 Java 表达式中。Servlet 需要做的仅仅是将查询的结果传递给 JSP，将请求交给 JSP。

如何在 Servlet 和 JSP 之间传递数据和跳转，将在第 5 章学习，本章学习 JSP 的基础语法。

那么，JSP 的工作过程是怎样的呢？

图 4-2 JSP 文件示例

当 JSP 页面第一次被请求时，Web 服务器中的 JSP 引擎在解析无误后，自动将 JSP 页面翻译成 Servlet 源代码，之后的处理过程就是编译 Servlet 源代码，进入 Servlet 的生命周期，初始化、运行和销毁。JSP 的本质就是 Servlet。

在 JSP 的生命周期中，解析、翻译、编译是它特有的阶段，在 JSP 文件首次被访问、JSP 文件被更新，还有与 JSP 文件对应的 Servlet 字节码文件被删除时，这 3 个阶段就会发生。

那么，JSP 翻译好的 Servlet 位于哪里呢？以 Tomcat 为例，

图 4-3 JSP 对应的 Servlet 文件位置

JSP 翻译好的 Servlet 源文件和字节码文件存储在 "<CATLINA_HOME>/work" 目录下，如图 4-3 所示。其中，"<CATLINA_HOME>" 是指 Tomcat 的安装目录，是 Tomcat 使用的环境变量。

打开翻译好的源代码，可以看到 JSP 代码与 Servlet 代码的对比，如图 4-4 所示。原来在 Servlet 中用 out.print() 进行标签和表达式的拼接，已经由 JSP 引擎自动翻译为标签的 out.write() 输出、脚本的 out.print() 输出，并管理好了各种输出格式和转义字符。

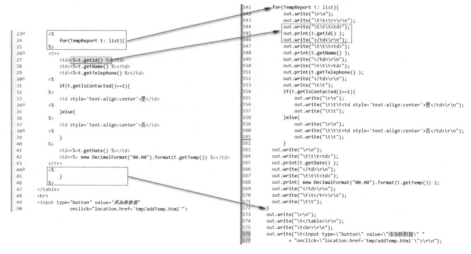

图 4-4 JSP 与 Servlet 代码对比

4.2 JSP 文件的基本元素

在传统的 HTML 页面文件中加入 Java 元素就构成了一个 JSP 页面文件。该文件中除了基本的 HTML、CSS、JavaScript 脚本外，还可以嵌入 Java 脚本，使用 JSP 指令、标记和隐含对象等。

4.2.1 创建 JSP 文件

JSP 文件的扩展名为.jsp，按照规范，Web 应用中的 JSP 文件应存储在 "WebContent" 文件夹下，可以创建子目录。在 "WebContent" 文件夹上右击，在弹出的快捷菜单中选择 "New" → "JSP File" 选项，即可创建 JSP 文件。

因为 JSP 文件是基于 HTML 的，所以文件的基本结构与 HTML 相同。目前，主流的 HTML 文档分为 XHTML 和 HTML5 两种类型，文档首部是标识文档类型的代码，虽然书写不同，但表达的意义相同，而且 HTML5 更为简洁。XHTML 文档首部代码如下。

```
<!DOCTYPE html PUBLIC "-//W3C//DTD XHTML 1.0 Transitional//EN" "http://www.w3.org/TR/xhtml1/
DTD/xhtml1-transitional.dtd">
<html xmlns="http://www.w3.org/1999/xhtml" xml:lang="en">
<head>
        <meta http-equiv="Content-Type" content="text/html;charset=UTF-8">
        <title>Insert title here</title>
</head>
```

HTML5 文档首部代码如下。

```
<!DOCTYPE html>
<html lang="en">
<head>
        <meta charset="UTF-8">
        <title> Insert title here </title>
</head>
```

其中，<meta> 标签中的 "charset" 属性指定了返回给浏览器的内容所使用的编码，网络传输中通常使用 "UTF-8"。但是，这个标签对 HTML 文件有效，在 JSP 中会失效（.jsp 翻译为.java 时与该标签无关），所以在 JSP 文件中可以删除。

4.2.2 JSP 文件中的注释

注释位于程序代码中，可以提高代码的可读性。在 JSP 文件中有 3 种注释，分别为 HTML 注释、JSP 注释和脚本代码块注释。

HTML 注释和 JSP 注释都是直接写在 JSP 文件中。HTML 注释的格式如下：

```
<!-- 注释内容 -->
```

JSP 注释的格式如下：

```
<%-- 注释内容 --%>
```

它们的区别是 HTML 注释虽然不显示在页面上，但会被发送至客户端，用户查看网页源代码时可以看到。而 JSP 注释在服务器到客户端的传输过程中会被过滤掉，不会发送至客户端，也就是说只有服务器端的开发人员可以看得到，更为隐蔽。

脚本代码块注释应用于嵌入 JSP 文件的 Java 代码块中，因为属于 Java 的源代码，所以注释的方式与 Java 相同，"//"为单行注释，"/* */"为多行注释。

4.2.3 JSP 中的脚本

脚本在 JSP 中经常使用。脚本（script）是指嵌入到 HTML 中的 Java 代码，但它们不是 JSP 文件的主体，更多的是在表达它们是外来者。

Java 脚本有 3 种形式：代码块、表达式和声明，其中使用最多的是前两个。它们都以"<%"开头，以"%>"结尾，每种表达"<%"后面有所不同，如表 4-1 所示。注意，"<%"和"%>"都是完整的符号，在几个字符之间不能有空格出现。

表 4-1　JSP 脚本标志

脚本	开头		结尾
代码块	<%		%>
表达式	<%	=	%>
声明	<%	!	%>

1．表达式

JSP 表达式的书写方式为

> *<%= 表达式 %>*

这种书写方式主要用于在页面中输出动态数据，以既定的 HTML 格式展示不同取值的数据。在"<%="和"%>"之间仅可以书写一个表达式。

例如，网站显示已登录的用户名、当前的日期时间，在表格中输出每个单元格的数据，动态获取 Web 应用名称组成文件地址的一部分，等等。这些只需要一个取值的地方，均可以用表达式实现。

【例 4-1】 获取 Web 应用名，将其作为超链接地址的一部分。

作为 HTML 标签类的超链接<a>，其默认的根路径为 Web 容器的根，如果用绝对路径的方式引用 Web 应用内的其他资源，需要先写出 Web 应用的名称。如果按照字符串的形式直接书写，则代码的可移植性降低，会因为 Web 应用的更名而失效。所以应使用表达式脚本的方式动态获取。

例如，现需要将超链接指向"WebContent"目录下的 index.jsp 文件，代码如下。

> <a href="<%= request.getContextPath()　%>/*index.jsp*">首页</a>

其中，request.getContextPath()是获取 Web 应用名称（根目录）的方法，请求对象 request 可以直接在 JSP 文件中使用。

2．代码块

JSP 中嵌入 Java 代码块的方式如下。

> <%　　Java 代码　　%>

在"<%"和"%>"之间可以书写 Java 代码，就像书写普通的 Java 程序一样。

【例 4-2】 输出英文字母表组成的索引超链接。

很多网站上都会提供字母式的链接索引，如图 4-5 所示。

<u>A</u> <u>B</u> <u>C</u> <u>D</u> <u>E</u> <u>F</u> <u>G</u> <u>H</u> <u>I</u> <u>J</u> <u>K</u> <u>L</u> <u>M</u> <u>N</u> <u>O</u> <u>P</u> <u>Q</u> <u>R</u> <u>S</u> <u>T</u> <u>U</u> <u>V</u> <u>W</u> <u>X</u> <u>Y</u> <u>Z</u>

图 4-5　英文字母表组成的索引链接

这种有规律的输出是通过循环来完成的，在 JSP 文件中由代码块脚本实现。循环体负责在页面上呈现每个超链接符号，显示字符为 26 个英文字母，以表达式脚本的形式呈现。代码组成如图 4-6 所示。

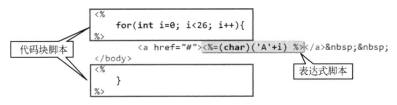

图 4-6　英文字母表超链接源代码

一个 JSP 页面可以有许多 Java 程序段，只要按照逻辑用"<%"和"%>"组织即可，它们将被 JSP 引擎按顺序执行。在程序段中可以声明变量，它们都是属于该程序段的局部变量。上述代码是代码块与表达式的结合，代码块负责程序的逻辑结构，表达式负责向页面输出数据，它们的应用按需出现。

3．声明

JSP 中嵌入声明的方式如下。

<%! 声明变量或方法 %>

通过声明定义的变量或者方法，会被转化为对应 Servlet 类中的成员属性和成员方法，为同时访问页面的多个请求线程共享。如果某个请求使变量的取值发生变化，其他线程获取的数据也将随之修改。声明的方法主要在 JSP 页面中重复使用。

【**例 4-3**】　在 JSP 页面中对航班出发和到达时间进行格式化输出。

时间格式要求 12 小时制，0 点至中午 12 点用"a.m"标识，13 点至凌晨 24 点用"p.m"标识。例如，上午 11:30 起飞、下午 21:55 到达的输出形式为

departure time is 11:30 a.m. and arriving at 9:55 p.m.

当页面中多个时间都需要进行这样的格式化输出时，将格式化过程声明为一个方法，在代码块或者表达式中进行调用。代码关系如图 4-7 所示。

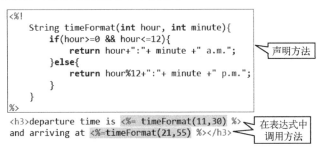

图 4-7　时间格式化输出源代码

JSP 中的 3 种 Java 脚本以不同的形式进入 Servlet 类：声明中的变量和方法以成员的方式加入到 Servlet 类（所有方法之外）；代码块插入到 Servlet 类的_jspService()方法；表达式在_jspService()方法中以 out.print()的方式被输出，如图 4-8 所示。

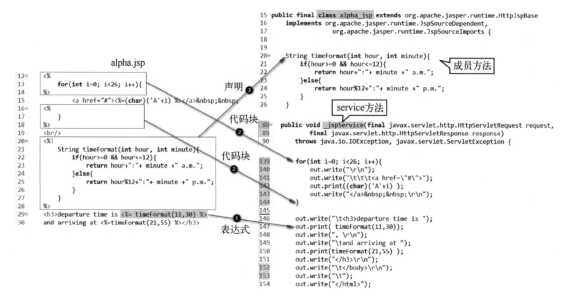

图 4-8　3 种 Java 脚本转换为 Servlet 之后的源代码

4.2.4　JSP 中的 page 指令

在 JSP 文件中有一种元素称为指令，它们以"<%@"开头，由 Web 容器解释执行，在客户端不可见。

page 是最常用的指令，用来定义整个 JSP 页面的属性，通常书写在 JSP 页面的最前面。page 指令的格式可以为

```
<%@    page 属性名1=属性值    属性名2=属性值…  %>
```

或者为

```
<%@    page 属性名1=属性值    %>
<%@    page 属性名2=属性值    %>
…
```

属性值需要用引号引起来，如果一个属性指定几个取值，取值之间用逗号分隔。常用属性包括 contentType、pageEncoding 和 import。

（1）contentType 属性

确定 JSP 页面响应的 MIME 类型（详见 2.1.1 节）和字符编码，即通过响应头信息"Content-Type"通知浏览器以什么样的方式和编码打开接收到的信息。例如：

```
<%@    page    contentType= "text/html;charset=UTF-8" %>
```

该指令通知浏览器用超文本标记语言/文本形式接收信息，以 UTF-8 编码处理接收到的响应信息，这条指令会被翻译为

```
response.setContentType("text/html;charset=UTF-8");
```

创建 JSP 文件时，charset 字符集的默认值是"ISO8859-1"，如果返回给浏览器端的字符包括中文则必须修改默认取值，一般采用 UTF-8。

（2）pageEncoding 属性

pageEncoding 属性用于设置 JSP 文件编码，即本地存储.jsp 文件时的编码。在 JSP 标准语法

中，如果 pageEncoding 属性存在，那么 JSP 页面的字符编码方式就由 pageEncoding 决定；否则就由 contentType 属性中的 charset 决定，如果 charset 也不存在，JSP 页面的字符编码方式就采用默认的 ISO-8859-1。所以如果 JSP 页面中出现中文则必须修改编码，否则会导致文件无法存盘。

pageEncoding 编码通常与操作系统编码保持一致，例如，Windows 操作系统的中文编码为GBK，这个取值保存在"file.encoding"中，.java 源文件默认使用 GBK 编码保存。查看 file.encoding取值的方法如下。

```
System.out.println(System.getProperty("file.encoding"));
```

中文 Windows 操作系统下，通常设置 pageEncoding 为 GBK，即

```
<%@  page  pageEncoding="GBK"%>
```

如果 JSP 文件只设置了 pageEncoding，而未指定 contentType，则.jsp 被翻译为.java 时，pageEncoding 的编码取值会被指定给 charset，.jsp 文件与.java 文件的编码关系如表 4-2 所示。

表 4-2 .jsp 文件与.java 文件的编码关系

	.jsp 文件代码	翻译之后的.java 文件
情况 1	<%@ page contentType="text/html;charset=UTF-8" %> <%@ page pageEncoding="gbk"%>	response.setContentType("text/html; charset=UTF-8");
情况 2	<%@ page pageEncoding="gbk"%>	response.setContentType("text/html; charset=gbk");
情况 3	两者均未设置	response.setContentType("text/html");

（3）import 属性

import 属性的作用是导入 JSP 页面中要使用的 Java 类或其所在包。

【例 4-4】 利用 JSP 页面输出服务器的当前系统时间。

时间表示需要使用 Date 类，时间的格式化处理需要用 SimpleDateFormat 类，因此在 JSP 页面中需要将它们导入，代码如程序清单 4-1 所示。

程序清单 4-1 page 指令导入 Java 类

```
<%@ page contentType="text/html;charset=UTF-8"%>
<%@ page pageEncoding="GBK"%>
<%@ page import="java.util.Date" %>
<%@ page import="java.text.SimpleDateFormat" %>
<!DOCTYPE html PUBLIC "-//W3C//DTD HTML 4.01 Transitional//EN" "http://www.w3.org/TR/html4/ loose.dtd">
<html>
<head>
        <title>显示服务器时间</title>
</head>
<body>
        <%
            Date now = new Date();
            SimpleDateFormat sdf = new SimpleDateFormat("yyyy-MM-dd");
        %>
        <%= sdf.format(now) %>
</body>
</html>
```

多个类的导入也可以写在一个 import 属性中，之间用逗号分开即可。

```
<%@page import="java.text.SimpleDateFormat , java.util.Date" %>
```

多个 page 指令属性也可以写在一个 page 中，即

<%@ page contentType="text/html;charset=UTF-8"   pageEncoding="GBK"
import="java.util.Date,   java.text.SimpleDateFormat" %>

对于 page 指令的其他属性，通常在应用中采用默认值即可，不再赘述。

4.2.5 自定义 JSP 文件模板

Eclipse 的 JSP File 模板中，contentType 和 pageEncoding 的默认编码都是 ISO8859-1，每次创建文件时都需修改，所以可以自定义一个 JSP 模板。

在 Eclipse 中，选择"window"→"Perferences"→"Web"→"JSP Files"→"Editor"→"Templates"选项，打开如图 4-9 所示的对话框。

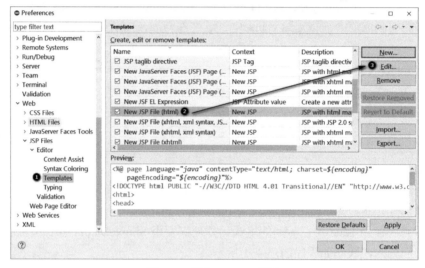

图 4-9　创建 JSP File 模板

在"Creat, edit or remove templates"列表中，选中"New JSP Files(html)"选项，单击"Edit"按钮，打开"Edit Template"对话框，在其中对模板内容进行修改，指定 charset 为 UTF-8，pageEncoding 为 GBK，删除<meta>标签，如图 4-10 所示。

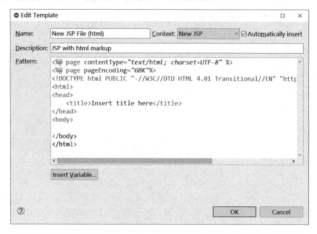

图 4-10　在"Edit Template"对话框中设置 JSP 文件模板

定义好模板，创建 JSP 文件时即可在该模板内容的基础上进行编辑修改。

4.3　JSP 编程中的中文编码问题

Web 编程会在很多环节涉及字符编码，设置不当即会出现中文乱码。JSP 程序执行的过程由以下 3 个阶段组成。

1）在操作系统上通过编辑器编写程序，并将最终生成.java 的源文件保存在操作系统中。JSP 文件相比 Servlet 多了从.jsp 翻译为.java 的阶段。

2）通过编译器 javac.exe 编译这些源文件，得到字节码文件.class。

3）.class 部署在 Web 容器中运行，获取请求数据，向客户端传递响应结果。

第一阶段，JSP 文件的内容按照 pageEncoding 读取，然后以固定的 UTF-8 编码被翻译为.java 的编码。

第二个阶段是编译器 javac.exe 读取.java 文件，并将其最终编译为 UTF-8 编码的字节码文件。javac.exe 在读取.java 时默认使用操作系统编码，如果是 Eclipse 等 IDE 工具则会自动识别.java 的编码格式，并采用该编码进行编译。

服务器端的编码设置涉及请求和响应，在 2.3 节中有详述。Web 编程时，涉及编码设置的各环节如图 4-11 所示。

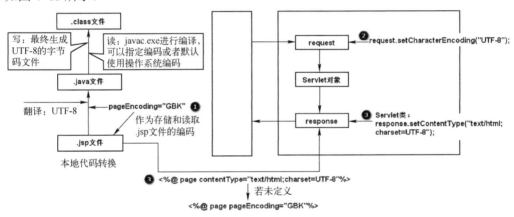

图 4-11　Web 编程的编码设置环节

4.4　静态包含和动态包含

包含（include）用于实现复用或者模块化。当某些内容或者功能在网站中重复出现时，例如，网站顶部的 Logo 区和页脚的版权区，将它们定义在独立的文件中，被每个需要的页面做包含。另外，当一个页面包含的内容过多时，也可以按照模块化的思想，将内容分置在不同的文件中，便于编写、调试，最后用包含的方式整合在一起。

JSP 中的包含有两种，指令实现的静态包含（include 指令）和动作实现的动态包含（include 包含）。

4.4.1　include 指令

include 指令的格式为

```
<%@    include file="文件地址"   %>
```

include 指令中，file 属性默认的绝对路径的根是 Web 应用，即"WebContent"。

include 在指令位置处用静态的方式插入一个文件，将被包含文件的内容原封不动地添加到 JSP 文件中，再整体进行翻译、编译、执行。

被包含的文件根据内容有.html 和.jsp 两种，如果页面中只包含静态 HTML 标签组成的代码，则文件保存为.html；如果页面中包含 Java 脚本则保存为.jsp。

【例 4-5】 在 index.jsp 中用静态包含的方式在页面中引入 Logo 用户区和版权区。

index.jsp 页面的顶部包含 head.jsp 文件，页脚包含 foot.html，如图 4-12 所示。

图 4-12 index.jsp 页面

head.jsp 文件中包含 Java 脚本代码，根据用户是否已登录给出不同的显示内容：未登录显示"登录"和"注册"，已登录则显示"欢迎您：**"。模仿该逻辑的代码如下。

```
<%
        String username = "海洋";    //已登录用户名
        boolean isLogined = false;   //是否登录标志
        if(isLogined){
%>
        <div class="user_welcome fl">
            欢迎您： <em><%=username %></em>
        </div>
<%
        }else{
%>
        <div class="user_login_link fl">
            <a href="#">登录</a>
            <span>|</span>
            <a href="#">注册</a>
            </div>
<%
        }
%>
```

在 index.jsp 中使用 include 指令包含 hed.jsp 页面，代码如下。

执行包含后的 index.jsp 被翻译为 Servlet 源代码时，被包含的代码转换如下。

```
        String username = "海洋";    //已登录用户名
        boolean isLogined = false;   //是否登录标志
        if(isLogined){
            out.write("\r\n");
            out.write("\t\t\t\t<div class=\"user_welcome fl\">\r\n");
```

```
                  out.write("\t\t\t\t 欢迎您：<em>");
                  out.print(username );
                  out.write("</em>\r\n");
                  out.write("\t\t\t</div>\r\n");
                  out.write("\t\t\t");
         }else{
                  out.write("\r\n");
                  out.write("\t\t\t<div class=\"user_login_link fl\">\r\n");
                  out.write("\t\t\t\t<a href=\"#\">登录</a>\r\n");
                  out.write("\t\t\t\t<span>|</span>\r\n");
                  out.write("\t\t\t\t<a href=\"#\">注册</a>\r\n");
                  out.write("\t\t\t</div>\r\n");
                  out.write("\t\t\t");
         }
```

由此可见，静态包含发生在解析 JSP 的阶段，被包含文件的内容被原封不动地添加到 JSP 文件中。静态包含的目标可以是.html 文件或者.jsp 文件，但不允许是 Servlet。

需要注意的是，在 JSP 文件中包含.html 文件时，为了避免中文乱码的发生，在.html 文件的首部也应增加如下代码。

```
<%@ page pageEncoding="utf-8"%>
```

该代码在.html 中不会生效，它的作用是为了代码插入.jsp 后能够被正确地解码。为了不将其显示在客户端，可以采用 HTML 的注释形式，即

```
<!--    <%@ page pageEncoding="utf-8"%>    -->
```

HTML 注释不会出现在客户端，但是会发送到客户端，使解码正确进行。.html 文件中的 pageEncoding 只要在自己的文件中与<meta>标签中的 charset 保持一致即可。例如，foot.html 的代码如图 4-13 所示。

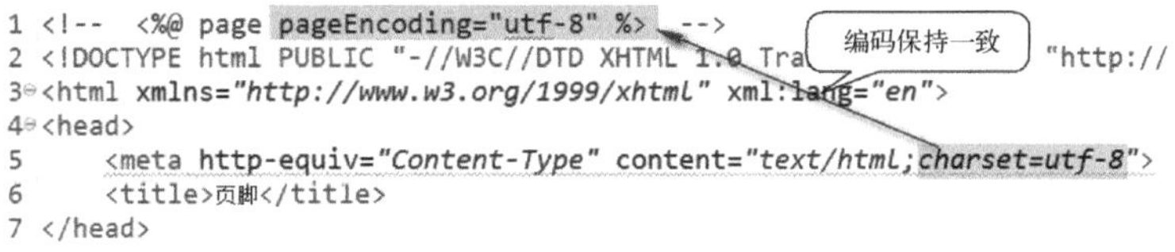

```
1 <!--  <%@ page pageEncoding="utf-8" %>   -->                        编码保持一致
2 <!DOCTYPE html PUBLIC "-//W3C//DTD XHTML 1.0 Tra           "http://
3 <html xmlns="http://www.w3.org/1999/xhtml" xml:lang="en">
4 <head>
5     <meta http-equiv="Content-Type" content="text/html;charset=utf-8">
6     <title>页脚</title>
7 </head>
```

图 4-13　被包含.html 文件中关于编码的设置

如果不设置 pageEncoding，包含 foot.html 后则会出现乱码，如图 4-14 所示。

```
59
60  <!DOCTYPE html PUBLIC "-//W3C//DTD XHTML 1.0 Transitional//EN" "http://www.w3.org/TR/xhtml1/DTD/xhtml1-tra
61  <html xmlns="http://www.w3.org/1999/xhtml" xml:lang="en">
62  <head>
63      <meta http-equiv="Content-Type" content="text/html;charset=utf-8">
64      <title>é¡µè□□</title>
65  </head>
66  <body>
67  <div class="footer">
68      <div class="links">
69          <a href="">à□³ã°□æ□□â»¬ </a>
70          <span>|</span>
71          <a href="">è□□ç³»æ□□â»¬ </a>
72          <span>|</span>
73          <a href="">æ□□è□□ã°°æ□□□</a>
74          <span>|</span>
75          <a href="">à□□æ□□é□¾æ¥¥</a>
76      </div>
77      <p>@CopyRight 2016 à□□ã°¬å□©â□¢ç□□é³□å¿¡ æ□□æ□□ æ□□é□□â□¬â□□, All Rights Reserved<br />
78  ç□µè¯□:010-****888    ã°¬ICPå□□******8â□•</p>
79
80      </div>
81  </body>
```

图 4-14　包含 foot.html 的结果中出现乱码

4.4.2 include 动作

另外一种包含是 JSP 的动作元素，格式为

> *<jsp:include   page="文件地址"   />*

其中，page 属性支持 JSP 表达式，可以动态地指定被包含的文件。

<jsp:include>动作与<@include>指令不同，<jsp:include>动作通知 JSP 页面动态加载一个文件，不是把指定的目标文件与源文件合并为新的 JSP 页面，而是通知 Java 解释器，这个文件在 JSP 运行时（字节码文件被加载执行）才被处理。如果包含的文件是普通的.html 文件，就将文件的内容发送到客户端，由客户端负责显示；如果包含的文件是 JSP 文件，JSP 引擎就执行这个文件，然后将执行的结果发送到客户端，并由客户端负责显示这些结果。

例如，源文件 index.jsp 中的<jsp:include page="head.jsp">会被翻译为如下代码：

> *org.apache.jasper.runtime.JspRuntimeLibrary.include(request, response, "head.jsp", out, false);*

相当于在 JSP 执行的过程中发送了一个新的请求。

因此，在 JSP 文件翻译得到的、对应的 Servlet 存储路径下（见图 4-3），不仅会出现 index.java 和 index.class，还会同时出现 head.java、head.class。

<@include>指令发生在解析 JSP 的阶段，适合包含不会变化的网页内容，因为只有一次请求，<@include>的速度要更快。<jsp:include>动作发生在运行 JSP 阶段，适合包含会发生变化的网页内容。

【例 4-6】 为网站的不同页面的主体部分设计模板，实现动态包含。

如图 4-12 所示，大多数网站的界面风格一致，首尾相同，只是每个页面的主体部分根据展示需要有所不同。设 index.jsp 和 product.jsp 两个页面的首尾相同，主体部分代码分别为 index_content.jsp 和 product_content.jsp，如图 4-15 所示。

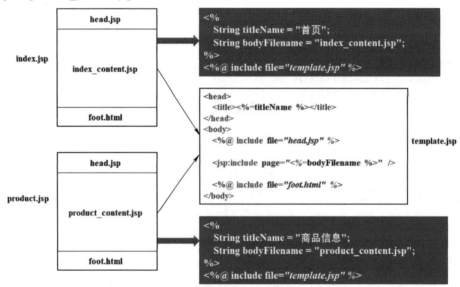

图 4-15　动态包含的应用示例

将 index.jsp 和 product.jsp 两个页面中相同的部分抽取出来，定义为模板文件。<title>标签读取变量 titleName 的取值，主体部分用动态包含读取变量 bodyFilename 的取值，实现展示不同主体的效果。

这样，index.jsp 和 product.jsp（和更多类似的页面）都得到了解放，只需要传递变量 titleName 和 bodyFilename 的取值，并用静态包含的方式引入模板文件替换了变量取值后的代码。

4.5 Ajax 与 JSP 实例

异步式的 JavaScript 和 XML（Asynchronous JavaScript and XML，Ajax）可以在不重新加载整个页面的情况下，与后台服务器进行少量数据交换，只对部分网页进行更新。

Ajax 应用非常广泛，例如，注册时随着用户名、密码等的输入立刻呈现的是否合法的提示，刷微博的过程中新信息悄然的到达，浏览地图时任意的拖动、缩放，等等。这些响应的出现都没有刷新整个页面，网页中其他的操作也不会被打断，Ajax 技术极大地提高了用户体验，也避免了数据重复传递造成的资源和带宽的浪费。

下面结合服务器端的 JSP 技术讲解利用 Ajax 进行页面局部更新的应用，将客户端前台的展示和后台服务器端的处理相结合。

4.5.1 Ajax 概述

在 Ajax 技术应用之前，Web 应用采用同步交互的方式，即用户向服务器发送一个请求，服务器根据用户的请求执行相应的任务，并返回响应结果，如图 4-16 所示。

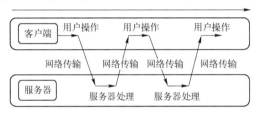

图 4-16　同步式交互过程

Ajax 采取异步交互的方式，在客户端和服务器之间加入中间媒介，改变成请求→处理→等待→响应→请求→处理→等待→响应的线性工作模式，如图 4-17 所示。

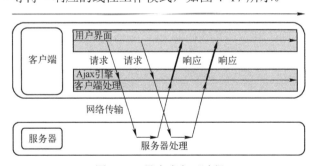

图 4-17　异步式交互过程

其中，Ajax 引擎负责转发客户端和服务器之间的交互，使客户端在等待的同时能够去做其他的事情。Ajax 不是新的编程语言，而是几种技术的结合，Ajax 使用 JavaScript 将各种技术结合在一起。

Ajax 引擎的核心是 XMLHttpRequest 对象，由 JavaScript 编写，无须安装即可以直接在页面中进行调用，而且各种浏览器都支持 Ajax 技术。XMLHttpRequest 对象在后台从服务器获取数据，数据格式以字符串（包括 JSON 字符串）或者 XML 的形式返回。

从服务器得到的数据，通过 JavaScript 修改 DOM（文档对象模型，即网页结构元素），实现局部更新页面中的某个节点或者控制样式以修改外观。

4.5.2　jQuery 的 Ajax 访问方法

Ajax 编程的基本步骤如下。

1）创建 XMLHttpRequest 对象。

2）利用 XMLHttpRequest 对象建立 Ajax 请求。

3）利用 XMLHttpRequest 对象发送请求及请求数据。

4）判断请求状态和响应状态，在成功获取请求响应后，在页面中用服务器返回的数据更新 DOM 元素或者样式。

Ajax 编程在 jQuery 中进行了很好的封装，jQuery 是优秀的 JavaScript 框架，它使开发者更方便地进行 JavaScript 编程，完成各种网页效果的制作，它的宗旨是写更少的代码、做更多的事情。

下面介绍进行 Ajax 请求时使用最多的 $.ajax() 方法，通过它可以设置 Ajax 访问服务器的各个细节，$.ajax() 的格式如下：

> *$.ajax(options)*

其中，options 为 JSON 格式的数据，用于表达 Ajax 访问服务器的各个细节。JSON 中常用参数如下。

1）url：String 类型，为异步请求的服务器端程序的地址。

2）type：String 类型，代表 Ajax 的请求方式（post 或 get），默认为 get。

3）data：向服务器传送的参数数据，常用的是 key：value 组成的 JSON 格式，例如{"name": "海洋", "age":"20"}。

4）dataType：String 类型，定义预期从服务器返回的数据类型。如果不指定，jQuery 将自动根据响应中的 MIME 信息确定，常用的取值如下。

● text：返回纯文本字符串。

● xml：返回 XML 文档，可用 jQuery 处理。

● json：返回 JSON 数据。

这些类型的数据会传递给回调函数（callback，完成后期数据处理的函数）做参数。

5）success：function 类型，是请求**成功**后的回调函数，可以有两个参数。

> *function(data, textStatus){*
> 　*}*

● data 是服务器返回的数据，数据类型为 dataType。

● textStatus 是描述服务器状态的字符串，可以缺省。

6）error：function 类型，是请求失败时被调用的函数。该函数有 3 个参数，即 XMLHttpRequest 对象、错误信息、捕获的错误对象（可选）。

【例 4-7】　在页面上输入 3 个数字代表三角形的三边。使用 Ajax 请求计算三角形面积，根据输入在同一页面中显示三角形的面积，或者给出输入有误的提示信息。

如果不使用 Ajax 访问，当服务器端完成计算后在新的响应页面返回结果，用户将不再能直观地看到自己的输入。而使用 Ajax 访问，可以实现页面的局部更新，页面上原有信息不变，只是局部增加了显示结果的信息区域，如图 4-18 所示。

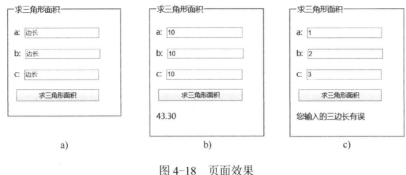

图 4-18　页面效果

a) 输入前　b) 返回结果　c) 错误提示

（1）客户端.html 代码

HTML 页面在设计时，因为采用 Ajax 请求，所以不需要使用表单<form>，页面由文本框、按钮和显示 Ajax 返回信息的<span>标签组成。为了在 Ajax 中方便获取页面元素，可以为它们设置 id 属性，代码如下。

```
<fieldset>
    <legend>求三角形面积</legend>
    <div>a: <input type="text" id="a" placeholder="边长"/></div>
    <div>b: <input type="text" id="b" placeholder="边长"/><div>
    <div>c: <input type="text" id="c" placeholder="边长"/></div>
    <div> </div><input id="btn" type="button" value="求三角形面积" /></div>
    <span id="result"></span>
</fieldset>
```

（2）Ajax 请求

使用 jQuery 中的$.ajax()方法进行 Ajax 请求，需要先导入 jQuery 框架，再发送 Ajax 请求。代码如程序清单 4-2 所示。

程序清单 4-2　求三角形面积的 Ajax 请求

```
<head>
    <script type="text/javascript" src="jquery-1.10.1.min.js"></script>
    <script>
    $(function(){
        $("#btn").click(function(){          //按钮的单击事件
            var a = $("#a").val();           //获取文本框内的取值
            var b = $("#b").val();
            var c = $("#c").val();
            $.ajax({   //进行 Ajax 请求
                "url" : "getArea.jsp",         //服务器端程序
                "type" : "post",               //请求方式
                "data" : {'a':a,'b':b,'c':c},  //请求参数
                "success" : function(data){    //data 为响应字符串
                    $("#result").html(data);   //显示响应结果
                }
            })
        })
    })
    </script>
```

```
        </head>
```

当单击"求三角形面积"按钮时发送请求，由服务器端的 getArea.jsp 完成响应；用 post 方式发送请求；请求的参数是文本框中输入的 3 个数据，它们按照 JSON 格式进行传递；当 Ajax 请求成功后，在回调函数中将返回的字符串显示在<span>区域，回调函数的参数 data 即为服务器端返回的响应数据。

（3）服务器端.jsp 代码

服务器端的 getArea.jsp 先接收 Ajax 传递的请求参数，进而完成计算过程。计算完成后，响应用 out.print()发送至客户端（out 对象可以直接在 JSP 页面中使用），即字符串形式。

为了防止输入数据的各种不正常情况，如非数字导致的类型转换失败，在 getArea.jsp 中增加异常处理。代码如程序清单 4-3 所示。

<div align="center">程序清单 4-3 求三角形面积的 JSP 程序</div>

```jsp
<%@ page contentType="text/html;charset=UTF-8"%>
<%@ page pageEncoding="gbk"%>
<%@ page import="java.text.DecimalFormat" %>
<%
    try{
        double a = Double.parseDouble(request.getParameter("a"));
        double b = Double.parseDouble(request.getParameter("b"));
        double c = Double.parseDouble(request.getParameter("c"));
        if(a>0 && b>0 && c>0 && a+b>c && b+c>a && a+c>b){
            double s = (a + b + c) / 2;
            double area = Math.sqrt(s*(s-a)*(s-b)*(s-c));
            out.println(new DecimalFormat("##0.00").format(area));
        } else{
            out.println("您输入的三边长有误");
        }
    }catch(Exception e){
        out.println("您输入的三边长有误");
    }
%>
```

Tips： 为了使向 Ajax 返回的结果更为"干净"，只包含 out.print()中的字符串，在 JSP 文件中请去除 <html><head><body>等标签。

4.5.3 Ajax 请求案例——注册查重

用户注册几乎是每个网站的基本功能，注册过程的便利性往往影响着用户的去留。Ajax 技术出现之前，在注册过程中经常出现辛辛苦苦地填写了所有信息之后，单击"提交"按钮却看到一个"用户名已存在"的回复，而之前填写的所有信息都已经消失，想要注册，还得重新再来。Ajax 的出现改变了这一切，现在用户只要输入完信息，网站立刻就会给予响应，用户跟随提示会很顺利地完成注册。

下面以注册的用户名查重和密码校验为例学习网站中注册的处理流程。

1. 注册页面

注册页面如图 4-19 所示，在用户名文本框、确认密码文本框和注册按钮的右侧均有提示信息出现。如果用户名或者密码不符合规则，注册都禁止提交；只有两者都符合要求才能提交注册数据。

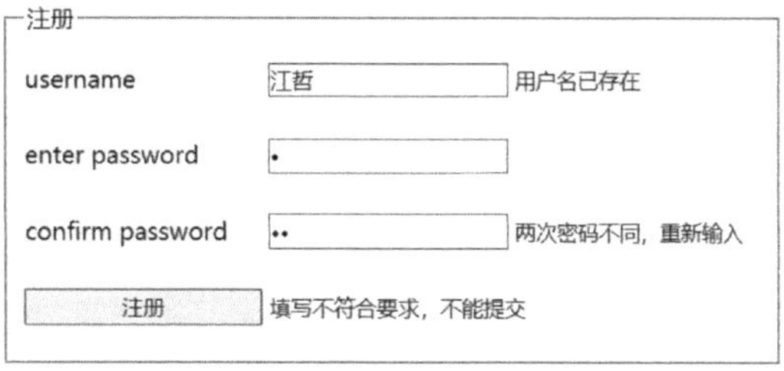

图 4-19　注册页面示意图

网页源代码如下。

```
<fieldset>
    <legend>注册</legend>
    <div>
        <span>username</span>
        <input type="text" id="user" name="user"/>
        <em id="userResult"></em>
    </div>
    <div>
        <span>enter password </span>
        <input id="pwd1" type="password" name="password1"/>
    </div>
    <div>
        <span>confirm password </span>
        <input id="pwd2" type="password" name="password2"/>
        <em id="passResult"></em>
    </div>
    <div>
        <input id="reg"    type="button" value="注册">
        <em id="regResult"></em>
    </div>
</fieldset>
```

2．服务器端的用户名查重处理

本案例由 JSP 作为业务处理的服务器端程序，在 JSP 文件中连接数据库，对数据表 user 进行查重，如果用户已存在，返回字符串"用户名已存在"，否则返回"OK"。

将查重处理写在文件 check_user.jsp 中，以脚本代码块的方式出现。假设 Ajax 请求传递过来的参数名称为"username"，利用它的取值组织 SQL 查询语句，查询到结果时返回相应的内容。

JDBC 的访问过程不变，首先在 WEB-INF/lib 下加入 MySQL 数据库的 jar 包；然后在 JSP 文件的首部用 page 指令导入 JDBC 访问需要的 java.sql 包下的类。check_user.jsp 的代码如程序清单 4-4 所示。

程序清单 4-4　数据表查重的 JSP 程序

```
<%@ page contentType="text/html;charset=UTF-8"%>
<%@ page pageEncoding="GBK"%>
<%@ page import="java.sql.*" %>
<%
    String username = request.getParameter("username");
```

```
        Connection con = null;
        Statement st = null;
        ResultSet rs = null;
        try{
                Class.forName("com.mysql.jdbc.Driver");
                con =   DriverManager.getConnection(
                        "jdbc:mysql://127.0.0.1:3306/temp?characterEncoding=utf8","root", "1234");
                st = con.createStatement();
                String sql = "select * from user where name='"+username+"'";
                rs = st.executeQuery(sql);
                if(rs.next()){              //查找成功，用户已存在
                    out.print("用户名已存在");
                }else{                      //用户名可用
                    out.print("OK");
                }
        }catch(Exception e){
            e.printStackTrace();}
        finally{
            if(rs!=null) {try{rs.close();}catch(Exception e){}} }
            if(st!=null) {try{st.close();}catch(Exception e){}} }
            if(con!=null) {try{con.close();}catch(Exception e){}} }
        }
    %>
```

3．客户端用户名的校验代码

当用户名文本框失去光标时，对填写的数据进行 Ajax 请求校验，连接服务器端程序 check_user.jsp，检查数据库中该用户是否已存在；请求参数名字为"username"，与 check_user.jsp 中的 getParameter()的参数保持一致；在请求成功的回调函数中，输出返回结果，如果包含"OK"，则将用户名合法的标识从默认的 false 改为 true，允许注册提交，代码如程序清单 4-5 所示。

程序清单 4-5　客户端查重的 Ajax 请求

```
var flag_user=false;        //用户名合法标识：默认不允许提交注册
$("#user").blur(function(){     //用户名文本框失去光标时
        $.ajax({
                "url": "check_user.jsp",
                "type": "post",
                "data":{'username': $(this).val()},
                "success": function(data){
                        $("#userResult").html(data.trim());         //去掉响应字符串的首尾空格
                        if(data.indexOf("OK") != -1){               //响应有"OK"字样出现
                                flag_user=true;
                        }
                }
        })
})
```

4．客户端密码的校验处理

密码校验的过程在客户端完成即可，代码如下。

```
$("#pwd2").blur(function(){
        var pwd1 = $("#pwd1").val();
        var pwd2 = $("#pwd2").val();
```

```
        if(pwd1==null || pwd2==null){
            $("#passResult").html("密码不能为空");
        }else if(pwd1==pwd2){
            $("#passResult").html("OK，两次密码相同");
            flag_pwd=true;
        }else{
            $("#passResult").html("两次密码不同，重新输入");
        }
    })
```

5．注册按钮的校验处理

如前所述，提交的条件是用户名和密码均已符合规则，如果有一项未满足则不予以提交；提交后，则将两个合法性标识变量重新置为 false，注册结束，代码如下。

```
$("#reg").click(function(){
        if(!flag_pwd || !flag_user){
            $("#regResult").html("填写不符合要求，不能提交");
            return;
        }else{
            $("#regResult").html("转去注册功能……");  //具体注册功能此处省略
            flag_pwd=false;
            flag_user=false;
        }
    })
```

说明：案例中其他关于各文本框的光标置入、失去光标时是否为空等 JavaScript 处理参见教材配套资源中的源代码。

4.5.4 向 Ajax 返回 JSON 数据

JSON 是各平台通用的数据格式，它以键值对的形式出现，在跨平台应用中比 XML 更为便捷。随着 Ajax 技术的广泛应用，JSON 格式数据的使用也更加普遍。

如果一个 Web 应用需要在不同类型的终端上发布，当服务器端的程序以 JSON 格式返回时，每种终端只要进行 JSON 数据的提取，并对其进行渲染展示就可以。

计算机端以浏览器发送 Ajax 请求的方式从服务器端获取 JSON 格式的数据，其他终端，如 Android、iPhone/iPad 等只要实现发送 HTTP 请求连接服务器端的程序，就可以得到同样的数据，如图 4-20 所示。

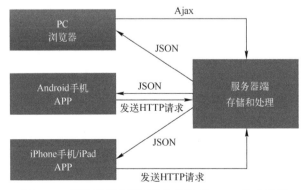

图 4-20 服务器端向不同的终端返回 JSON 格式数据

Servlet 编程时，使用 JSONObject 类和 JSONArray 类，将对象或集合转换为 JSON 字符串。JSONObject 类将一个 Java 对象转换为 JSON 字符串，JSONArray 类将一个 Java 集合转换为 JSON 数组形式的 JSON 字符串。完成转换时，需要引入如下所示的 jar 包。

```
commons-beanutils-1.8.0.jar
commons-collections-3.2.1.jar
commons-lang-2.5.jar
commons-logging-1.1.1.jar
ehcache-core-2.4.3.jar
json-lib-2.4-jdk15.jar
```

在 Web 应用中，则需要定义一个结果类，以对象的形式封装返回给 Ajax 的 JSON 键值对，类的属性就是键值对中的键，属性的取值对应键值对中的值。

【例 4-8】 用返回 JSON 字符串的方式完成注册查重。

定义一个 Java 类 Result 存储结果对象，结合 4.5.3 节的客户端程序的需求，可以确定返回给客户端的数据包括用户名是否可用的状态值（1 可用，0 不可用），以及客户端输出的字符串信息。因此，Result 类的设计如程序清单 4-6 所示。

程序清单 4-6　JSON 返回值字符串对应的 Java 类

```java
package entity;

public class Result {
    private int status;   //状态标识，1 可用，0 不可以
    private String msg;   //消息字符串
    public void setStatus(int status) {
        this.status = status;
    }
    public void setMsg(String msg) {
        this.msg = msg;
    }
    public Result() {
    }
}
```

check_user.jsp 程序导入格式转换类 JSONObject，在 JDBC 查询之后将结果封装在 Result 对象中，最后将结果对象转换为 JSON 字符串，然后返回客户端，修改后的 check_user.jsp 的代码如程序清单 4-7 所示。

程序清单 4-7　封装 JSON 结果的服务器端程序

```jsp
<%@ page contentType="text/html;charset=UTF-8"%>
<%@ page pageEncoding="GBK"%>
<%@ page import="java.sql.*" %>
<%@ page import="entity.Result" %>
<%@ page import="net.sf.json.JSONObject" %>
<%
    Result r = new Result();    //创建结果对象
    String username = request.getParameter("username");
    Connection con = null;
    PreparedStatement pst = null;
    ResultSet rs = null;
```

```
try{
    Class.forName("com.mysql.jdbc.Driver");
    con = DriverManager.getConnection(
        "jdbc:mysql://127.0.0.1:3306/temp?characterEncoding=utf8","root", "1234");
    String sql = "select * from user where name=?";
    pst = con.prepareStatement(sql);
    pst.setString(1, username);
    rs = pst.executeQuery();
    if(rs.next()){ //查找到的封装
        r.setStatus(0);    //不可用
        r.setMsg("用户名已存在");
    }else{    //未找到的封装
        r.setStatus(1);    //可用
        r.setMsg("用户名可用");
    }
}catch(Exception e){
    e.printStackTrace();
}
finally{
    if(rs!=null) {try{rs.close();}catch(Exception e){}}
    if(pst!=null) {try{pst.close();}catch(Exception e){}}
    if(con!=null) {try{con.close();}catch(Exception e){}}
}
//将 Result 对象转换为 JSON 对象
JSONObject    jsonObj =JSONObject.fromObject(r);
//向客户端返回 JSON 字符串
out.print(jsonObj.toString());
%>
```

客户端的变化是，在发送 Ajax 请求时，必须要指定 dataType 参数的取值为"json"，标识请求的返回值类型是 JSON（dataType 默认取值为 text，返回字符串）。在客户端输入一个数据表中已存在的用户名，返回的 JSON 字符串如图 4-21 所示。

图 4-21   服务器端返回的 JSON 数据

回调函数获取到返回的 JSON 字符串 data 后，按照 JSON 格式对其使用，data.msg 是信息字符串，data.status 是状态标识。

```
$.ajax({
    "url": "check_user.jsp",
    "type": "post",
    "data":{'username': $(this).val()},
    "dataType":"json",
    "success": function(data){
        $("#userResult").html(data.msg);          //显示信息字符串
        if(data.status==1){                        //用户名可用
```

```
                    flag_user=true;
            }
        }
    })
```

JSON 数据不仅可以实现跨平台，也使代码的结构更好。

4.6 思维导图

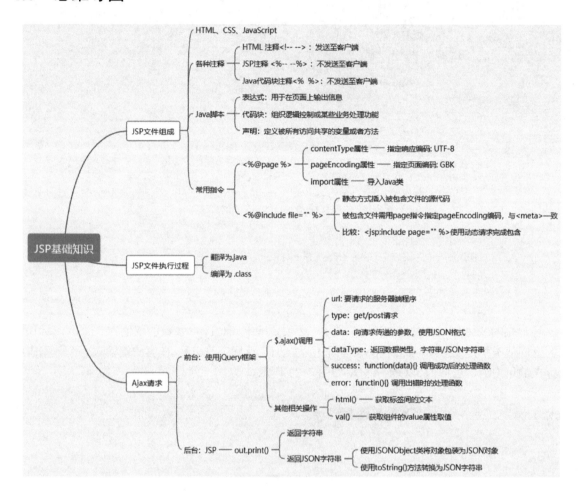

4.7 习题

1. 不定项选择题

1）当用户请求 JSP 页面时，JSP 引擎就会执行该页面的字节码文件响应客户的请求，执行字节码文件的结果是（   ）。

    A. 发送一个 JSP 源文件到客户端   B. 发送一个 Java 文件到客户端

    C. 发送一个 HTML 页面到客户端   D. 什么都不做

2）当多个用户请求同一个 JSP 页面时，Tomcat 服务器为每个客户启动一个（   ）。

    A. 进程   B. 线程   C. 程序   D. 服务

3）下列动态网页和静态网页的根本区别描述错误的是（　　　）。

　　A．静态网页服务器端返回的 HTML 文件是事先存储好的

　　B．动态网页服务器端返回的 HTML 文件是程序生成的

　　C．静态网页文件里只有 HTML 标记，没有程序代码

　　D．动态网页中只有程序，不能有 HTML 代码

4）不是 JSP 运行必需的是（　　　）。

　　A．操作系统　　　　　　　　　　　B．Java JDK

　　C．支持 JSP 的 Web 服务器　　　　 D．数据库

5）关于 page 指令的说法中不正确的是（　　　）。

　　A．page 指令中的 pageEncoding 属性指定的是 JSP 页面的编码方式

　　B．page 指令中的 contentType 属性功能相当于 Servlet 中 response.setContentType()

　　C．contentType 属性确定了 JSP 页面响应的 MIME（Multipurpose Internet Mail Extention，多用途互联网邮件扩展）类型，即通知浏览器以什么样的方式打开接收到的信息

　　D．page 指令中的 import 属性向 JSP 页面导入 Java 类，如果需要导入多个 Java 类，需要在多个 page 指令中分别用 import 导入

6）include 指令用于在 JSP 页面静态插入一个文件，插入文件可以是 JSP 页面、HTML 网页、文本文件或一段 Java 代码，但必须保证插入后形成的文件是（　　　）。

　　A．一个完整的 HTML 文件　　　　B．一个完整的 JSP 文件

　　C．一个完整的 TXT 文件　　　　　D．一个完整的 Java 源文件

7）下列变量声明在（　　　）范围内有效。

```
<%! Date dateTime;
      int countNum;
%>
```

　　A．从定义开始处有效，客户之间不共享

　　B．在整个页面内有效，客户之间不共享

　　C．在整个页面内有效，被多个客户共享

　　D．从定义开始处有效，被多个客户共享

8）在一个 JSP 文件中需要引用 java.util.Date 类和 java.text.DecimalFormat 类，以下表达式正确的是（　　　）。

　　A．<%@ page import="java.text.DecimalFormat, java.util.Date" %>

　　B．<%@ page import="java.text.DecimalFormat; java.util.Date" %>

　　C．

　　　　<%@ page import="java.text.DecimalFormat " %>

　　　　<%@ page import="java.util.Date" %>

　　D．

　　　　import java.text.DecimalFormat;

　　　　import java.util.Date;

9）关于静态包含和动态包含，下面说法正确的是（　　　）。

　　A．静态包含的语法是<%@ include file="文件地址" %>

　　B．静态包含的目标可以是 JSP 文件、HTML 文件和 Servlet

C. 静态包含是将目标文件的源代码添加至 JSP 文件后，再进行编译

D. 动态包含是将目标文件的源代码添加至 JSP 文件后，再进行编译

E. 动态包含，服务器会分别编译和运行 JSP 文件和被包含文件，并将被包含文件的响应结果加入到包含文件的响应中

10）test.jsp 文件要包含 target.jsp 文件，它们在 Web 应用中的路径如下：

```
WebContent/test.jsp
WebContent/app1/app2/target.jsp
```

以下能够正确实现包含的代码是（   ）。

A. <%@ include file="target.jsp " %>

B. <%@ include file="/app1/app2/target.jsp " %>

C. <%@ include file="app1/app2/target.jsp " %>

D. <%@ include file="../../target.jsp " %>

2．编程题

1）使用 JSP 页面输出 100 以内的所有素数。

2）在 JSP 页面中定义一个字符串数组，用于存储一组图书的名，使用表格输出书名，形式如图 4-22 所示。

编号	书名
1	Java 编程思想
2	Java 核心技术
3	深入分析 Java Web 内幕

图 4-22　书名表格

3）设计页面，编写一个天然气的消费计算器，输入用气量、选择用户类型，利用 Ajax 请求在原页面显示计算结果。已知北京市天然气的收费标准如图 4-23 所示。

附件：北京市居民用管道天然气销售价格表

分档	户年用气量（立方米）			销售价格
	一般生活用气 （炊事、生活热水）	壁挂炉 采暖用气	农村煤改气 采暖用气	（元/立方米）
第一档	0~350（含）	0~1500（含）	0~2500（含）	2.61
第二档	350~500（含）	1500~2500（含）	2500~3000（含）	2.83
第三档	500以上	2500以上	3000以上	4.23
	执行居民价格的非居民户			2.63

图 4-23　北京市天然气的收费标准

4）用向 Ajax 请求返回 JSON 字符串的方式重写计算三角形面积的程序。

5）设计一个查询页面，根据学生的姓名和所在学院进行信息查询，查询结果显示在文本框的右侧，如图 4-24 所示。可以练习将学生信息存储在数据库中。

图 4-24　"查询"页面

第 5 章　JSP 隐含对象

Servlet 可以访问由 Web 容器创建的 ServletRequest、ServletResponse、ServletConfig、ServletContext 等对象，而它们也出现在 JSP 页面中，并且无须声明、创建就可以直接使用，它们是 JSP 的隐含对象。本章介绍 JSP 隐含对象的来源及应用，对于 Servlet 部分已经学习过的对象，本章从应用的角度予以补充。

5.1　隐含对象概述

JSP 中的隐含对象一共有 9 个，如表 5-1 所示。

表 5-1　JSP 中的隐含对象

隐含对象	类型	说明
request	javax.servlet.http.HttpServletRequest	请求信息
response	javax.servlet.http.HttpServletResponse	响应信息
out	javax.servlet.jsp.JspWriter	输出数据流
session	javax.servlet.http.HttpSession	会话
application	javax.servlet.ServletContext	Web 应用全局上下文
pageContext	javax.servlet.jsp.PageContext	JSP 页面上下文
page	java.lang.Object	JSP 页面本身
config	javax.servlet.ServletConfig	Servlet 配置信息
exception	javax.servlet.ServletException	网页异常

这些隐含对象在 JSP 翻译得到的 Servlet 的_jspService()方法中被创建和赋值，截取某个 JSP 文件翻译之后的_jspService()方法，如图 5-1 所示。

```
81    public void _jspService(final javax.servlet.http.HttpServletRequest request,
82          final javax.servlet.http.HttpServletResponse response)
83          throws java.io.IOException, javax.servlet.ServletException {
84
85       final javax.servlet.jsp.PageContext pageContext;
86       javax.servlet.http.HttpSession session = null;
87       final javax.servlet.ServletContext application;
88       final javax.servlet.ServletConfig config;
89       javax.servlet.jsp.JspWriter out = null;
90       final java.lang.Object page = this;
91       javax.servlet.jsp.JspWriter _jspx_out = null;
92       javax.servlet.jsp.PageContext _jspx_page_context = null;
93
94       try {
95          pageContext = _jspxFactory.getPageContext(this, request, response,
96                null, true, 8192, true);
97          _jspx_page_context = pageContext;
98          application = pageContext.getServletContext();
99          config = pageContext.getServletConfig();
100         session = pageContext.getSession();
101         out = pageContext.getOut();
102         _jspx_out = out;
103         // ……
104
105      } catch (java.lang.Throwable t) {
106         // ……
107
108      }
109   }
```

图 5-1　_jspService()方法源代码

其中，request 和 response 对象通过参数形式获取。85～90 行分别声明了 pageContext、session、application、config、out 和 page 对象，其中 page 对象代表 JSP 页面本身，即 JSP 转换为 Servlet 后的实例对象，就是 Java 应用程序中的 this。

在 95 行，pageContext 对象首先被创建，它的创建和初始化都是由 Web 容器完成的，作用是获取其他对象，如图 5-1 中 98～101 行代码。除此之外，还可以使用 pageContext.getException() 方法获取当前页面的 exception 对象。

至此，JSP 页面中的隐含对象在_jspService()方法中均已创建、赋值。JSP 引擎翻译 JSP 时，用户的代码都是转换到_jspService()方法中，所以在 JSP 中的 Java 脚本中可以直接使用以上对象。

JSP 页面中的 config 对象与 Servlet 中的 ServletConfig 对象等价，作用是为某个服务器端程序配置参数；application 与 Servlet 中的 ServletContext 对象等价，作用是为整个 Web 应用配置参数。

session，即会话，第一次访问服务器端的 Servlet 或者 JSP 时被创建，被赋予一个 sessionId，在对该网站的整个请求过程中 session 会一直有效，所以 session 可以进行会话跟踪（会话跟踪是 Web 编程中的重要应用，在第 8 章学习）。session 通常会有失效时间（一般为 30 分钟），从不活动的时候开始计算，到期后 session 失效被销毁。例如，上网时如果长时间对打开的网站没有访问，会出现"会话过期"现象。

总而言之，在 JSP 页面中可以直接使用这些对象，非常便捷；而在 Servlet 程序中，要通过各种 get*()方法才能得到它们。

5.2　request 对象

这里的 request 对象与第 2 章 Servlet 中的完全相同，它包含了来自客户端的请求信息。客户端通过 get 或者 post 请求方式提交数据，在服务器端用 request 调用 getParameter()或 getParameterValues() 按名称获取参数取值。利用 request 对象还可以进行请求的转发等，详见 5.6.2 节。

请求数据的格式在 2.1.1 节有详述，如图 2-2 所示。现在通过程序的方式，调用 request 对象的方法可以获取关于客户端请求的各种信息。

【例 5-1】　使用 request 对象查看请求信息。

请求头由若干键值对组成，所有请求头的名字可以通过 getHeaderNames()方法获取，再对其进行遍历，按照请求头的名字获取各请求取值。请求行的数据则单独通过几个方法获取，代码如程序清单 5-1 所示。

程序清单 5-1　使用 request 对象获取请求头信息

```jsp
<%@ page contentType="text/html; charset=UTF-8"%>
<%@ page pageEncoding="GBK"%>
<%@ page import="java.util.Enumeration"%>
<%
    //获取请求行的信息
    out.print("请求方式："+request.getMethod()+"<br/>");
    out.print("请求的协议种类："+request.getProtocol()+"<br/>");
    out.print("请求资源路径："+request.getRequestURI()+"<br/>");
```

```
//查看其他路径表示
out.print("请求的路径信息："+request.getRequestURL()+"<br/>");
out.print("请求的 Web 应用路径："+request.getContextPath()+"<br/>");
out.print("请求的 Servlet 路径："+request.getServletPath()+"<br/>");
//查看客户端的 IP 地址
out.print("发起请求的用户 IP 地址： " + request.getRemoteAddr() + "<br/>");
//获取所有消息头的名称，并进行遍历
Enumeration    e = request.getHeaderNames();
while(e.hasMoreElements()){
        //遍历 Enumeration 获取每一个消息头的名称
        String headerName   = e.nextElement().toString();
        //输出消息头的名-值对信息
        out.print(headerName+":"+request.getHeader(headerName)+"<br/>");
    }
%>
```

输出结果如图 5-2 所示，可以与图 2-2 的请求数据格式进行对比。

图 5-2　例 5-1 代码运行结果

几种请求的路径和地址在编程中会使用到，常用的是 Web 应用路径和 Servlet 路径，Web 应用的路径可以在各种链接、转向时使用，从而增加代码的可移植性；Servlet 路径则可以实现多请求的类别标识（见 6.3.2 节）。

另外，URI（Uniform Resource Identifier）称为统一资源标识符：用来唯一标识一个资源。URL（Uniform Resource Locator）是统一资源定位器，是一种具体的 URI，不仅可以用来标识一个资源，而且还指明了如何定位这个资源，同时包含了 URI。

getRemoteAddr()方法可以获取发起访问的客户端的 IP 地址。它们的关系和功能如表 5-2 所示。

表 5-2　由 request 获取的各种路径和地址

路径或地址	访问方法	示例
URL	request.getRequestURL()	http://127.0.0.1:8080/chap5/request.jsp
URI	request.getRequestURI()	/chap5/request.jsp
Web 应用名称	request.getContextPath()	/chap5
服务器端程序名称	request.getServletPath()	/request.jsp
客户端 IP 地址	request.getRemoteAddr()	127.0.0.1

5.3 response 对象

response 作为提供响应的对象，提供了向客户端发送数据、发送响应头等方法。

利用 response.getWriter()创建 PrintWriter 类型的对象，使用它的各种 print()方法将响应数据作为字符流发送到客户端。response 对象可以利用响应头向客户端传递更多的信息。

1）利用 response.setContentType()方法可以设置返回给客户端数据的类型和编码。通常数据以"text/html"类型返回，即 HTML 文本类型。

response.setContentType("text/html;charset=UTF-8");

2）如果要提示用户将响应结果作为其他类型保存，可以用 response.addHeader()方法添加响应头"Content-disposition"。Content-disposition 是 MIME 协议的扩展，说明客户端如何显示或者保存响应数据，格式如下：

response.addHeader("Content-Disposition" , "disposition-type[; filename=**])

其中，disposition-type 取值为"attachment"时表示响应以附件方式下载；filename 是默认的文件名，可以省略。例如，页面的响应结果提示用户以 Word 文档的方式保存，代码如下，效果如图 5-3 所示。

response.addHeader("Content-Disposition","attachment; filename=download .doc");

图 5-3　指定响应的下载类型

3）"refresh"响应头可以实现定时的重定向，格式如下：

response.setHeader("refresh", "数字 [;url=***]")

如果指定 url 地址，在指定的时间（秒为单位）后跳转到指定页面；如果不指定 url 则为当前页面每隔指定时间刷新一次。例如，很多网站都会在用户注册成功后自动跳转到网站的主页，代码如下。

response.setHeader("refresh", "2; url=index.jsp");

在 2.4.6 节使用了 response 对象设置重定向，实现了 Web 组件之间的跳转，格式如下：

response.sendRedirect(目标组件地址);

5.4 out 对象

JSP 页面中的动态输出使用表达式<%=…%>的情况更多，所以在实际的 JSP 页面中，很少使用内置的 out 对象，但是输出表达式<%=…%>的本质就是 out.print()。

out.print()和 out.println()的输出效果在页面中不会有区别,HTML 代码的换行是通过特殊标签"
"产生的。

out 对象完成从服务器端向客户端的数据传送,最原始的数据传输是以字节为单位的,但效率很低,所以在 I/O 操作中通常会使用缓冲区。服务器把发送给客户端的数据先存储在一个缓冲区里进行缓存,缓冲区的默认大小为 8 KB。JSP 页面中,page 指令的 autoFlush 属性默认为 true,即当缓冲区存满后自动发送。

```
<%@ page autoFlush="true"%>
```

另外,当 JSP 页面全部结束也会发送缓冲区中的数据。所以在简单页面中,缓冲区的效果不明显,但当页面包含大量数据时,缓冲区的应用会缩短客户端数据的响应时间。

服务器端可以主动进行 out.flush()调用,在缓冲区尚未装满时就将内容输出到客户端,同时清空缓冲区。

【例 5-2】 缓冲区演示。

使用 out 对象的 getBufferSize()方法可以获得缓冲区的大小,getRemaining()方法获得缓冲区中尚未使用的空间大小。例如,程序清单 5-2 所示的 JSP 页面代码,整个响应输出不足 8 KB。

程序清单 5-2 输出缓冲区示例

```
<%
    out.print("<h3>缓冲区初始: "+out.getBufferSize()+"字节</h3>");
    out.print("<h4>《钱塘湖春行》【唐】白居易</h4>");
    out.print("<h4>孤山寺北贾亭西, 水面初平云脚低。</h4>");
    out.print("<h4>几处早莺争暖树, 谁家新燕啄春泥。</h4>");
    out.print("<h3>缓冲区剩余: "+out.getRemaining()+"字节</h3>");
    out.flush();
    out.print("<h3>缓冲区刷新后: "+out.getRemaining()+"字节</h3>");
    out.print("<h4>乱花渐欲迷人眼, 浅草才能没马蹄。</h4>");
    out.print("<h4>最爱湖东行不足, 绿杨阴里白沙堤。</h4>");
%>
```

在程序开始时打印当前系统缓冲区的配置大小,输出的过程中打印缓冲区剩余空间,主动执行 flush()方法输出并清空缓冲区中的数据,再进行对比,运行效果如图 5-4 所示。可以看到,缓冲区默认大小 8 KB(8192 字节),输出的数据不断进入缓冲区,缓冲区变小,当执行 flush()后缓冲区数据被输出且清空缓冲区。

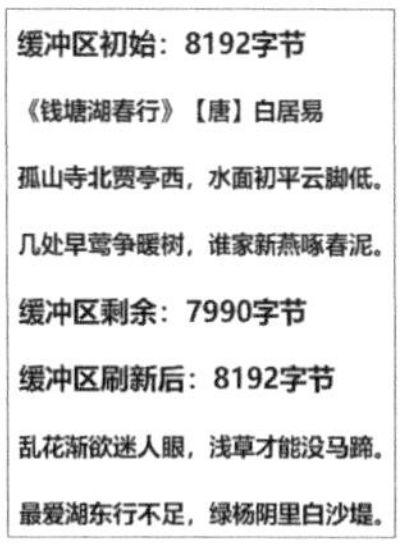

缓冲区初始: 8192字节

《钱塘湖春行》【唐】白居易

孤山寺北贾亭西, 水面初平云脚低。
几处早莺争暖树, 谁家新燕啄春泥。

缓冲区剩余: 7990字节

缓冲区刷新后: 8192字节

乱花渐欲迷人眼, 浅草才能没马蹄。
最爱湖东行不足, 绿杨阴里白沙堤。

Tips: 在 JSP 动作标签<jsp:include>中也有 flush 属性,flush 默认值为 false。当 flush 属性赋值为 true 时,缓冲区生效,缓冲区满后服务器会先把这部分数据响应输出到浏览器,再继续等待后续内容。

图 5-4 缓冲区展示

5.5 exception 对象

exception 对象用于处理 JSP 文件中发生的错误和异常,这些异常是 Web 应用程序能够识别和处理的问题。

exception 对象是 javax.servlet.ServletException 类型，是 Throwable 的子类。如果在 JSP 页面中未使用 try-catch 语句捕获处理异常，则系统自动生成 exception 对象，将其以转发的形式传递到 page 指令中 errorPage 属性指向的错误页面，由该页面进行相应处理。exception 对象只在错误页面中才可以使用，错误页面的 page 指令中需要将 isErrorPage 属性置为 true。

【例 5-3】 exception 对象演示。

为了演示 JSP 页面异常处理的过程，在 createError.jsp 页面中书写一个会抛出异常的代码，同时在 page 指令中指定错误处理页面为 error.jsp。

```
<%@ page errorPage="error.jsp"%>
<%
        Integer.parseInt("abc");        //会抛出异常
%>
```

在 error.jsp 中，用 page 指令指定自己是异常处理页面，使自己有资格使用 exception 对象，并输出异常相关信息，代码如下：

```
<%@ page isErrorPage="true"%>
异常类型:<%=exception.getClass()%><br/>
异常信息:<%=exception.getMessage()%><br/>
```

如图 5-5 所示，在 createError.jsp 对应的 .java 文件中，JSP 脚本和静态 HTML 都转换成 _jspService() 方法中的执行代码，且都放在 try 代码块中，一旦捕捉到 JSP 脚本的异常，并且 _jspx_page_context（pageContext）对象不为 null，就会由该对象来处理异常（117 行）。

```
 99      try {
100          response.setContentType("text/html; charset=UTF-8");
101          pageContext = _jspxFactory.getPageContext(this, request, response,
102              "error.jsp", true, 8192, true);
103          _jspx_page_context = pageContext;
104          application = pageContext.getServletContext();
105          config = pageContext.getServletConfig();
106          session = pageContext.getSession();
107          out = pageContext.getOut();
108          _jspx_out = out;
109
110          //脚本位于try代码块中
111          Integer.parseInt("abc");
112
113      } catch (java.lang.Throwable t) {    //捕获的页面异常
114          if (!(t instanceof javax.servlet.jsp.SkipPageException)) {
115              //......
116              if (_jspx_page_context != null)
117                  _jspx_page_context.handlePageException(t);    //异常处理
118              else
119                  throw new ServletException(t);
120          }
121      } finally {
122          _jspxFactory.releasePageContext(_jspx_page_context);
123      }
```

图 5-5 createError.jsp 对应的 Servlet 代码中的异常处理部分

5.6 利用隐含对象携带参数

到目前为止，已学习了 Servlet 和 JSP 两种服务器端组件，相关的参数传递问题已经解决。

1）客户端和服务器之间的参数传递：客户端通过 get/post 方式发送请求数据，服务器端使用 getParameter() 等方法获取请求。

2）服务器端 Web 容器向 Servlet 进行参数传递：通过在 web.xml 中配置<init-param>，利用 ServletConfig 对象向某个 Servlet 传递参数；配置<context-param>，利用 ServletContext 对象向所

有 Servlet 传递参数。

本节主要介绍服务器端的各个 Servlet 和 JSP 组件之间的参数传递。

5.6.1 组件间的参数传递

服务器端的 Servlet 程序和 JSP 程序之间，可以用 request、session 和 application 在不同范围内为组件传递参数。

request 的生命周期是 request 请求域，一个请求结束，则 request 结束。session 的生命周期是 session 会话域，从请求网站的第一个 Servlet/JSP 页面开始，到停止访问后到达指定时间（一般为 30 分钟）后被销毁。application 的生命周期从服务器开始执行 Web 应用服务，到服务器关闭为止。

request、session 和 application 在 JSP 中以隐含对象的方式出现。在 Servlet 中除了 request 已经是 service()方法的参数可以直接使用外，session 和 application 需要手动获取。session 对象由 request 获取，而 application 实际就是 ServletContext 对象，通过父类由 Web 容器获取，方法如下。

```
ServletContext application = super.getServletContext();
HttpSession session = request.getSession();
```

应用下面两个方法可以向 request、session 和 application 对象添加、获取参数。

（1）public void setAttribute(String name, Object obj)

将 Object 指定的对象 obj 添加到 request、session 和 application 中，并为添加的对象指定了一个索引关键字。如果添加的两个对象的关键字相同，则先前添加的对象被覆盖。

（2）public Object getAtrribute(String name)

获取 request、session 和 application 中关键字是 key 的对象。由于任何对象都可以添加到 request、session 和 application 中，因此用该方法取回对象时，应强制转化为原来的类型。

添加、获取参数的过程如图 5-6 所示。

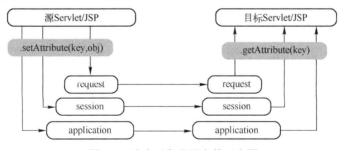

图 5-6　隐含对象传递参数示意图

request 的生命周期最短，占用资源比较少，但相对来说缺乏持续性；session 生命周期比 request 长，但资源的消耗也变大，利用 session 可以记录用户身份实现会话跟踪；application 的生命周期最长，范围最大，常用于保存 Web 项目中全局性的数据信息，例如，网站的访问流量等。

究竟选择哪个对象保存、传递参数，可以根据源和目标 Servlet/JSP 间的关系（转发/重定向）以及参数的使用范围而定。在满足使用范围的情况下，按照 request→session→application 的顺序优先选择生命周期短的来使用，以节约资源。

除了 request、session、application 之外，还有一个 page 对象代表当前页面。page 对象可以使用 SetAttribute()和 getAttribute()方法进行数据的存取，只是因为它只在当前页面有效，所以服务器组件间的参数传递用不到 page。

本书将这些存储在 page、request、session、application 中的以 attribute 形式存在的数据统一称为"属性变量"。

5.6.2 转发和重定向

在 2.4.6 节，添加新数据完成后利用 response 对象的"重定向"功能转向查询列表功能。在两个 Web 组件之间跳转时，还有一种是使用 request 对象，称为"转发"。它们都可以实现在服务器的组件间跳转，但是工作过程和应用场景有所不同。

重定向是从服务器端回到浏览器端，开始发送新的请求，浏览器的地址栏会变为目标组件。转发在 Web 服务器内部进行，转而执行目标组件，浏览器端的地址栏不发生变化（请求不变）。例如，例 5-3 中 exception 对象就是以转发的形式传递给异常处理页面，异常处理信息出现，但浏览器地址栏未发生变化。

在 Servlet 程序中进行转发的形式如下。

> *request.getRequestDispatcher(目标地址字符串). forward(request, response);*

request.getRequestDispatcher（目标地址字符串）创建一个 RequestDispatcher 类型的转发器，转发器调用 forward()方法实现转发。

在 JSP 程序中，转发还可以使用 JSP 动作完成。

> *<jsp:forward   page = 目标地址字符串 >*
> *<jsp:param   name=" "   value=" "   />*
> *</jsp:forward>*

其中，page 参数是转发的目标地址，转发的同时可以向目标组件传递参数；name 是参数名；value 是参数取值。转发只能利用 request 携带参数，所以<jsp:param>指定的参数通过 request 传递。

转发的特点是地址栏和请求不变，过程只包含一次请求、应用同一个 request 对象。所以，转发只能使用 reqeust 对象在两个 Web 组件间共享数据；转发目标不能是 Web 项目之外的资源，转发默认的绝对路径的根是 Web 应用的根。

源组件到目标组件的重定向由两次请求组成，地址栏地址发生了变化，共享数据时不能再使用 reqeust 对象，可以使用 session 或 application；但重定向的目标可以是 Web 项目之外的资源，重定向默认的绝对路径的根是服务器的根。重定向通过 response 对象完成，代码如下。

> *response.sendRedirect(目标地址字符串);*

【例 5-4】 编写代码处理用户登录流程。

如图 5-7 所示，在静态登录页面 login.html 中填写用户名和密码信息。填写完毕后请求提交给 verify.jsp 进行登录检测（假定用户名为"admin"，密码为"123456"时登录成功）。登录成功转到 welcome.jsp 欢迎页面，显示用户名；如果登录失败，则转回 login.html 继续填写登录信息。

图 5-7   登录处理流程

登录处理流程需要解决以下 3 个问题。

1）从 verify.jsp 转到 welcome.jsp，使用转发还是重定向？

2）从 verify.jsp 转到 login.html，使用转发还是重定向？

3）welcome.jsp 中要显示的用户名，如何从 verify.jsp 传递过来？

verify.jsp 判断登录成功后执行 welcome.jsp 页面，从刷新的角度，verify.jsp 中的登录请求判断过程不应该被重复执行，地址栏需要发生变化，所以应该选择"重定向"的方式；因为重定向方式请求（request）已经发生变化，所以将用户信息保存在 session 中传递给 welcome.jsp。

同理，verify.jsp 判断登录失败后执行 login.html，也应使用重定向方式。

假设几个页面都存储在相同的路径下，代码如程序清单 5-3、5-4 和 5-5 所示。

程序清单 5-3　登录页面（**login.html**）

```html
<form method="post" action="verify.jsp">
    <fieldset>
        <legend> 用户登录 </legend>
        <span>用户名：</span><input type="text" name="username" /><br><br>
        <span>密码：</span><input type="password" name="pwd" /><br><br>
        <div><input type="submit" value="登录" id="login"/></div>
    </fieldset>
</form>
```

程序清单 5-4　登录检测程序（**verify.jsp**）

```jsp
<%
    String username = request.getParameter("username");
    String pwd = request.getParameter("pwd");
    if(username.equals("admin") && pwd.equals("123456")){
        session.setAttribute("username", username); //令 session 存储数据
        response.sendRedirect("welcome.jsp");    //重定向到 welcome.jsp
    }else{
        response.sendRedirect("login.html");
    }
%>
```

程序清单 5-5　欢迎页面（**welcome.jsp**）

```jsp
欢迎, <%=(String)session.getAttribute("username") %>
```

Tips: 注意重定向的执行时机，如果在重定向之后还有可执行代码，则当所有代码执行完毕后才会执行重定向跳转。如果重定向之后的代码不想被执行，需要用 return 语句控制执行流程，提前返回。

5.7　模拟豆瓣电影短评

豆瓣是一个社交网站，其中豆瓣电影的影评深受大众喜爱，电影评分的认可度非常高。本节应用 JSP 知识模仿完成一个豆瓣电影短评的功能。

发表影评首先需要注册、登录，短评不超过 350 个字，如图 5-8 所示。

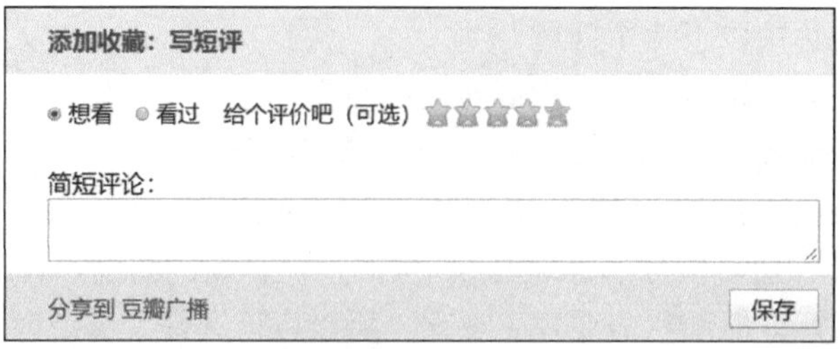

图 5-8　填写短评

填写短评后该条评论进入社区，默认将"热门""好评"的短评排在前面，如图 5-9 所示。

图 5-9　短评列表

系统功能涉及 JSP 脚本、JSP 隐含对象、jQuery 和 Ajax 等前端功能。

5.7.1　填写短评

1．填写短评页面

填写短评页面代码如程序清单 5-6 所示。

程序清单 5-6　豆瓣短评填写页面

```
<form method="post" action="getMessage.jsp">
    <div class="container">
        <div class="interest-form-hd">
            <h2>添加收藏：写短评</h2>
        </div>
        <div class="interest-status">
        <input type="radio" name="interest" value="wish" checked="checked">
        <span>想看</span>
        <input type="radio" name="interest" value="over">
        <span>看过</span>
        <span>给个评价吧（可选）</span>
        <div id="grade" class="fl">
            <ul>
                <li class="select"></li>
                <li class="select"></li>
                <li class="select"></li>
```

```
                            <li class="select"></li>
                            <li></li>
                        </ul>
                    </div>
                    <input type="hidden" id="score" name="score" value="4"> <!--默认 4 分-->        </div>
                    <div class="comment-area">
                        <span>简短评论：</span>
                        <textarea name="comment" class="comment" maxlength="350"></textarea>
                    </div>
                    <div class="interest-form-ft">
                        <span>分享到    豆瓣广播</span>
                        <input class="fr" type="submit" value="保存">
                    </div>
                </div>
            </form>
```

页面上的数据采集包括"想看"和"看过"对应的单选按钮、电影的星级评分、用户的短评信息。

2．星级评分——jQuery 事件处理

网页上有五星级评分功能，HTML 结构对应 5 个 li。如图 5-10 所示，每颗星实际对应这样一张背景图，根据用户的鼠标移入、移出和单击操作，通过改变背景图坐标，显示灰色或黄色星星。

样式代码如下，"select"为激活样式，默认为 4 星显示。

图 5-10　星级评分的背景图

```
#grade{
        width:135px;      height:28px;      margin:10px auto;
        position: absolute;      left:380px;      top:10px;
}
#grade li{
        width:27px;      height:28px;      float:left;      list-style:none;      cursor:pointer;
        background:url(../image/star.gif) no-repeat 0 0;
}
#grade li.select{
        background:url(../image/star.gif) no-repeat 0 -29px;
}
```

需要注意的是，星级数据在短评列表页面也会出现，所以不能只有显示效果，还需要保存星级数据本身。页面中设置了名为"score"的<input>元素，类型为隐藏域，在页面上不可见，默认取值为 4，与页面展示效果保持一致，即用户不单击即为四星。

```
<input type="hidden" id="score" name="score" value="4">
```

按照评分的基本操作，已经通过单击选中的星星，不会随着鼠标的移入、移出发生变化；未被选中的星星鼠标进出时在选中、不选中的状态间切换；只有通过鼠标单击操作最终固定哪些星星被选中。这些操作属于页面的前端效果，使用 jQuery 控制完成。

因为在鼠标移入、移出时，会使用"select"样式动态控制黄色、灰色星星的显示，所以为了标记星星是否被选中的状态，再为每个 li 增加自定义的标志属性"flag"，有该属性则表示已被选中。具体处理如下。

1）鼠标移入：当前的星星没有 select 样式时进行处理。清除所有星星的 select 样式后，为当

前星星及其左侧的星星添加 select 样式。

2）鼠标移出：鼠标移出后需要还原之前星星的被选中状态，所以遍历所有的星星，清除没有 flag 标记的星星的 select 样式。

3）鼠标单击：与移入操作类似，仍然是先全部清除，再对当前星星及其左侧的星星加 select 样式；不同之处是这些星星要同时增加 flag 标记。

星星评分的部分代码如程序清单 5-7 所示。

程序清单 5-7　星星评分的 jQuery 处理

```
$(function(){
    $("li").mouseover(function(){
        if(!$(this).hasClass('select')){
            $(this).addClass('select').prevAll().addClass('select');
        }
    }).mouseout(function(){
        $("li").each(function(){
            if($(this).attr('flag')!="star"){
                $(this).removeClass('select');
            }
        })
    }).click(function(){
        $("li").removeClass('select').removeAttr("flag");
        $(this).addClass('select').attr("flag","star")
            .prevAll().addClass('select').attr("flag","star");

        $("#score").val($(this).index()+1);
    })
})
```

另外，单击某颗星星之后，需要在隐藏域记录当前星星数量，数量可通过被单击星星在父级中的索引值加 1 获取。

3．短评消息的实体类

根据对系统功能的分析，每条短评需要保存的数据包括用户名、兴趣（看过、想看）、评分、短评信息、评论时间、被点"有用"的数量，为了唯一标识每条短评还需再增加属性 id。

短评对应的实体类结构如下。

```
public class Message {
    private int id;
    private String user;
    private String interest;        //兴趣：看过、想看
    private int score;              //星级
    private String comment;
    private Date date;
    private int vote_count;         //有用的数量
    ...
}
```

在实体类中定义 set、get 方法，构造方法。

4．填写短评——JSP 采集数据

在 getMessage.jsp 中完成数据的收集和存储，然后重定向至短评列表页面 list.jsp。

短评是登录网站的所有用户都可以进行的操作，即每个短评对象 Message 的集合（List）应为所有用户共享。为实现共享，在 getMessage.jsp 中用 application 对象保存 List，实现数据在 JSP 之间的传递。数据关系如图 5-11 所示。

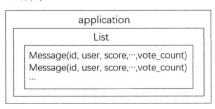

图 5-11　豆瓣电影短评功能的数据存储

每次添加短评时，在原有 List 集合基础上增加新的 Message 对象，即先从 application 获取原集合再进行添加。如果该功能是第一次上线，List 集合尚不存在，则先创建后添加，代码如程序清单 5-8 所示。

程序清单 5-8　添加短评的服务器端程序

```
<%
    String user = (String)session.getAttribute("username");   //已登录用户记录
    request.setCharacterEncoding("UTF-8");
    String interest = request.getParameter("interest");
    int score = Integer.parseInt(request.getParameter("score"));
    String comment = request.getParameter("comment");

    List<Message> list = (List<Message>)application.getAttribute("message");
    if(list==null){   //第一次上线
        list = new ArrayList<Message>();
    }
    Message msg = new Message(list.size()+1,user,score,interest,comment,new Date(),0);
                                        //list.size()+1, 即 id 值，每条短评的唯一标识
    list.add(msg);
    application.setAttribute("message", list);     //添加至 application，共享
    response.sendRedirect("list.jsp");             //重定向至短评列表页面
%>
```

说明：这里的用户名信息来源于 session，是用户登录之后保存的数据，即发表短评之前应先登录。关于 session 的使用具体可以参见第 8 章。

5.7.2　短评列表

1. 看过和想看数据统计

如图 5-8 所示，在短评列表页面中"看过"和"想看"的数量会显示在页面中，因此在 list.jsp 页面中，需要根据 application 对象中的属性变量进行数据统计，代码如下。

```
<%
    List<Message> list= (List<Message>)application.getAttribute("message");
    //1 统计看过和想看数量
    int wish_num=0,over_num=0;
    for(Message m:list){
```

```
                String interest = m.getInterest();
                if(interest.equals("wish")){
                        wish_num++;
                }else{
                        over_num++;
                }
            }
        %>
```

统计结果在页面中利用 JSP 表达式输出。

```
        <ul class="commentTabs fl">
            <li class="active">看过(<%=over_num %>)</li>
            <li><a href="#">想看(<%=wish_num %>)</a></li>
        </ul>
```

2. 好评、一般和差评数据统计

同理，根据 List 中每条短评的打分，对好评、一般和差评百分比进行统计。4 星和 5 星记为好评，3 星为一般，2 星和 1 星是差评。代码如下。

```
    <%
        List<Message> list= (List<Message>)application.getAttribute("message");
        //2 统计好评率
        int high=0,medium=0,low=0;
        for(Message m:list){
                int score = m.getScore();
                if(score==4 || score==5){
                        high++;
                }else if(score==3){
                        medium++;
                }else{
                        low++;
                }
        }
        int size = list.size();    //短评总数
        double high_per = high*1.0/size;
        double medium_per = medium*1.0/size;
        double low_per = low*1.0/size;
        DecimalFormat df = new DecimalFormat("#0");    //输出格式，无小数部分
    %>
```

统计结果在页面中利用 JSP 表达式输出。

```
    <div class="comment-filter">
        <label for="">
            <input type="radio" name="sort" checked="checked">
            <span class="filter-name">好评</span>
            <span class="comment-percent"><%=df.format(high_per*100) %>%</span>
        </label>
        <label for="">
            <input type="radio" name="sort" >
            <span class ="filter-name">一般</span>
            <span class="comment-percent"><%=df.format(medium_per*100) %>%</span>
        </label>
```

```
<label for="">
    <input type="radio" name="sort" >
    <span class ="filter-name">差评</span>
    <span class="comment-percent"><%=df.format(low_per*100) %>%</span>
</label>
</div>
```

3．热门、好评数据的筛选

短评列表优先选取投票票数高的好评数据进行显示。所以需要先对数据排序，排序依据为投票票数降序，如果票数相同按评分降序。

为实现排序，定义一个依据投票和评分两个数据进行比较的比较器，它实现 Comparator 接口，在 compare 方法中定义比较规则，代码如下。

```
public class ComparatorHotBest implements Comparator {
    public int compare(Object obj1, Object obj2) {
        if(obj1 instanceof Message && obj2 instanceof Message){
            Message s1=(Message)obj1;
            Message s2=(Message)obj2;
            int diff = s2.getVote_count()-s1.getVote_count();        //投票降序
            if(diff==0){
                return s2.getScore()-s1.getScore();                  //评分降序
            }else{
                return diff;
            }
        }
        return 0;
    }
}
```

在 list.jsp 中首先筛选出要显示的数据，存储在新集合中。设每页显示 10 条短评，如果 List 中的数据不足 10 条，则按照实际条数显示。

```
<%
    List<Message> list= (List<Message>)application.getAttribute("message");
    //3. 按照评分、"有用"筛选出 10 条数据
    list.sort(new ComparatorHotBest());     //传入比较器
    List<Message> show = null;
    if(size>=10){
        show = list.subList(0, 10);
    }else{
        show = list.subList(0, size);
    }
%>
```

4．短评展示

万事俱备之后，在 list.jsp 中使用循环控制集合的数据展示。

```
<%
    for(Message m: show){
%>
        <div class="comment-item">
            <div class="avatar fl">   <!--用户头像-->
```

```
                <a title="用户名"><img src="image/headshot.jpg"></a>
            </div>
            <div class="comment">
            <span class="comment-info">   <!--基本信息-->
                <a href="#"><%=m.getUser() %></a>
                <%
                    if(m.getInterest().equals("over")){
                %>
                    <span>看过</span>
                <% }else{
                %>
                    <span>想看</span>
                <%} %>
                <img src="image/star<%=m.getScore() %>.png">
                <span class="comment-time">
                        <%=sdf.format(m.getDate()) %></span>
            </span>
            <p><span class="short"><%=m.getComment() %></span></p>
            </div>
        </div>
    <%
        }
    %>
```

说明： 代码中用户的头像显示未进行处理，只进行了固定显示。

---

5. 短评的投票——Ajax 请求

每条短评都可以被投票，投票操作不应该影响页面中其他内容只是局部更新，因此使用 Ajax 访问实现。投票单击的"有用"，使用<input>按钮实现，通过样式将其"伪装"为超链接的样子。

Tips: 不要使用超链接<a>，否则页面下方的请求完毕后会导致页面的滚动。

因为投票对应某条短评，需要在原来票数的基础上加 1，因此必须知道这条短评的 id 标志。为此，在页面增加一个隐藏的<span>区域存储当前数据的 id 号。

```
<span class="comment-vote fr">
    <span class="vote_counts"><%=m.getVote_count() %></span>
    <input type="button" class="vote" value="有用">
    <span style="display:none"><%=m.getId() %></span>
</span>
```

单击"有用"时，发起 Ajax 请求。

```
$(function(){
    $(".vote").click(function(){
        var self = $(this);
        $.ajax({
            "url": "count.jsp",
            "type": "post",
            "data":{'id': $(this).next().html()},
            "success":function(data){
                self.prev().html(data.trim())
```

```
            }
        })
    })
})
```

注意: 循环展示的每条短评都可以被投票,因此在选取元素时,从当前元素出发再通过next()、prev()方法进行相对引用;如果使用 id 获取元素,则要使每个元素的 id 均不同,更为烦琐。

在 Ajax 的回调函数中,this 引用将失效,因此在 Ajax 调用前先将 this 对象暂存在变量 self 中,以便在回调函数中使用。

Ajax 请求的 count.jsp 负责计数,完成当前短评的加 1 计数后,将数据再保存至 application 进行共享,代码如程序清单 5-9 所示。

程序清单 5-9　投票计数的服务器端程序

```
<%
    int id = Integer.parseInt(request.getParameter("id"));
    List<Message> list= (List<Message>)application.getAttribute("message");
    for(Message m : list){
        if(m.getId()==id){
            m.setVote_count(m.getVote_count()+1);
            out.print(m.getVote_count());
        }
    }
    application.setAttribute("message", list);
%>
```

说明: 为了完整展示每部分的实现,以上代码稍有重复,例如,从 application 中获取数据的操作。详细代码可参照教材配套资源中的源代码。

上述各功能之间的关系如图 5-12 所示。在服务器端的各组件间,application 对象起到了存储全局数据的作用。

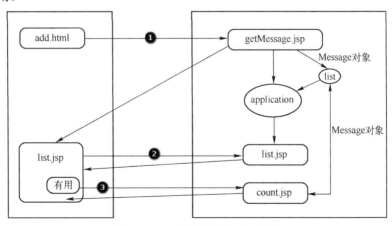

图 5-12　豆瓣影评中的页面关系

至此,模拟豆瓣影评的任务基本完成,且已经应用 JSP 技术开发了具有实用功能的网页。影评中还有一些功能可以继续开发,请大家延续任务达到学以致用的效果。

5.8 思维导图

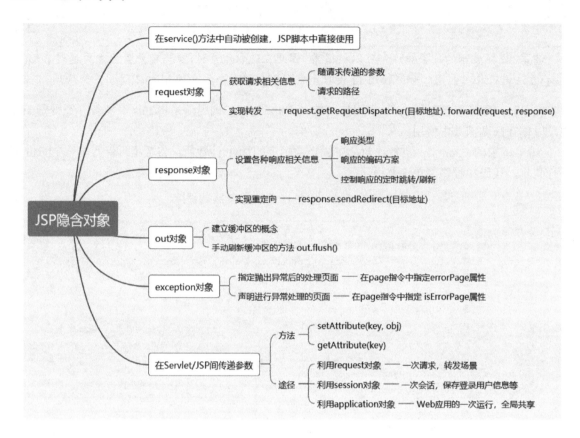

5.9 习题

1. 选择题

1）下面关于 JSP 隐含对象的说法错误的是（　　）。

    A. request 对象可以得到请求中的参数

    B. session 对象可以保存用户信息

    C. application 对象可以被多个 Web 应用共享

    D. 作用域范围从小到大的排序是 page、request、session、application

2）关于转发和重定向的说法中不正确的是（　　）。

    A. 转发和重定向都是在解决两个 Web 组件（Servlet、JSP）之间跳转的问题，转发不能到项目之外的资源，重定向则可以到项目外部的资源

    B. 转发过程只包含一次请求，即 request 不改变，地址栏不变；重定向是两次请求，地址栏会发生改变

    C. 转发可以通过 request 共享数据，而重定向则不可以使用 request，需要使用 session 或者 application

    D. 转发适用于增、删、改等数据发生改变的场景，重定向适用于查询等数据不发生变化的场景

3）（　　）对象提供了访问和放置一个项目的多个页面中共享数据的方式。

  A．pageContext   B．response   C．request   D．application

4）关于 application 对象，说法不正确的是（　　）。

  A．application 是 ServletContext 类型，ServletContext 对象在 Servlet 编程中用于读取在 web.xml 中配置的<context-param>参数

  B．application 中使用 setAttribute(key, object)方法添加一个键值对，实现一个项目中不同页面间的数据共享

  C．application 中使用 getAttribute(key)方法获取关键字为 key 的对象，由于任何对象都可以添加到 application 对象中，因此用该方法取回对象时，应强制转化为原来的数据类型

  D．application 中添加的对象只能在服务器关闭时销毁

5）阅读下面代码段：

```
RequestDispatcher dispatcher=request.getRequestDispatcher("a.jsp");
dispatcher.forward(request,response);
```

关于该段代码的作用，下列叙述正确的是（　　）。

  A．页面重定向到 a.jsp 页面   B．将请求转发到 a.jsp 页面

  C．从 a.jsp 重定向到当前页面   D．从 a.jsp 转发到当前页面

2．编程题

设计一个 Web 应用，用户通过 HTML 页面输入一元二次方程的系数，提交给 Servlet 控制器计算得到方程的根，然后 Servlet 将结果传递给 JSP 页面显示，如图 5-13 所示。

图 5-13　"求方程的根"的页面显示

3．综合实践

继续豆瓣电影短评开发。

1）连接用户登录功能。如果用户未登录就访问 add.html 或者 list.jsp 页面，则转至登录页面强行令其登录。

2）在短评列表中，可以单击"看过""想看"刷新短评列表。

3）在短评列表中，可以单击"全部""好评""一般""差评"刷新短评列表。

4）在短评列表中，增加"前页""后页"的分页查看功能。

5）限制每位用户的投票只能进行一次。

第6章 Web应用的MVC设计模式

MVC（Model View Controller）是模型、视图、控制器的缩写。MVC是一种经典的设计模式，体现了代码的分层思想，用业务逻辑、数据、界面显示分离的方法组织代码。

MVC的开发模式已经成为较大型Java Web开发的标准配置，它有Model1和Model2两种结构。本章用MVC的设计方法整合Servlet和JSP的知识，构建结构清晰、耦合性低的Web应用，使Servlet和JSP的应用更加明确，在系统中发挥各自的优势。

6.1 MVC模式的概念

MVC体现的是代码分层的思想，将应用程序中的数据展示、数据处理和流程控制分开，每个部分各司其职。Model作为业务层用来处理业务逻辑；View是视图层，用来展示数据；Controller作为控制层负责控制和调度流程，是Model和View之间的桥梁。

视图是用户看到的并与之交互的界面。视图向用户展示相关的数据，并能接收用户的输入，但它并不进行任何实际的业务处理。下面通过一个论坛来区分视图和"业务"，例如，用户填写评论，这是视图级的应用，只使用界面；但发表评论、将评论加入论坛系统就是业务，会涉及后台的数据管理。

"业务"是应用程序的主体部分，交由模型完成。模型组织业务逻辑，对业务数据增、删、改、查，为视图提供结果数据。模型可以被多个视图复用，所以提高了代码的可重用性。

控制器是视图和模型之间的桥梁，负责流程控制。从某个视图接收数据，将数据交给相应的模型进行处理，再将处理的结果交给相应的视图展示。

第5章，介绍了在JSP页面的代码中混合书写流程控制、业务处理，JSP不仅负责展示数据，还承担了控制器和模型的功能。三者之间完全不独立，当业务规则或数据表示发生变化时，所有的JSP页面必须进行相应的修改。例如，业务数据原来是存储在MySQL数据库中，现在系统升级要加入NoSQL的部分，那么所有JSP页面中的数据库操作都要一一修改。

MVC模式中，模型与控制器、视图相对独立，既可以实现复用，又可以更好地应对业务层的变化。当业务聚集到Model中后，Model针对业务数据和逻辑独立变化，视图只负责展示结果，即使未来改进或重新个性化定制与用户交互的界面，也不需要修改业务逻辑部分。MVC模式降低了代码之间的耦合度，便于团队开发和代码的维护。

SUN公司首先制定了JSP Model1的MVC架构。在Model1中，JSP页面负责流程控制和数据展示，只将模型进行了分离，模型通过JavaBean实现，如图6-1所示。

Model1在一定程度上实现了代码的分离，但JSP同时承担着控制器和视图的功能，在JSP中如果嵌入大量的Java代码，将对维护JSP页面的前台工作人员造成困扰。Model1可用于简单Web应用的开发。

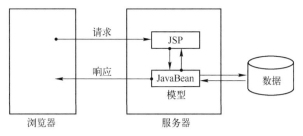

图 6-1　JSP Model1 模型

JSP Model2 的结构如图 6-2 所示，它联合使用 JSP 和 Servlet 提供服务器端的功能，发挥了 JSP 和 Servlet 两种技术各自的优势。Servlet 充当控制器，客户端发出的请求交给它，它再调用 Model 层的业务方法进行处理，并将结果传递给 JSP 显示；JSP 只负责动态生成视图层的展示数据。这样 JSP 页面中不再有业务流程控制逻辑。

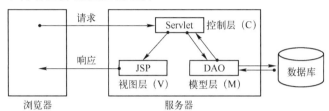

图 6-2　JSP Model2 模型

Model2 适合业务逻辑复杂的大型应用程序，这些应用程序底层通常由数据库存储管理业务数据，所以 Model 层通常由数据库访问的 DAO（Data Access Object）来完成，包括数据的增、删、改、查等业务。

6.2　Model1 和 JavaBean

Model1 模型使用 JavaBean 作为模型，实现简单系统中业务逻辑和数据管理的分离。

6.2.1　JavaBean 的概念

最常见的 JavaBean 实际就是一个 Java 类，但为了让 JSP 能够使用，并知道这个 Bean 的属性和方法，需要在定义和命名属性和方法时遵守以下规则。

1）JavaBean 必须是一个 public 类，具有包定义。

2）如果类的成员变量名是 xxx，那么需要提供存、取属性的 set、get 方法，并命名为 setXxx 和 getXxx。set 和 get 后属性名首字母必须大写。

3）如果成员变量是 boolean 型，允许使用 isXxx 代替 getXxx 方法名。

4）类中所有方法的访问控制都必须是 public。

5）类中必须有无参的构造方法。

6）实现序列化接口。"对象序列化"可以让一个实现了 Serializable 接口的对象转换成一组二进制数据，再次使用时能由这些数据恢复并重新构建对象。

【例 6-1】　定义一个可以求三角形面积的 JavaBean。

求三角形面积的 JavaBean 具有三角形的三边，并且具有求面积的业务方法，代码如程序清单 6-1 所示。

程序清单 6-1　求三角形面积的 JavaBean

```java
package cal;

import java.text.DecimalFormat;
public class TriangleBean   implements Serializable{
    private double a, b, c;
    public TriangleBean() {    //无参构造方法
    }
    //public 的 set、get 方法
    public double getA() {
        return a;
    }
    public void setA(double a) {
        this.a = a;
    }
    //其他 set、get 方法，此处省略
    public String getArea(){    //业务方法
        if(a>0 && b>0 && c>0 && a+b>c && b+c>a && a+c>b){
            double s = (a + b + c) / 2;
            double area = Math.sqrt(s*(s-a)*(s-b)*(s-c));
            return new DecimalFormat("##0.00").format(area);
        }else{
            return "您输入的三边有误";
        }
    }
}
```

6.2.2　JavaBean 的作用域和使用

　　为了减少网页中的程序代码，在 JSP 页面中，通常使用标签访问 JavaBean，这样书写可以使 JSP 更接近 HTML 页面。引入 JavaBean 的<jsp:useBean>动作标签格式如下。

```
<jsp:useBean   id= ""   scope= ""   class= ""   />
```

　　其中的 3 个属性指定在哪个范围（scope）内使用哪个 JavaBean（class），以及 JavaBean 的唯一标识是什么（id）。

　　每个 JavaBean 进入 JSP 页面都会选择一个范围，相当于如下代码。

```
page.setAttribute("xx", JavaBean 对象);
request.setAttribute("xx", JavaBean 对象);
session.setAttribute("xx", JavaBean 对象);
application.setAttribute("xx", JavaBean 对象);
```

　　scope 用于指定是在 page、request、session 还是 application 中存储、使用这个 JavaBean。范围的选择依据与第 5 章所述相同，由需要在哪个范围内共享该对象决定，范围选择采用"够用即可"的原则，即按照 page→reqeust→session→application 的顺序优先选择作用范围小的。

　　id 属性是 setAttribute()中设置的属性名，在每个范围内唯一存在，并且在 JSP 中通过该名称使用 JavaBean，可以理解为 JavaBean 的变量名。

　　假设有如下语句：

```
<jsp:useBean   id= "tri"   scope= "request"   class= "cal.TriangleBean "   />
```

那么，JSP 对这条语句的处理流程如下。

1）定义一个名为 tri 的局部变量。

2）尝试从 scope 指定的范围内查找名为 tri 的属性。

① 如果属性存在，则令 tri 指向属性对应的对象。

② 如果在 scope 范围内不存在指定的属性名，则通过 class 指定的 TriangleBean 类的默认构造方法创建一个 TriangleBean 对象，由 tri 指向该对象；并把它按照属性名 tri 存储在指定的 scope 范围内。

这条语句的作用与以下 Java 程序段的作用相同。

```
cal.TriangleBean tri = null;    //步骤 1)
tri=(cal.TriangleBean)requset.getAtrribute("tri"); //步骤 2)中的①
if(tri==null){    //步骤 2)中的②
        tri = new cal.TriangleBean();
        request.setAtrribute("tri", tri)
}
```

以上逻辑在应用中经常会使用（例如，5.7.1 节中的填写短评——JSP 采集数据），显然，<jsp:useBean>标签的表达更加简洁。

【例 6-2】 利用 TriangleBean 求三角形面积。

现在将例 4-7 中的 getArea.jsp 用 JavaBean 进行改写。

将求三角形面积这个"业务"级的操作封装在 TriangleBean 后，getArea.jsp 中只进行调用即可获取结果，代码如程序清单 6-2 所示。

程序清单 6-2　利用 JavaBean 求三角形面积

```
<jsp:useBean id="tri" scope="request" class="cal.TriangleBean"/>
<%
    try{
            double a = Double.parseDouble(request.getParameter("a"));
            double b = Double.parseDouble(request.getParameter("b"));
            double c = Double.parseDouble(request.getParameter("c"));
            tri.setA(a);
            tri.setB(b);
            tri.setC(c);
            out.print(tri.getArea());                //调用 JavaBean 进行计算
    }catch(Exception e){
            out.println("您输入的三边长有误");
    }
%>
```

执行代码时，首先<jsp:useBean>标签根据当前情况创建 TriangleBean 对象，然后将获取的 3 个请求参数传递给 Bean 对象，调用 getArea()方法得到结果。

【例 6-3】 利用 Model1 改写豆瓣短评代码。

对比图 5-12，回想豆瓣短评的程序结构，将服务器端的数据存储部分和关于数据的操作提取出来定义在 JavaBean 中，抽象出模型层。

application 是 JavaBean 的存储范围，其中保存的属性变量 List 集合是存储短评信息的数据结构，应作为 JavaBean 的属性成员存在，提供 set/get 方法。关于 list 的修改操作有两个：一个是在 getMessage.jsp 中向集合添加新的短评信息；另一个是在 count.jsp 中修改短评的投票数。将这两个"业务"级的操作定义抽取到 JavaBean 中作为方法，两个 JSP 页面仅对其进行调用。在 list.jsp 中是取出 JavaBean 的数据展示过程。新的程序架构如图 6-3 所示。

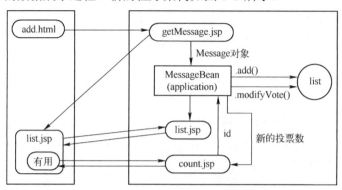

图 6-3　Model1 模式的豆瓣程序

MessageBean 的相关代码如程序清单 6-3 所示。

程序清单 6-3　豆瓣短评的业务处理 JavaBean

```java
package forum;

import java.util.ArrayList;
import java.util.List;
public class MessageBean {
    private List<Message> list;          //存储数据的集合
    public MessageBean() {               //在构造方法中对集合进行初始化
        list = new ArrayList<Message>();
    }
    public List<Message> getList() {
        return list;
    }
    public void setList(List<Message> list) {
        this.list = list;
    }
    public void add(Message m){          //添加短评
        list.add(m);
    }
    public int modifyVote(int id){       //修改投票
        for(Message m : list){
            if(m.getId()==id){
                m.setVote_count(m.getVote_count()+1);
                return m.getVote_count();
            }
        }
        return 0;
    }
}
```

需要注意的是，在 JSP 第一次访问需要创建 MessageBean 对象时，会调用无参的构造方法，这时应对成员属性 list 进行初始化，令存储数据的集合对象出现。

分离了业务代码后，getMessage.jsp 页面的代码如程序清单 6-4 所示。

程序清单 6-4　调用 JavaBean 添加短评的服务器端程序

```
<%@ page import="forum.Message, java.util.Date"%>
<jsp:useBean id="msgBean" scope="application" class="forum.MessageBean" />
<%
    String user = (String)session.getAttribute("username");    //已登录用户
    request.setCharacterEncoding("UTF-8");
    String interest = request.getParameter("interest");
    int score = Integer.parseInt(request.getParameter("score"));
    String comment = request.getParameter("comment");
    int size = msgBean.getList().size();    //调用 MessageBean
    Message msg = new Message(size+1,user,score,interest,comment,new Date(),0);
    msgBean.add(msg);    //调用 MessageBean
    response.sendRedirect("list.jsp");
%>
```

count.jsp 页面的代码如程序清单 6-5 所示。

程序清单 6-5　调用 JavaBean 投票计数的服务器端程序

```
<jsp:useBean id="msgBean" scope="application" class="forum.MessageBean" />
<%
    int id = Integer.parseInt(request.getParameter("id"));
    out.print(msgBean.modifyVote(id));    //调用 MessageBean
%>
```

在规模和应用相对简单的 Web 程序中，可以使用 JavaBean 实现业务代码的分离，构建更清晰、分工更明确的代码结构。

6.3　Model2 的编写

本节介绍 Model2 模型中 3 个组成部分的基本设计方法，然后在 6.4 节以一个小型的管理系统为实例，实现每个网站都会包括的后台数据处理——数据的增、删、改、查操作。

6.3.1　模型

Model2 适合业务逻辑复杂的大型应用程序，这些应用程序底层通常由数据库存储管理业务数据，因此 Model 层由数据库访问的 DAO 完成。

为了提高代码的可扩展性，DAO 以接口的方式出现，再由具体的数据库操作去实现接口。使用这种面向接口编程的方式，即便是更换底层的数据表示，DAO 接口的应用也可以保持稳定。

DAO 接口中的方法主要针对数据表的增、删、改、查。假设某个 DAO 定义关于学生数据表 student 的相关操作，其形式如下。

```
public interface StudentDao {
    public void save(Student stu);           //向数据表增加一个学生数据
    public void update(int id, Student stu); //按照 id 更新学生数据
    public void delete(int id);              //按 id 删除学生
    public Student findById(int id);         //按照 id 查询学生
    public List<Student> findAll();          //获取 student 表中所有记录

}
```

```
public class StudentDaoImpl implements StudentDao{
    //基于底层的数据存储，实现接口中的各方法
}
```

6.3.2 控制器

控制器由 Servlet 担任，接收请求并分发给不同的处理。因为在复杂系统中会存在大量请求，为每一个请求配置一个 Servlet 控制器会很浪费，所以在 Model2 中通常会将 Servlet 合并，令其接收一组请求，并赋予这些请求相同的标识。

例如，Web 应用中设计一个名为 web.MainServlet 的类负责处理所有以 ".do" 结尾的请求。find.do 表示查询请求，add.do 表示添加数据的请求，update.do 表示修改数据的请求等。

在 web.xml 文件中对 MainServlet 配置如下。

```
<servlet>
    <servlet-name>main</servlet-name>
    <servlet-class>web.MainServlet</servlet-class>
</servlet>
<servlet-mapping>
    <servlet-name>main</servlet-name>
    <url-pattern>*.do</url-pattern>
</servlet-mapping>
```

在配置 Servlet 类的访问路径时，一般采取的都是精确匹配的方式。而在 web.xml 文件中对 MainServlet 的配置称为"后缀"匹配，指定以该后缀结尾的请求可以访问 Servlet，使 Servlet 可以处理一类请求。

Tips: 后缀匹配时不在路径前加 "/" 符号。

"后缀"配置可以提高效率，但因为所有以 ".do" 结尾的请求都会到达 MainServlet，所以 MainServlet 在处理请求时需要先获取 Servlet 路径并予以判断，获取 Servlet 路径需要调用 getServletPath()方法。

处理代码如下：

```
String path = request.getServletPath();
if(path.equals("/add.do")){
    //…
}else if(path.equals("/delete.do")){
    //…
}else if(path.equals("/update.do")){
    //…
}else if(path.equals("/find.do")){
    //…
}else{
    //…
}
```

控制器接收到请求后，在每个分支中调用模型对请求进行处理，并将结果转向视图。

6.3.3 到达视图

控制器在完成处理后，会转向相应的视图展示处理的结果。转向视图有转发和重定向两种方

式,区别在5.6.2节中已经详述。

根据转发和重定向各自的特征,转发多用于"查询"类的场景,因为这类操作不会使数据产生变化,转发地址栏的请求不变,即使多次刷新也不会造成数据的重复改写。查询操作结束后用转发的方式转向查询结果的展示页面,如图6-4所示。

而重定向多用于"增加""删除""修改"类的场景,这些操作不允许重复刷新、多次执行,所以在增、删、改后用重定向的方式转向到查询功能展示最新结果,如图6-5所示。

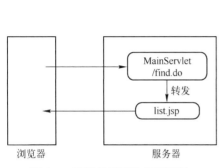

图6-4　查询场景下的处理过程

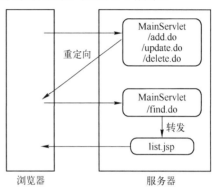

图6-5　增、删、改场景下的处理过程

6.4　学生管理系统

本节以学生管理信息系统的后台管理为例实践 Model2 开发模式。

项目的整体功能如图6-6所示,可以对学生数据进行表格式的浏览、添加新的学生,也可以对已有学生进行修改和删除。

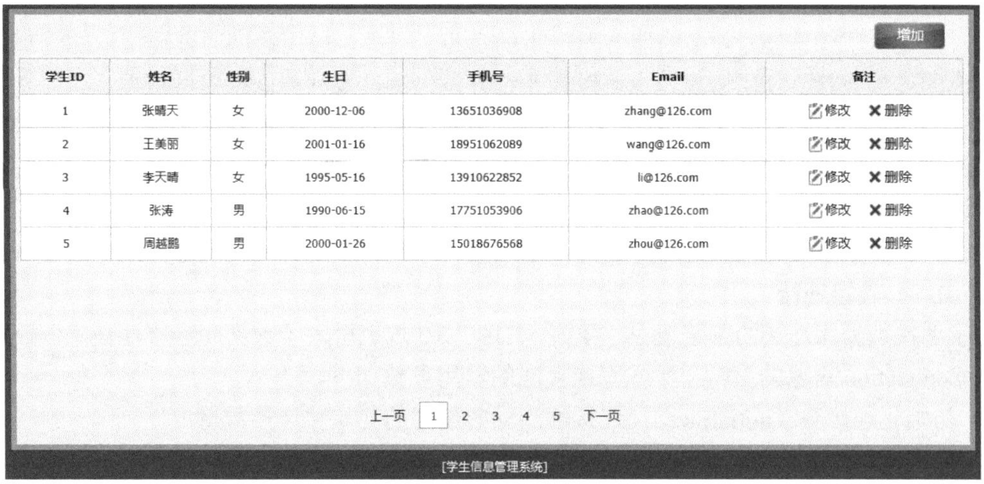

学生ID	姓名	性别	生日	手机号	Email	备注
1	张晴天	女	2000-12-06	13651036908	zhang@126.com	☑修改 ✖删除
2	王美丽	女	2001-01-16	18951062089	wang@126.com	☑修改 ✖删除
3	李天晴	女	1995-05-16	13910622852	li@126.com	☑修改 ✖删除
4	张涛	男	1990-06-15	17751053906	zhao@126.com	☑修改 ✖删除
5	周越鹏	男	2000-01-26	15018676568	zhou@126.com	☑修改 ✖删除

上一页　1　2　3　4　5　下一页

[学生信息管理系统]

图6-6　学生管理系统

6.4.1　数据库设计及数据库连接池工具

1. 数据库

为学生管理系统创建一个数据库(设名称为 stu),并在数据库中建立一张学生的基本信息表(设名称为 student),其结构如图6-7所示。

名	类型	长度	小数点	允许空值 (Null)		
id	int	12	0	☐	🔑1	关键字
name	varchar	50	0	☐		姓名
sex	char	2	0	☐		性别
birthday	date	0	0	☐		生日
mobilephone	char	11	0	☐		电话号码
email	varchar	30	0	☐		邮箱

图 6-7　数据表结构及字段含义

为了后续的 JDBC 操作，需要为 Web 应用项目导入（MySQL）数据库的驱动 jar 包，导入方法详见前 2.4.3 节。

2．数据库连接池

Web 应用是一种并发式的访问，后台数据库会频繁应对客户端的请求，例如，在电子商务的平台交易过程中，每秒的交易量可能为几万或更高，如果服务器为每一次交易都建立独立的连接，资源的频繁分配、释放将加重服务器的负担，严重时甚至导致服务器瘫痪。

在第 2 章的 JDBC 访问中，每次通过 DriverManager 获取数据库连接，一个数据库连接对应一个物理数据库连接，每次操作都打开一个物理连接，使用完后立即关闭连接。频繁地打开、关闭连接将造成系统性能低下。

对于共享资源，有一个很著名的设计模式：资源池（Resource Pool）。池技术在一定程度上可以明显优化服务器应用程序的性能，提高程序执行效率和降低系统资源开销，例如，数据库连接池、线程池、内存池和对象池等。

数据库连接池的基本思想是为数据库连接建立一个"缓冲池"。当应用程序启动时，系统主动建立足够的数据库连接，并将这些连接组成一个连接池。每次应用程序请求数据库连接时，只需从"缓冲池"中取出已有的连接，使用完毕后不用关闭数据库连接，而是直接将连接归还给连接池复用。各种池的设计思想相同，池技术可以消除创建对象所带来的延迟，提高系统的响应速度；同时也避免了频繁创建对象对服务器产生的负担。另外，应用程序通过连接池的管理机制监视数据库的连接数量、使用情况，也可以为系统开发、测试及性能调整提供依据。

那么，连接池中应该放置多少连接才能使系统的性能处于最佳状态呢？连接创建过多则系统启动过程变慢，但之后的响应速度会快；如果创建的连接过少，则系统启动快，但后期的响应会慢。所以，各种数据库连接池技术中都会配有一些参数：初始化连接数、最小连接池数、最大连接池数、空闲连接池数、最大等待时间等。系统结合这些参数动态地实现连接池中的管理。

3．JDBC 连接池接口

为了解决数据库连接的频繁请求、释放，JDBC 2.0 规范引入了数据库连接池技术。数据库连接池是 Connection 对象的工厂。数据库连接池的常用参数如下。

1）初始化连接数（initialSize）：连接池启动时创建的初始化连接数量。

2）最大活动连接数（maxTotal）：连接池在同一时间能够分配的最大活动连接的数量，如果设置为非正数则表示不限制。

3）最大空闲连接数（maxIdle）：连接池中允许保持空闲状态的最大连接数量，超过的空闲连接将被释放，如果设置为负数表示不限制。

4）最小空闲连接数（minIdle）：连接池中允许保持空闲状态的最小连接数量，低于这个数量将创建新的连接，如果设置为 0 则不创建。

5）最大等待时间（maxWait）：当没有可用连接时，连接池等待的最长时间（毫秒为单位），超过时间则抛出异常，如果设置为-1 表示无限等待。

JDBC 的数据库连接池使用 javax.sql.DataSource 表示，DataSource 是一个接口，该接口通常由商用服务器，如 WebLogic、WebSphere 等实现，也有一些开源组织提供实现，如 DBCP 和 CP30 等，本书使用 DBCP。

4．DBCP 数据库连接池

DBCP 是 Apache 软件基金组织下的开源连接池，该连接池依赖该组织下的另一个开源系统 common-pool。使用 DBCP 连接池，应在 Web 应用项目中增加它们对应的 jar 包。jar 包可以在 http://commons.apache.org 下载，Java 8 及更高版本上运行的应用程序应使用 Commons Pool 2.7 和 DBCP 2.5 以上版本，具体可以参见网站说明。本项目使用如下两个 jar 包。

- commons-pool 2-2.8.0.jar：连接池实现的依赖库。
- commons-dbcp 2-2.7.0.jar：连接池的实现。

Tips： 运行 Web 应用时为了记录日志信息，可以引入 commons-logging-1.2.jar 包。

导入 jar 包后，创建连接池对象只需要新建一个 BasicDataSource 类型的对象即可。

> *BasicDataSource dataSource = new BasicDataSource();*

数据库连接池的参数信息通常以键值对的形式写在配置文件中，在创建连接池时导入配置信息。例如，学生管理系统的数据库连接池配置信息存储在 db.properties 中，代码如程序清单 6-6 所示。

程序清单 6-6　数据库连接池配置文件

```
driver=com.mysql.jdbc.Driver
url=jdbc:mysql://localhost:3306/stu?characterEncoding=utf8
username=root
password=1234
initialSize=3
maxTotal=15
maxIdle=2
minIdle=1
maxWait=30000
```

其中，driver 是 MySQL 数据库的驱动；url 是访问数据库的路径；username 是连接数据库的用户名；password 为密码；其他为连接池参数。

设在 Web 应用的 util 包下定义数据库工具类 DBUtil，由它完成加载配置文件、创建连接池、配置连接池、获取数据库连接等操作。DBUtil 按照类路径读取配置文件。

> *InputStream in = DBUtil.class.getClassLoader().getResourceAsStream("db.properties");*

Tips： 通常将配置文件存储在 Web 应用的 src 文件夹下，对应 Web 应用的类路径（classpath），类路径对应部署后的 "WEB-INF\classes" 文件夹。

Class.getClassLoader().getResourceAsStream()方法默认从类路径下加载文件。

在数据库工具类 DBUtil 中，由 java.util.Properties 类对象导入文件中的配置信息。

> *Properties propConfig= new Properties();*
> *propConfig.load(in);*

Properties 对象应用 getProperty()方法按照键名称获取值信息，这些值应用在连接池对象。

数据库连接池与数据库连接不同，连接池只需要一个，它已经包含多个数据库连接。因此，创建连接池的代码只需要执行一次，将连接池对象作为 DBUtil 工具类的静态成员，在加载类时使用静态代码立即对其初始化。封装静态方法 getConnection()用于从连接池获取连接，供所有需要获取数据库连接的地方直接调用。

DBUtil 工具类的代码如程序清单 6-7 所示。

程序清单 6-7　DBUtil 数据库连接池工具类

```java
import org.apache.commons.dbcp2.BasicDataSource;
import java.sql.Connection;
import java.sql.SQLException;
import java.util.Properties;
import java.io.IOException;
import java.io.InputStream;
public class DBUtil {
    private static BasicDataSource dataSource;
    static {
        Properties cfg = new Properties();
        try {
            //1.加载配置文件
            InputStream in = DBUtil.class.getClassLoader().
                    getResourceAsStream("db.properties");
            cfg.load(in);
            //2.读取初始化参数
            String driver = cfg.getProperty("driver");
            String url = cfg.getProperty("url");
            String username = cfg.getProperty("username");
            String password = cfg.getProperty("password");
            int initSize = Integer.parseInt(cfg.getProperty("initialSize"));
            int maxTotal = Integer.parseInt(cfg.getProperty("maxTotal"));
            int maxIdle = Integer.parseInt(cfg.getProperty("maxIdle"));
            int minIdle = Integer.parseInt(cfg.getProperty("minIdle"));
            int maxWait = Integer.parseInt(cfg.getProperty("maxWait"));
            in.close();
            //3.创建连接池对象
            dataSource = new BasicDataSource();
            //4.初始化连接池
            dataSource.setDriverClassName(driver);
            dataSource.setUrl(url);
            dataSource.setUsername(username);
            dataSource.setPassword(password);
            dataSource.setInitialSize(initSize);
            dataSource.setMaxTotal(maxTotal);
            dataSource.setMaxIdle(maxIdle);
            dataSource.setMinIdle(minIdle);
            dataSource.setMaxWaitMillis(maxWait);
        } catch (IOException e) {
            throw new RuntimeException("初始化连接池失败！");
        }
    }
```

```
public static Connection getConnection() {
    try {
        return dataSource.getConnection();
    } catch (SQLException e) {
        e.printStackTrace();
    }
    return null;
}
}
```

6.4.2　项目中的代码组织

将 Model 层和 Cotroller 层的 Java 代码组织在 src 相应的 package 包中，View 层的 HTML 和 JSP 等代码组织在 WebContent 下，如图 6-8 所示。

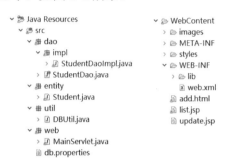

图 6-8　项目代码组织示意图

entity 包存储系统中的实体类（Student）；dao 包存储数据库访问的接口（StudentDao），其子包 dao.impl 存储该接口的实现类（StudentDaoImpl）；web 包存储 Servlet 类（MainServlet），用一个 Servlet 处理所有的增、删、改、查请求。

6.4.3　学生信息浏览

图 6-9 展示了浏览学生数据时从浏览器→服务器→浏览器的处理过程。

浏览器端使用"find.do"将请求发送至服务器端的 MainServlet；它通过调用 StudentDao 完成数据表的查询，得到封装在 List 集合中的所有学生对象；MainServlet 将集合保存至 request，并用转发的方式到达 list.jsp 页面，列表显示学生数据。

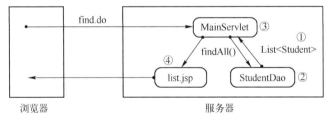

图 6-9　浏览学生信息流程图

该功能的开发步骤如下。

1）依照学生数据表结构创建学生实体类。

2）建立数据库访问 DAO 接口及其实现类，完成查询所有学生信息的方法的设计。

3）建立 Servlet 类，对查询功能的请求、响应进行处理。

4）编写 JSP 页面，显示查询得到的学生信息。

1. 创建学生实体类

创建实体类的依据是 student 数据表结构，成员属性与表字段的名称、数据类型保持一致，为实体类添加构造方法、各属性的 set/get 方法。Student 类结构如下。

```
public class Student    implements Serializable {
    private Integer id;              //尽量使用封装类型，可以取值为 NULL
    private String name;
    private String sex;
    private Date birthday;
    private String mobilephone;
    private String email;
    …
}
```

2. 创建 DAO 实现类

数据访问对象 DAO 通过数据库连接对象完成数据库的增、删、改、查访问。它通常采用面向接口的编程模式，先定义一个 DAO 访问接口，再设计相应的实现类。通过这样的模式，可以保证底层数据库应用软件发生变化时，项目仍然具有良好的稳定性。

创建 StudentDao 接口的代码如下。

```
public interface StudentDao {
    public List<Student> findAll();        //获取 student 表中所有记录
}
```

再创建 StudentDao 的实现类 StudentDaoImpl，在 findAll ()方法中完成查询操作。

查询学生信息的 SQL 语句中没有参数，因此使用 Statement 对象即可，查询时按 id 进行排序。查询结果封装在 List 集合中返回；记录集为空时返回 null。相应的代码如程序清单 6-8 所示。

程序清单 6-8　DAO 中的 findAll()方法

```
public List<Student> findAll() {
    Connection con =null;
    Statement st = null;
    ResultSet rs = null;
    try {
        //1.从数据库连接池获取一个连接
        con = DBUtil.getConnection();
        //2.获取 Statement 对象
        st = con.createStatement();
        String sql = "select * from student";
        rs = st.executeQuery(sql);
        //3.处理查询结果
        List<Student> list = new ArrayList<Student>();
        while(rs.next()){
            Student stu = new Student();
            stu.setId(rs.getInt("id"));
            stu.setName(rs.getString("name"));
            stu.setSex(rs.getString("sex"));
            stu.setBirthday(rs.getDate("birthday"));
            stu.setMobilephone(rs.getString("mobilephone"));
```

```
                stu.setEmail(rs.getString("email"));
                list.add(stu);
        }
        return list;
    }catch (SQLException e) {
        e.printStackTrace();
    }finally{
        if(rs!=null)   {try{rs.close();} catch(Exception e){}}
        if(st!=null)   {try{st.close();} catch(Exception e){}}
        if(con!=null) {try{con.close();} catch(Exception e){}}
    }
    return null;
}
```

Tips: 数据库连接使用完毕后必须执行 con.close()，con.close ()不会关闭与数据库的连接，而是将连接还回到连接池中。如果不执行 con.close()，这个连接将会一直被占用，导致连接池中的连接被耗尽。

---

3. 创建 Servlet 访问类

项目中设计一个 MainServlet 类负责处理所有以 ".do" 结尾的请求，浏览功能的请求路径是 "find.do"。MainServlet 接收到请求后，通过访问 StudentDao 得到学生集合。

因为响应页面 "list.jsp" 仍在服务器内部，且允许重复刷新提交请求，所以使用转发的方式到达；转发过程中请求信息不变，因此学生集合可以绑定在 request 中传递给 list.jsp 页面。

处理学生浏览的 MainServlet 相关代码如程序清单 6-9 所示。

程序清单 6-9　Servlet 中的 find.do 处理

```
protected void service(HttpServletRequest request,
HttpServletResponse response) throws ServletException, IOException {
    //1.获取请求路径
    String path = request.getServletPath();
    if(path.equals("/find.do")){
        //2.调用 Model 层的 DAO 完成业务性操作
        StudentDao dao = new StudentDaoImpl();
        List<Student> list = dao.findAll();
        //3.转发到 jsp 页面
        request.setAttribute("student", list);    //保存参数至 request
        request.getRequestDispatcher("list.jsp").forward(request, response);
    }
}
```

4. JSP 页面

list.jsp 页面负责显示查询得到的学生信息，如图 6-6 所示。list.jsp 需要完成的任务有两个：一个是从隐含对象 requeust 中获取学生集合；另一个是对学生集合进行迭代，逐条显示。

list.jsp 中需要使用 List 接口和 Student 类，所以在文件的最前面用 page 指令对它们进行导入。利用 request 获取学生集合时，注意要与 MainServlet 中指定的参数名称一致。显示数据的过程需要使用 JSP 代码段<%　 %>组织迭代的 for 循环，使用 JSP 表达式<%=%>输出各项数据的取值，代码如程序清单 6-10 所示。

程序清单 6-10　学生管理系统学生列表页面

```
<%@page import="java.util.List, entity.Student" %>
<body>
    <table>
        <tr>
            <th>学生 ID</th> <th>姓名</th> <th>性别</th>
            <th>生日</th> <th>手机号</th><th>Email</th><th>备注</th>
        </tr>
        <%
        List<Student> stu = (List)request.getAttribute("student");
        for(Student s:stu){      //开始迭代
        %>
            <tr>
                <td><%=s.getId() %></td>
                <td><%=s.getName() %></a></td>
                <td><%=s.getSex() %> </td>
                <td><%=s.getBirthday() %></td>
                <td><%=s.getMobilephone() %></td>
                <td><%=s.getEmail() %></td>
            </tr>
        <%
            }
        %>
    </table>
</body>
```

6.4.4　添加学生信息

添加学生的操作由静态页面"add.html"开始，用户在页面中填写信息，单击"保存"按钮后将请求"add.do"提交到服务器端，同样交给 MainServlet 处理。

MainServlet 负责收集请求提交过来的表单数据，将它们封装为 Student 对象，交由 StudentDao 保存至数据表。添加学生完成后，跳转到浏览学生的"find.do"，从而展示最新数据列表。因为发起了一次新的请求，且添加该学生的操作不可重复刷新，所以用重定向的方式完成。处理流程如图 6-10 所示。

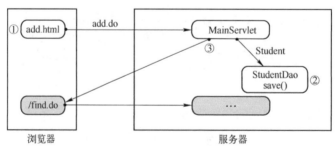

图 6-10　添加学生信息流程图

1.　add.html

如图 6-6 所示，系统通过单击学生界面中的"增加"按钮可以跳转到 add.html。在 list.jsp 中添加该按钮，代码如下。

```
<input type="button" value="增加"   onclick="location.href='add.html';" />
```

其中，location.href 的功能是添加一个超链接的地址，此处为 add.html 页面，add.html 页面如图 6-11 所示。

图 6-11　add.html 页面

该页面的主要代码如程序清单 6-11 所示，每个控件的"name"属性至关重要，是 Servlet 读取参数的依据。

程序清单 6-11　学生管理系统添加学生页面

```html
<form action="add.do" method="post" >
    <span>姓名：</span>
    <input type="text" name="name"/>    <span>*</span>
    <span>性别：</span>
    <input type="radio" name="sex" value="female" checked/>
    <label>女</label>
    <input type="radio" name="sex" value="male"   />
    <label>男</label>
    <span>生日：</span>
    <input type="text" name="birthday"   /> <span>*</span>
                <span>移动电话：</span>
    <input type="text" name="mobilephone" />    <span >*</span>
    <span>Email 地址：</span>
    <input type="text" name="email" />    <span>*</span>
    <span>备注：</span>
    <input type="submit" value="保存"" />
    <input type="button" value="取消" onclick="history.back();"/>
</form>
```

2. DAO 设计

保存学生信息的 SQL 语句带有参数，因此使用 PreparedStatement 对象将 Student 对象中封装的信息传递给 SQL，并执行更新数据表操作，代码如程序清单 6-12 所示。

程序清单 6-12　DAO 中的 save()方法

```java
public void save(Student stu) {
        Connection con =null;
```

```
        PreparedStatement pst = null;
        try {
                con = DBUtil.getConnection();
                String sql = "insert into student(name,sex,birthday,
                                    mobilephone,email) values(?,?,?,?,?)";
                pst = con.prepareStatement(sql);
                pst.setString(1, stu.getName());
                pst.setString(2, stu.getSex());
                pst.setDate(3, new java.sql.Date(stu.getBirthday().getTime()));
                pst.setString(4,stu.getMobilephone());
                pst.setString(5,stu.getEmail());
                pst.executeUpdate();
        }catch (SQLException e) {
                e.printStackTrace();
        }finally{
                if(pst!=null)   {try{pst.close();} catch(Exception e){}}
                if(con!=null) {try{con.close();} catch(Exception e){}}
        }
    }
```

3. Servlet 设计

MainServlet 首先从 request 中接收表单数据，有两个数据需要特殊处理。

1）"性别"。add.html 中"性别"单选按钮定义如下：

```
<input type="radio" name="sex" value="female" checked />
<input type="radio" name="sex" value="male" />
```

其中，按钮"女"取值为"female"，按钮"男"取值为"male"，而数据表中按规定需要存储"女"和"男"，因此需要对其进行转换。

2）"生日"。利用 request 获取参数的返回值类型都是 String，所以需要通过解析的方式将其转换为日期对象。

将请求信息封装为 Student 对象后，即可调用 StudentDao 将其持久化在数据库中；最后利用重定向转到"find.do"查询最新结果。MainServlet 中的处理代码如程序清单 6-13 所示。

程序清单 6-13　Servlet 中的 add.do 处理

```
if(path.equals("/add.do")){//添加学生
    request.setCharacterEncoding("UTF-8");
    //1.收集表单数据，封装为 Student 对象
    String name = request.getParameter("name");
    String sex = request.getParameter("sex");
    if(sex.equals("female")){
            sex= "女";
    }else{
            sex="男";
    }
    String bir = request.getParameter("birthday");
    //String->java.util.Date
    SimpleDateFormat sdf = new SimpleDateFormat("yyyy-MM-dd");
    Date birthday =null;
    try {
```

```
            birthday = sdf.parse(bir);
        } catch (ParseException e) {
            e.printStackTrace();
        }
        String mobilephone = request.getParameter("mobilephone");
        String email = request.getParameter("email");
        Student stu = new Student(name,sex,birthday,mobilephone,email);

        //2.调用 DAO 将学生对象 stu 持久化到数据库
        StudentDao dao = new StudentDaoImpl();
        dao.save(stu);
        //3.重定向到 find.do
        response.sendRedirect("find.do");
    }
```

6.4.5　修改学生信息

1．处理流程

修改操作是增、删、改、查中最复杂的一个，先通过查询找到要被修改的数据进行展示，完成修改后，再将最新的结果更新到数据表。

如图 6-6 所示，浏览数据时每个学生后都设置了"修改"超链接。单击"修改"按钮，通过查询操作在数据表中找到该学生记录，将其显示在"update.jsp"页面中，如图 6-12 所示。用户可以在页面上修改已有信息，单击"保存"按钮后进行更新。

图 6-12　update.jsp 页面显示已有信息

整体处理流程分为两个过程，如图 6-13 所示。

1）"修改"超链接向 MainServlet 提交"toUpdate.do"请求，同时传递该学生的 id，用于查询。MainServlet 调用 StudentDao 中的 findById()方法完成查询，将学生信息封装为 Student 对象，并通过转发的方式将 Student 对象传递给 update.jsp 显示出来。

2）在 update.jsp 页面中单击"保存"按钮后，向 MainServlet 提交"update.do"请求。因为在 update.jsp 页面中没有学生的 id 信息，所以 update.do 请求需要带参数 id，用于完成更新。更新完毕后以重定向的方式转到"find.do"浏览更新后的数据。

list.jsp 页面中"修改"超链接的设计代码如下：

```
<input type="button" value="修改"
       onclick="location.href='toUpdate.do?id=<%=s.getId()%>'" />
```

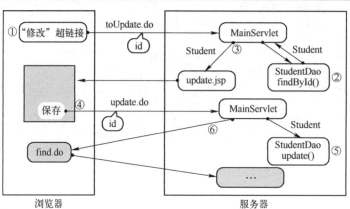

图 6-13　修改学生信息流程图

2. 查询显示已有学生信息——DAO 设计

StudentDao 中的 findById()方法按照 id 完成查询，返回学生对象，代码如程序清单 6-14 所示。

程序清单 6-14　DAO 中的 findById()方法

```java
public Student findById(int id) {
    Connection con =null;
    PreparedStatement pst =null;
    try {
        con = DBUtil.getConnection();
        String sql="select * from student where id=?";
        pst = con.prepareStatement(sql);
        pst.setInt(1, id);
        ResultSet rs = pst.executeQuery();
        if(rs.next()){
            Student stu = new Student();
            stu.setId(rs.getInt("id"));
            stu.setName(rs.getString("name"));
            stu.setSex(rs.getString("sex"));
            stu.setBirthday(rs.getDate("birthday"));
            stu.setMobilephone(rs.getString("mobilephone"));
            stu.setEmail(rs.getString("email"));
            return stu;
        }
    }catch (SQLException e) {
        e.printStackTrace();
    }finally{
        if(pst!=null)   {try{pst.close();} catch(Exception e){}}
        if(con!=null) {try{con.close();} catch(Exception e){}}
    }
    return null;
}
```

3．查询显示已有学生信息——Servlet 设计

MainServlet 完成查询和转发两项任务，代码如程序清单 6-15 所示。

程序清单 6-15　Servlet 中的 toUpdate.do 处理

```
if(path.equals("/toUpdate.do")){
        //1.查询学生
        StudentDao dao = new StudentDaoImpl();
        int id = Integer.parseInt(request.getParameter("id"));      //"1"->1
        Student stu = dao.findById(id);
        //2.将学生对象放在 request 中，准备转发
        request.setAttribute("stu",stu);
        request.getRequestDispatcher("update.jsp").forward(request,response);
}
```

超链接 " 'toUpdate.do?id=… " 中问号后面的部分也是请求所带的参数，在服务器端使用 getParameter()方法按名字进行获取。因为该方法返回的是 String 类型数据，所以需要转换为与数据表字段 id 相一致的 int 类型。

4．查询显示已有学生信息——JSP 页面

在 update.jsp 页面中使用 JSP 表达式显示通过 request 传递过来的学生对象信息。

显示学生信息时，"性别"需要特殊处理，即处理单选按钮是在"女"还是"男"中显示选中标记。单选按钮被选中的标志是具有"checked"属性（不需要对属性赋值，只要 checked 属性存在即表示被选中），利用 JSP 表达式进行如下处理。

```
<input type="radio" name="sex" value="female"
                <%=stu.getSex().equals("女")? "checked":""%> />
```

update.jsp 的主要代码如程序清单 6-16 所示。

程序清单 6-16　学生管理系统修改学生信息页面

```
<%
        Student stu = (Student)request.getAttribute("stu");    //读取参数
%>
<form action="update.do?id=<%=stu.getId() %>" method="post" >
        <input type="text" name="name" value="<%=stu.getName() %>"/>
        <input type="radio" name="sex" value="female"
        <%=stu.getSex().equals("女")? "checked":""%> />
        <label>女</label>
        <input type="radio" name="sex" value="male"
        <%=stu.getSex().equals("男")? "checked" : ""%>/>
        <label>男</label>
        <input type="text" name="birthday" value="<%=stu.getBirthday() %>"/>
        <input type="text" name="mobilephone"    value="<%=stu.getMobilephone() %>"/>
        <input type="text" name="email"    value="<%=stu.getEmail() %>" />
        <input type="submit" value="保存" />
        <input type="button" value="取消"    onclick="history.back();"/>
</form>
```

5．更新学生信息——DAO 设计

更新学生信息时，SQL 语句将 id 作为查询条件，具体代码如下。

update student set name=? , sex=?, birthday=?, mobilephone=?, email=? where id=?

完成更新的 update()方法代码如程序清单 6-17 所示。

程序清单 6-17　　DAO 中的 update()方法

```
public void update(int id, Student stu) {
    Connection con =null;
    PreparedStatement pst =null;
    try {
        con = DBUtil.getConnection();
        String sql="update student set name=? , sex=?, birthday=?, mobilephone=?, email=? where id=?";
        pst = con.prepareStatement(sql);
        pst.setString(1, stu.getName());
        pst.setString(2, stu.getSex());
        //java.util.Date->java.sql.Date
        pst.setDate(3, new java.sql.Date(stu.getBirthday().getTime()));
        pst.setString(4, stu.getMobilephone());
        pst.setString(5, stu.getEmail());
        pst.setInt(6, id);
        pst.executeUpdate();
    }catch (SQLException e) {
        e.printStackTrace();
    }finally{
        if(pst!=null)  {try{pst.close();} catch(Exception e){}}
        if(con!=null) {try{con.close();} catch(Exception e){}}
    }
}
```

6. 更新学生信息——Servlet 设计

MainServlet 首先从 request 中接收表单数据，与 add.do 的处理过程相同；与 add.do 不同的是，更新需要一个 id 信息，即从请求 "update.do?id=…" 中读取参数 id 的取值，与之前相同，也需要对其进行数据类型转换。

将请求信息封装为 Student 对象后，即可调用 StudentDao 将新的数据持久化在数据库中；最后利用重定向转到 "find.do" 查询最新结果。MainServlet 中处理过程的代码如程序清单 6-18 所示。

程序清单 6-18　　Servlet 中的 update.do 处理

```
if(path.equals("/update.do")){
    request.setCharacterEncoding("UTF-8");
    //1.获取表单上的数据，封装为 Student 对象
    String name = request.getParameter("name");
    String sex = request.getParameter("sex");
    if(sex.equals("female")){
        sex="女";
    }else{
        sex="男";
    }
    //生日
    String bir = request.getParameter("birthday");
    SimpleDateFormat sdf = new SimpleDateFormat("yyyy-MM-dd");
```

```
Date birthday =null;
try {
        birthday = sdf.parse(bir);
} catch (ParseException e) {
        e.printStackTrace();
}
String mobilephone = request.getParameter("mobilephone");
String email = request.getParameter("email");
Student stu = new Student(name,sex,birthday,mobilephone,email);
//2.获取参数 id
int id = Integer.parseInt(request.getParameter("id"));
stu.setId(id);
//3.调用 dao
StudentDao dao = new StudentDaoImpl();
dao.update(id, stu);
//4.重定向到 find.do
response.sendRedirect("find.do");
}
```

本节详细讲述了基于 MVC 模式的管理系统的开发流程和代码实践。通过本系统大家要能够充分理解 MVC 的工作原理、分层设计方法；熟练组织客户端与服务器之间的交互、跳转；熟练转发、重定向、表单提交、超链接等访问路径的书写；并在数据库的 JDBC 访问中应用连接池技术提高系统的工作效率，减轻服务器负载。

6.5 思维导图

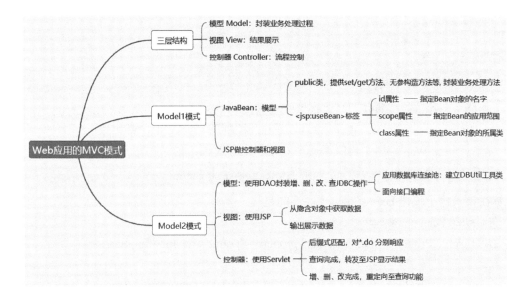

6.6 习题

1. 不定项选择题

1）关于 MVC 架构的描述中不正确的是（　　　）。

A. MVC 模式体现了代码分层的思想，它只用于 Java Web 项目的开发

B. Model 是业务层，用来处理业务，常见的业务层功能是 JDBC 访问

C. View 是视图层，用来显示数据，常用 JSP 实现

D. Controller 是控制层，负责控制、调度流程，是 M 和 V 的桥梁，其目的是要降低 M 和 V 代码之间的耦合度，便于团队开发和维护

2）在一个 Web 应用中包含这样一段逻辑：

```
if(用户未登录){
    重定向到 login.html
}else{
    进入购物车 cart.jsp 页面
}
```

以上功能应该由 MVC 的（   ）模块来实现。

A. 模型　　　　　B. 视图　　　　　C. 控制器　　　　D. 都可以

3）在一个 Web 应用中包含这样一段逻辑：

```
if(查无此人){
    返回 null
}else{
    返回查询结果对象
}
```

以上功能应该由 MVC 的（   ）模块来实现。

A. 模型　　　　　B. 视图　　　　　C. 控制器　　　　D. 都可以

4）在一个 Web 应用中包含这样一段逻辑：

```
if(集合为空){
    输出"数据集为空"
}else{
    输出数据列表
}
```

以上功能应该由 MVC 的（   ）模块来实现。

A. 模型　　　　　B. 视图　　　　　C. 控制器　　　　D. 都可以

5）以下代码在 Web 应用中声明了一个 CountBean 对象：

```
<jsp:useBean id= "bean" scope="application"  class="web.CountBean" />
```

能够在该页面中输出 bean 的 count 属性的是（   ）。

A. <%= bean.count %>

B. <jsp:getProperty name="bean" property="count" scope="application" />

C.

```
<%  CountBean myBean = (CountBean)application.getAttribute("bean");    %>
<%=myBean.getCount() %>
```

D.

```
<% int count = (int)application.getAttribute("count");    %>
<%=count %>
```

6）以下关于 JavaBean 的说法中正确的是（   ）。

A．在 JSP 文件中用<jsp:useBean>标签声明 JavaBean，可以使 JSP 文件更加简洁

B．JSP 文件通过<jsp:useBean>标签声明的 JavaBean 对象只能被 JSP 访问，Servlet 无法获取该对象

C．JavaBean 定义时必须遵守特定规范，例如，有一个属性成员为 count，则其对应的 get 方法命名必须是 getCount，而不能是 getcount

D．JavaBean 的作用范围按照从小到大依次为 page→request→session→application

2．编程题

设计一个简单的 MVC 架构的员工管理系统，通过 HTML 页面输入员工的基本信息，添加员工后利用 JSP 页面列表显示数据，如图 6-14 所示；添加员工和查询员工列表的处理都使用 Servlet 调用 DAO 完成。DAO 可以使用 JDBC 技术，也可以模拟存储在集合中。

图 6-14　员工管理系统

3．综合实践

在学生管理系统中添加新的功能，如图 6-15 所示。

1）完成每条数据后的删除功能。

2）利用"全选"复选框选中所有数据，或者利用复选框选中一个或几个数据，单击"删除"按钮对其进行删除。

3）为系统增加查询功能，可以在页面中输入学生 ID、姓名、手机号、性别，单击"搜索"按钮后查询，在表格中显示查询结果。

4）完成"上一页""下一页"等分页查看功能。

	全选	学生ID	姓名	性别	生日	手机号	Email	备注
学生ID:		姓名:		手机号:		性别 全选▼	搜索　删除　增加	
☐		1	张晴天	男	2000-12-06	13651036908	zhang@126.com	✎修改　✗删除
☐		2	王美丽	女	2001-01-16	18951062089	wang@126.com	✎修改　✗删除
☐		3	李天晴	女	1995-05-16	13910622852	li@126.com	✎修改　✗删除
☐		4	张涛	男	1990-06-15	17751053906	zhao@126.com	✎修改　✗删除
☐		5	周越鹏	男	2000-01-26	15018676568	zhou@126.com	✎修改　✗删除

上一页　1　2　3　4　5　下一页

[学生信息管理系统]

图 6-15　学生管理系统中的新功能

第7章 JSP 编程的标签化

JSP 技术主要用来简化动态网页的开发过程，但是当网页非常复杂时，JSP 文件中大量的 HTML 标签和 Java 程序段混杂在一起，会削弱 JSP 代码的可读性和可维护性，同时也增加了编写和调试 JSP 文件的难度。

因此，JSP 技术的发展目标就是更加简洁和精炼，能够将 Java 代码从页面中分离出去，其中标签化是一个主要手段。例如，第 6 章已学习的 JavaBean 技术，就是将 Java 代码编写的业务处理定义在 JavaBean 中，然后在 JSP 中用<jsp:useBean>标签引入 JavaBean 对象。

为此，SUN 制定了标签规范，用标签替代 Java 代码，Apache 组织开发了标准标签库（JSP Standard Tag Library，JSTL）；程序员也可以依据规范自定义标签。同时，JSTL 结合了表达式语言（Expression Language，EL）为 JSP 标签的属性赋值。两者的配合使用减轻了 JSP 文件的复杂度，让 JSP 的代码更加简化。

本章学习 EL 表达式和常用 JSTL 标签。

7.1 EL 表达式

EL 表达式语言是 JSP 2.0 中引入的特性，在 JSP 文件中可以直接使用，用于获取数据、进行计算、代替 "<%= %>" 形式的 Java 表达式实现输出，以及实现部分基于 "<% %>" 形式的 Java 代码块功能。

EL 表达式的基本形式是${……}。

7.1.1 访问 JavaBean 的属性

JavaBean 是满足以下规范的 Java 类：具有包定义且为 public；具有无参构造方法；定义了 set/get 方法；实现序列化接口等。所谓 "Bean 属性" 指的是 set/get 方法后的字符串名称。

EL 表达式访问 JavaBean 属性的格式为${bean 对象.属性}。

【例 7-1】 使用 EL 表达式读取学生对象的取值。

定义一个学生类和一个课程类，表示现实生活中一个学生可以选择多门课程的情况。课程类包括课程名称和学分两个属性，学生类包括学生姓名、年级、选课数组共 3 个属性，类图如 7-1 所示。

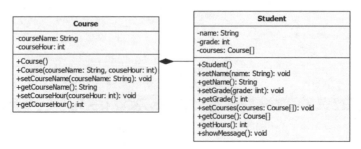

图 7-1 学生选课类图

课程类 Course 和学生类 Student 定义如下。

```
package bean;
import java.io.Serializable;
public class Student implements Serializable{
    private String stuName;
    private int grade;
    private Course[] courses;   //学生选择的多门课程
...
}
public class Course    implements Serializable{
    private String courseName;   //课程名
    private int creditHour; //学分
    ...
}
```

接下来在两个 JSP 页面中进行测试，首先在 new.jsp 页面中创建 Student 对象，再由 get.jsp 使用 EL 表达式对其进行访问。new.jsp 创建学生对象后将对象绑定在 request 中，转发至 get.jsp，代码如程序清单 7-1 所示。

程序清单 7-1   创建 JavaBean 对象的服务器端程序

```
<%@ page import="bean.Student,bean.Course" %>
<%
    Course[] c = new Course[2];
    c[0] = new Course("Java Web",4);
    c[1] = new Course("MySQL",3);
    Student stu = new Student();
    stu.setName("zhangsan");
    stu.setGrade(2);
    stu.setCourses(c);
    request.setAttribute("stu", stu);        //存入 request 对象
    request.getRequestDispatcher("get.jsp").forward(request,response);
%>
```

get.jsp 页面使用 EL 表达式访问 stu 对象，代码如程序清单 7-2 所示。

程序清单 7-2   读取 JavaBean 对象的服务器端程序

```
姓名：${stu.name }   <br>
年级：${stu.grade } <br>
选课 1：${stu.courses[0].courseName }，学分：${stu.courses[0].creditHour } <br/>
选课 2：${stu.courses[1].courseName }，学分：${stu.courses[1].creditHour } <br/>
```

运行结果如图 7-2 所示。

表达式中的 "stu" 是 EL 表达式默认寻找的 JavaBean 对象。EL 表达式默认从 4 个隐含对象中依次获取 JavaBean 对象，顺序是 page、request、session 和 application。

```
page.getAttribute("stu")
request.getAttribute("stu")
session.getAttribute("stu")
application.getAttribute("stu")
```

直到取得 JavaBean 对象，或者获取失败。

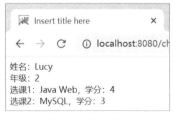

图 7-2　运行效果

由 EL 表达式获取的对象访问 Bean 属性有两种形式：点运算符 "." 和方括号运算符 "[]"，它们都隐含调用了 Bean 属性对应的 get 方法。

与${stu.name }等价的 Java 代码如下。

((Student)request.getAttribute("stu")).getName()

与${stu.courses[0].courseName }等价的 Java 代码如下。

((Student)request.getAttribute("stu")).getCourses()[0].getCourseName()

另外，${stu.name }还可以写为如下形式。

${stu['name'] }

从表达形式上，点运算符更为便捷，但方括号运算的优势是可以使用变量，Bean 属性的非变量表达推荐使用点运算。

如果已知 Bean 对象的范围，可以指定从某个范围内取值，提高代码的运行效率。EL 表达式语言中有 pageScope、requestScope、sessionScope、applicationScope 隐含对象可以使用。例如，requestScope.stu.name。

Tips: 一般情况下 Bean 属性与 JavaBean 类中的属性名相同。若不同，则以 set/get 方法后的字符串为准，强烈建议与属性名一致，避免增加开发的复杂性。例如，下面的示例中，JavaBean 属性名为 "userName"，而 set/get 方法后的字符串为 "name"，则 EL 表达式中使用的 Bean 属性应为 "name"，无形中对编程造成困扰。

```
private String userName;    //JavaBean 属性名
//bean 属性名是 name
public void setName(String name){
     this.userName=name;
}
public String getName(){
     return userName;
}
```

技巧： EL 表达式默认从 page、request、session、application 中获取属性变量，Java 代码块中定义的变量不存在于任何一个范围，不是属性变量，不能在 EL 表达式中使用。通过 EL 表达式获取本页 Java 脚本中变量的方法是先将变量存储在 request 中。

7.1.2 进行计算

EL 表达式提供了算术、关系、逻辑、判空和条件运算等运算符，用于在 JSP 页面中进行常见的数据处理。这些运算组织的表达式也是书写在$后面的大括号中，EL 中增加了一些运算的表达方式，运算规则相同，如表 7-1 所示。

表 7-1　EL 语言的运算符

运算符类型	运算符	说明	范例	结果
算术运算符	+	算术加法	${10+2 }	12
	−	减法	${10−2}	8
	*	乘法	${10*2}	20
	/	除法	${10/4}	2.5

运算符类型	运算符	说明	范例	结果
	%	求余	${2%10}	2
关系运算符	== 或 eq	等于	${1 eq 1} ${"abc" == "Abc"}	true false
	!= 或 ne	不等于	${"abc" != "Abc"}	true
	< 或 lt	小于	${"abc" < "Abc"}	false
	> 或 gt	大于	${"abc" > "Abc"}	true
	<= 或 le	小于等于	${"abc" <= "Abc"}	false
	>= 或 ge	大于等于	${"abc" >= "Abc"}	true
逻辑运算符	&& 或 and	逻辑与	${a>b && b>c}	
	|| 或 or	逻辑或	${a==b or b==c }	
	! 或 not	逻辑非	${!(a<=0 || b<=0)}	
empty 运算符	empty	判空	${empty a}	
条件运算符	? :	条件运算	${a>b ? a : b}	

关于 EL 表达式的计算表达有以下几点注意事项。

1）EL 表达式中的变量只能是 page、request、session、application 中的属性变量。

2）常量字符串定界符既可以使用单引号，也可以使用双引号。

3）关系运算既可以比较基本类型数据，也可以进行对象的比较。

4）EL 中的"+"只能进行算术运算。例如，${"123"+"456"}的结果不是"123456"，而是算术运算结果 579。

5）empty 运算，对于空字符串、集合内容为空、对象为 null，或者找不到的对象均会判定为 true。

【例 7-2】 测试 empty 运算。

在下面的代码中，首先放置几个"空"对象：空串、空集合、null。

```
<%
    request.setAttribute("str", "");
    request.setAttribute("list", new ArrayList());
    request.setAttribute("obj", null);
%>
```

然后用 empty 运算进行测试：

```
空字符串：${empty str } <br>
集合内容为空：${empty list } <br>
null 的结果：${empty obj } <br>
找不到绑定名对象：${empty xxx }
```

输出的结果如图 7-3 所示。

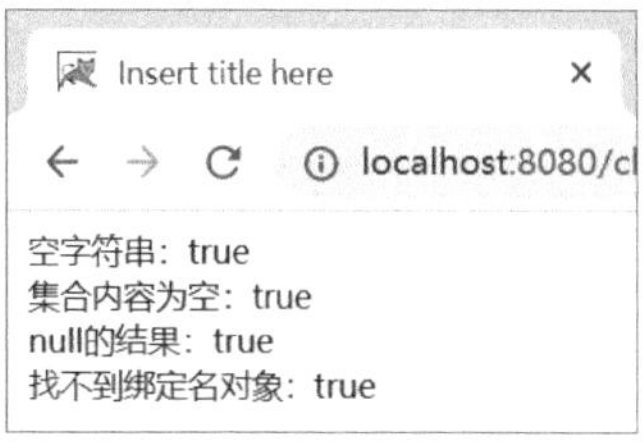

图 7-3　empty 空运算结果

7.1.3　获取请求参数

EL 表达式获取请求参数的方法为：${param.xx}或者${paramValues.xx}，其中"param"用于获取单值参数，"paramValues"用于获取多值参数。

【例 7-3】 在地址栏中直接以 get 方式向 param.jsp 提交多个参数，使用 EL 表达式获取并输出。

设在地址栏中输入：

http://localhost:8080/chap7/param.jsp?name=Lucy&interest=reading&interest=swimming

在 param.jsp 中用如下代码接收请求参数，name 为单值，用 param 表示；interest 为多值，用 paramValues 表示。

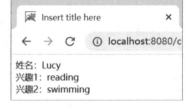

```
姓名：${param.name } <br>
兴趣 1：${paramValues.interest[0] } <br>
兴趣 2：${paramValues.interest[1] }
```

运行结果如图 7-4 所示。

EL 表达式简化了 JSP 文件中数据访问的代码，还大量应用于 JSP 标准标签库（Java Server Pages Standarded Tag Library，JSTL），为标签的属性赋值。

图 7-4　获取参数结果

7.2　JSTL

JSTL 是 JSP 标准标签库，由 SUN 制定规范，Apache 组织开发维护。JSTL 封装了通用的、结构化任务，例如，迭代、条件判断，XML 文档操作，国际化标签，SQL 标签等，如表 7-2 所示。

表 7-2　常用标签库

标签库名	说明	前缀
core	核心标签库，包括一般用途的标签、条件标签、迭代标签和 URL 相关的标签	c
functions	包含通用的 EL 函数，在 EL 表达式中使用	fn
Internationalization	简称 i18n，包括编写国际化 Web 应用的标签，以及对日期、时间和数字格式化的标签	fmt
xml	包括对 XML 文档进行操作的标签	xml
SQL 数据库	包括访问关系数据库的标签	sql

使用 JSTL，首先要在项目中导入两个 jar 包，下载 jar 包的官网地址为 http://archive.apache.org/dist/jakarta/taglibs/standard/binaries/。

打开官网链接，在打开的页面中找到 JSTL 下载包，如图 7-5 所示，选择 jakarta-taglibs-standard-1.1.2.zip 下载并解压，将 jakarta-taglibs-standard-1.1.2/lib/ 下的 standard.jar 和 jstl.jar 添加至项目。

Index of /dist/jakarta/taglibs/standard/binaries

Name	Last modified	Size	Description
jakarta-taglibs-standard-1.1.2.tar.gz	2004-10-25 20:57	873K	
jakarta-taglibs-standard-1.1.2.tar.gz.asc	2004-10-25 20:57	186	
jakarta-taglibs-standard-1.1.2.zip	2004-10-25 20:57	933K	
jakarta-taglibs-standard-1.1.2.zip.asc	2004-10-25 20:57	186	

图 7-5　官网 JSTL 下载包

使用 JSTL 中的标签，需要在 JSP 文件中将其用<taglib>标签导入。例如，导入核心库的代码如下。

```
<%@taglib   uri="http://java.sun.com/jsp/jstl/core"   prefix="c"%>
```

其中，"uri"是 JSP 标签的命名空间，取值为 http://java.sun.com/jsp/jstl/core 对应 JSTL 的核心标签库；"prefix"指定使用该库中标签时的前缀字母。

如图 7-6 所示，uri 的取值信息可以从 standard.jar 包 META-INF 文件夹下的.tld 文件中找到。.tld 是标签库描述文件，每个标准库都对应一个.tld，核心库对应的文件是 c.tld。taglib 导入各类标签所需的 uri 信息可以从各个.tld 文件中复制。

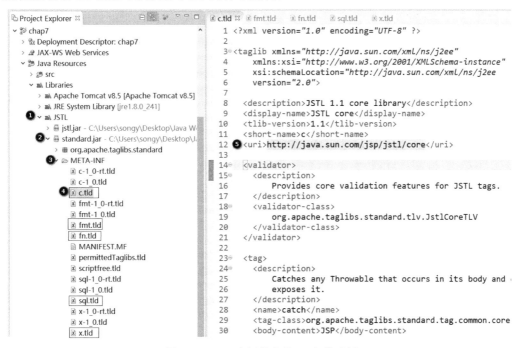

图 7-6   JSTL 中标签库的 tld 文件示例

7.3   JSTL 核心标签库

核心标签库中包含一般用途的标签、条件标签、迭代标签和 URL 相关标签。标签的格式取自 HTML，一个标签可以配有若干属性，由属性指定标签工作的内容。当属性值需要表达式时常使用 EL 表达式语言。

7.3.1   一般用途标签

（1）<c:set>标签

<c:set>以标签的形式进行赋值操作，替换 Java 代码块中的某些赋值语句，可以为某个范围内的变量赋值，也可以为 JavaBean 对象的属性赋值。

对 page、request、session、application 中的变量赋值格式为

```
<c:set   var="变量名"   value="表达式"   scope="…"   />
```

其中，"<c:set>"是标签，"var""value""scope"是标签的属性。scope 默认范围为 page，即当前页面；value 属性的取值可以基于 EL 表达式或者<%= %>表达式。

对 JavaBean 对象的属性赋值的格式为

> <c:set target="${JavaBean 对象}" property="JavaBean 属性名" value="表达式" />

例如，与例 7-1 中部分代码等价的表达为

> *<c:set var="stu" value="<%=new Student()%>" scope="request"/>*
> *<c:set target="${stu}" property="name" value="Lucy"/>*
> *<c:set target="${stu}" property="grade" value="2"/>*

上述代码，先通过<c:set>结合<%= %>表达式创建一个 Student 类型的对象 stu，然后使用两个<c:set>分别对该 Bean 对象的 name 和 grade 属性赋值。

Tips: <c:set>赋值的变量是属于 page、request、session、application 某个范围内的属性变量，没有 scope 属性时默认为 page 范围，这些变量可以在 EL 表达式中使用。

（2）<c:out>标签

<c:out>标签将一个表达式的结果输出在页面上，value 属性的取值同样可以使用 EL 表达式或<%= %>表达式。例如，与 EL 表达式${stu.name }等价的表达为

> *<c:out value="${stu.name }"/>*
> *<c:out value="<%=((Student)request.getAttribute("stu")).getName() %>"/>*

显然，在页面上直接使用 EL 表达式输出最为简洁。

<c:out>输出的优势在于可以使用 default 属性设置默认值。例如，如果 value 对应的表达式结果为 null，则打印 default 属性的取值，代码如下。

> *<c:out value="${stu.name }" default="unknown"/>*

（3）<c:remove>标签

<c:remove>标签用于删除指定范围（page、request、session、application）内的属性变量。

例如，将例 7-1 中 request 中的 stu 删除，因为对象已不存在，所以<c:out>的输出为默认值unknown。

> *<c:remove var="stu" scope="request" />*
> *<c:out value="${stu.name }" default="unknown"/>*

7.3.2 if 标签

<c:if>标签实现 Java 代码块中 if 语句的功能，格式如下：

> <c:if test="${条件表达式}" var="结果变量" scope="...">
>   标签主体
> </c:if>

<c:if>标签属性如表 7-3 所示。

表 7-3 <c:if>标签属性

属性	描述	必需	默认值
test	条件表达式	Yes	None
var	条件计算的结果	No	None
scope	EL 表达式取值范围	No	page

标签首先计算"test"属性中 EL 表达式的取值，当取值为 true 时显示标签的主体内容。

【例 7-4】 使用 if 标签输出性别。

新建一个 Teacher 类，包括姓名（name）和性别（gender）两个属性，定义为 JavaBean。

在 JSP 文件中，添加 taglib 指令，使用 if 标签判断 request 中的属性变量"teacher"对象的性别，输出对应男或者女。代码如图 7-7 所示。

因为在 JSTL 中没有 else 逻辑标签，所以用记录 test 属性取值的方法，对其进行逻辑非运算，形成 if-else 逻辑。

```
1 <%@ page contentType="text/html; charset=UTF-8" %>
2 <%@ page pageEncoding="GBK"%>
3 <%@ page import="bean.Teacher" %>
4 <%@ taglib uri="http://java.sun.com/jsp/jstl/core" prefix="c" %>
5
6 <html>
7 <head>
8     <title>if标签</title>
9 </head>
10 <body>
11    <%
12        Teacher t = new Teacher();
13        t.setName("song");
14        t.setGender("female");
15        request.setAttribute("teacher", t);
16    %>
17    姓名：${teacher.name }  <br>
18    性别：<c:if test="${teacher.gender=='male'}" var="result" scope="request">
19        男
20    </c:if>                          保存test结果的临时变量
21    <c:if  test="${!result}" >
22        女
23    </c:if>
24 </body>
25 </html>
```

图 7-7　<c:if>代码分析

7.3.3　choose 标签

<c:choose>标签与 Java 中的 switch 语句类似，是个多开关分支结构，<c:choose>标签中包括<c:when>标签和<c:otherwise>标签，与 switch 语句中的 case 和 default 类似。<c:choose>标签和<c:otherwise>标签都没有任何属性。<c:when>标签有一个属性，如表 7-4 所示。

表 7-4　< c: when>标签属性

属性	描述	必需	默认值
test	条件计算	Yes	None

【例 7-5】 使用 choose 标签输出 GPA 评分体系中的绩点。

平均学分绩点（Grade Point Average，GPA）是以学分与绩点作为衡量学生学习的量与质的计算单位。程序清单 7-3 用于输出 A、A-、B+、B 四个等级的绩点值，代码中每个<c:when>相当于一个 case，最后的<c:otherwise>相当于 default。

程序清单 7-3　使用 JSTL 标签实现多分支结构

```
<c:set var="gpa" value="B+" scope="request"/>
绩点：
```

```
<c:choose>
    <c:when test="${gpa=='A'}">4.0</c:when>
    <c:when test="${gpa=='A-'}">3.7</c:when>
    <c:when test="${gpa=='B+'}">3.3</c:when>
    <c:when test="${gpa=='B'}">3.0</c:when>
    <c:otherwise>&lt;3</c:otherwise>
</c:choose>
```

7.3.4 forEach 标签

<c:forEach>标签用于遍历集合对象，标签的属性如表 7-5 所示。

表 7-5 < c: forEach >标签属性

属性	描述	必需	默认值
items	遍历对象	Yes	None
var	迭代变量	Yes	None
varStatus	记录遍历过程中当前元素的索引及已访问数量	No	None
begin	遍历起始索引值	No	0
end	遍历终止索引值	No	Last element
step	遍历步长	No	1

【例 7-6】 使用 forEach 标签输出集合中每个对象的属性值。

以例 7-1 中的 Student 学生类为例，首先创建学生及选课信息，代码如下。

```
<%
    List<Student> list = new ArrayList<Student>();
    Course[] c = new Course[2];
    c[0] = new Course("Web 程序设计",4);
    c[1] = new Course("数据结构",4);
    Student stu1 = new Student();
    stu1.setName("Lucy");
    stu1.setGrade(2);
    stu1.setCourses(c);
    list.add(stu1);
    Student stu2 = new Student();
    stu2.setName("Leo");
    stu2.setGrade(1);
    c = new Course[2];
    c[0] = new Course("Java 程序设计",4);
    c[1] = new Course("大学计算机",2);
    stu2.setCourses(c);
    list.add(stu2);
    request.setAttribute("list",list);
%>
```

接下来，使用 forEach 标签的 items 属性指定需要遍历的集合，使用 var 属性指定每次从集合中获取的对象，使用 varStatus 属性获取遍历集合过程中当前元素的索引和已访问数量。学生集合和每个学生的选课集合形成 <c:forEach>的嵌套遍历结构，遍历的结果如图 7-8 所示。

图 7-8　遍历效果图

其中，学生信息部分展示输出 varStatus 中的 count 的值，代表访问过的对象的个数。选课信息部分展示输出 varStatus 中的 index 值，代表对象在集合中的下标。

代码分析如图 7-9 所示。items 中的遍历对象一定是用 EL 表达式给出的，每个遍历都有自己的循环变量。第二个<c:forEach>在 EL 表达式中利用外层循环变量 stu 获取到该学生的选课数组，再次进行遍历。

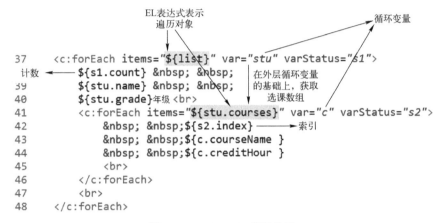

图 7-9　<c:forEach>代码分析

7.4　JSTL 格式化标签

I18N 是 Internationalization 的简称，名字来源于该单词的首字母和尾字母之间相隔 18 个字符。I18N 标签库分为两部分：一部分用于软件的国际化需求，解决编码、时区等问题；另一部分对时间、日期和数字进行格式化。

7.2 节中介绍了在 standard.jar 包中找到 fmt.tld，从中复制出 uri 的取值，用 taglib 指令引入 I18N 库标签，代码如下。

```
<%@ taglib uri="http://java.sun.com/jsp/jstl/fmt" prefix="fmt" %>
```

（1）<fmt:setLocal>标签

<fmt:setLocal>标签设置 Locale 的取值，Locale 代表了一个具有相同风俗、文化和语言的地域，在浏览器中可以对其进行选择。与 Locale 相关标签的实现基于 java.util.Locale 类。获取本地的 Locale 取值可以使用以下语句。

```
java.util.Locale.getDefault()
```

Windows 中文操作系统中的取值为"zh_CN"，英文系统取值为"en_US"，下划线前为语言代码，第二个参数是国家代码。

Tips: 语言代码遵守 ISO-639 规范，国家代码遵守 ISO-3166 规范，完整的列表可以参见 https://www.science.co.il/language/Locale-codes.php 链接。部分中文和英文语言国家和地区的代码如表 7-6 所示。

表 7-6 部分中文和英文语言国家和地区的代码

Chinese - China	zh_CN	English - Australia	en_AU
Chinese - Hong Kong SAR	zh_HK	English - Canada	en_CA
Chinese - Macau SAR	zh_MO	English - Great Britain	en_GB
Chinese - Singapore	zh_SG	English - United States	en_US
Chinese - Taiwan	zh_TW	English - New Zealand	en_NZ

例如，使用<fmt:setLocale value="en_US"/>可以将本地语言切换至英文方式。

（2）<fmt:formatNumber>标签

<fmt:formatNumber>标签用于对数字进行格式化，属性如表 7-7 所示。

表 7-7 < fmt:formatNumber >标签属性

属性	描述	必需	默认值
value	待格式化的数字	Yes	
type	格式化的类型（number, currency, percent）	No	number
pattern	自定义格式，参见 java.text.DecimalFormat	No	
groupingUsed	数字分组显示	No	true
maxIntegerDigits	整数最大位数	No	
minIntegerDigits	整数最小位数	No	
maxFractionDigits	小数最大位数	No	
minFractionDigits	小数最小位数	No	
var	存储结果的变量	No	
scope	变量的存储范围	No	

例如，在网页上显示商品的价格，含有货币标识可以使用"currency"，代码如下。

```
<fmt:formatNumber value="199" type="currency"/>
```

输出"￥199.00"。如果设定 Locale 为"en_US"，按照带有货币标识的输出，代码如下。

```
<fmt:setLocale value="en_US"/>
<fmt:formatNumber value="199" type="currency"/>
```

则输出变为"$199.00"。如果不出现货币标识，可以用 pattern 自定义小数点后两位的格式，代码如下。

```
<fmt:formatNumber value="199" pattern=".00" type="number"/>
```

输出"199.00"。pattern 的定义遵循 java.text.DecimalFormat 中的规定。

再如，在网页上显示百分比数字，不显示其小数部分，代码如下。

```
<fmt:formatNumber value="${1/3}" type="percent" maxFractionDigits="0"/>
```

输出 "33%"。

如果在标签中设定 var 和 scope 属性，格式化的结果不会输出在页面，而是保存至指定范围。

（3）<fmt:formatDate>标签

<fmt:formatDate>标签用于对日期和时间进行格式化，属性如表 7-8 所示。

表 7-8　<fmt:formatDate>标签属性

属性	描述	必需	默认值
value	待格式化的数字	Yes	
type	格式化的类型（date, time, both）	No	date
pattern	自定义格式，参见 java.text.SimpleDateFormat	No	
var	存储结果的变量	No	
scope	变量的存储范围	No	

例如，在 page 范围内设置一个属性变量 now，存储当前系统时间，代码如下。

```
<c:set var="now"    value="<%=new java.util.Date() %>"/>
```

利用不同的格式对其格式化输出，代码如下。

```
<fmt:formatDate value="${now}" type="both"/> <br>
<fmt:formatDate value="${now}" type="date"/> <br>
<fmt:formatDate value="${now}" type="time"/> <br>
<fmt:formatDate value="${now}" pattern="yyyy-MM-dd" />
```

输出结果如图 7-10 所示。

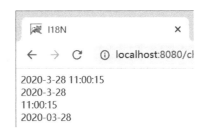

图 7-10　<fmt:formatDate>格式化输出

7.5　functions 库中的 EL 函数

在 JSP 页面中 String 类型的数据大量存在，在 JSTL 的 functions 库中提供了一些可以在 EL 表达式中使用的字符串处理函数，它们的名称、作用与 String 类相似，而且不以独立的标签出现，只为 EL 表达式的内部运算提供支持。

在 standard.jar 包中找到 fn.tld，从中复制 uri 的取值，用 taglib 指令引入 functions 标签，代码如下。

```
<%@ taglib uri="http://java.sun.com/jsp/jstl/functions" prefix="fn" %>
```

（1）fn:split()函数

fn:split()函数用于将字符串按照自定义分隔符拆分为字符串数组，功能与 String 类的 split()函数相同。这样，Model 层可以直接将字符串数据交给 View，JSP 在展示时利用 fn:split()函数对其进行分解，再遍历输出。

【例 7-7】　使用标签库完成在 JSP 页面中拆分字符串并输出。

在很多情况下，服务器端的数据处理会将一个参数的取值表示为字符串拼接的结果，例如，一位用户的所有爱好，拼接为一个字符串 "游泳,打球,看书,逛商店"。这种拼接一定是有规律的，在处理时可以反向按照规律拆分出所有的选项，这就是 split()函数的应用场景。

假设 JSP 页面已经获取到兴趣字符串，将其拆分后分别输出，代码如程序清单 7-4 所示。

```
<c:set var="interests" value="${fn:split("游泳,打球,看书,逛商店", ",")}'/>
该用户的兴趣爱好包括：<br>
<c:forEach items="${interests}" var="interest" varStatus="s">
    ${s.count }     ${interest } <br>
</c:forEach>
```

其中，fn:split("游泳,打球,看书,逛商店", ",")负责拆分字符串，拆分的结果数组由 EL 表达式传递给 value 属性，再由<c:forEach>标签遍历输出。运行效果如图 7-11 所示。

（2）fn:join()函数

fn:join()函数的功能与 split()函数相反，可以将一个字符串数组按照指定的分隔符拼接为一个字符串。

【例 7-8】 输出注册表单中的多值参数。

用户在图 7-12 所示的表单中填写"关注"信息（页面代码参见第 2 章例 2-1），提交给 get.jsp 后显示用户选择的关注信息。

图 7-11　fn:split 函数应用示例

图 7-12　"关注"信息的展示

处理过程如下。

1）首先使用 EL 表达式的 paramValues 接收多值请求参数，参数类型为字符串数组。

2）将参数取值通过<c:set>标签保存为当前页面（page 对象）的属性变量 interests。

3）用<c:if>标签对用户是否填写关注信息进行判断，给出不同的响应。

4）在请求参数不空时，用 fn:join()函数将数组中的字符串用指定的逗号连接，拼接为字符串，然后输出。

代码如程序清单 7-5 所示。

程序清单 7-5　EL 的字符串拼接函数应用

```
<c:set var="interests"   value="${paramValues.hobby }"/>
<c:if test="${!empty interests}" var="res">
    用户选择的关注包括：<br>
    ${fn:join(interests,"，") }
</c:if>
<c:if test="${!res}"  >
    用户未关注任何信息
</c:if>
```

functions 库中的其他函数不再赘述，使用时请参照应用程序编程接口（API）说明。

7.6 自定义标签

在 JSP 页面中利用标签有效地代替 Java 代码，可以使整个文件的结构更为统一。JSTL 标签本质上就是 Java 代码，在开发过程中，可以根据系统的需求将某些功能封装为标签使用。所谓封装，就是将书写的 Java 类被识别为标签。

封装需要做两件事情。一件是在创建 Java 类时，令其继承或实现 Tag 体系中的类或接口。JSP 2.0 中引入了"简单标签"SimpleTag 接口，简化了自定义标签的处理流程，实现类 SimpleTagSupport 可以实现 JSP 页面与标签类之间的交互。开发自定义标签时可以直接继承 SimpleTagSupport，然后重写它的 doTag()方法，在其中添加标签的处理逻辑。如果需要向标签传递参数，则将参数作为标签类的属性，并提供相应的 set 方法。

另一件事是让 Web 应用知道标签类的存在和调用方式，这通过编写.tld 标签说明文件来实现。.tld 文件的内容与之前所见的那些 tld 内容相似，格式如图 7-13 所示。

图 7-13 .tld 结构解析

编写好的.tld 文件需要放置在 WEB-INF 文件夹下。这两件事情完成后，则自定义标签的使用与标准标签完成相同。

【例 7-9】 自定义输出当前系统日期的标签。

首先创建 SysDateTag 类，继承 SimpleTagSupport，将日期格式字符串作为参数，在 doTag() 方法中输出格式化后的日期字符串。代码如程序清单 7-6 所示。

程序清单 7-6 自定义 JSTL 标签类输出系统日期

```
package tag;
import java.io.IOException;
```

```
import java.text.SimpleDateFormat;
import java.util.Date;
import javax.servlet.jsp.JspException;
import javax.servlet.jsp.JspWriter;
import javax.servlet.jsp.PageContext;
import javax.servlet.jsp.tagext.SimpleTagSupport;
public class SysDateTag extends SimpleTagSupport{
    private String format;
    public void setFormat(String format) {
        this.format = format;
    }
    @Override
    public void doTag() throws JspException, IOException {
        Date now = new Date();
        SimpleDateFormat sdf = new SimpleDateFormat(format);
        //获取 out 对象
        PageContext context = (PageContext)super.getJspContext();
        JspWriter out = context.getOut();
        //输出格式化日期
        out.print(sdf.format(now));
    }
}
```

与 JSP 的内部处理相似，在 doTag()方法中利用 PageContext 对象获取 out 对象，向客户端传送响应信息。

在 WEB-INF 文件夹下建立 mytag.tld 文件，代码如程序清单 7-7 所示。

程序清单 7-7　自定义标签的标签描述文件

```
<description>自定义标签库</description>
  <display-name>自定义</display-name>
  <tlib-version>1.0</tlib-version>
  <short-name>udc</short-name>
  <uri>javaweb.com/tag</uri>
  <tag>
    <description>输出当前系统时间</description>
    <name>sysdate</name>
    <tag-class>tag.SysDateTag</tag-class>
    <body-content>empty</body-content>          <!—指定无标签体-->
    <attribute>
        <description>日期格式</description>
        <name>format</name>
        <required>true</required>
        <rtexprvalue>true</rtexprvalue>
    </attribute>
  </tag>
</taglib>
```

定义完成后，就可以在 JSP 文件中使用该标签，按照指定格式得到当前系统日期信息。例如：

```
<%@ taglib uri="javaweb.com/tag" prefix="udc"%>
<udc:sysdate format="yyyy-MM-dd" />
```

标签的调用、解析、执行过程如图 7-14 所示，分析如下。

1）通过前缀"udc"找到对应的 taglib 指令。

2）在 taglib 指令中找到对应的 uri。

3）在 WEB-INF 文件夹下的.tld 文件中找到 uri 取值匹配的标签库。

4）在标签库中找到命名为"sysdate"的标签定义。

5）按照标签名找到标签对应的 Java 类。

6）创建标签类对象。

7）向标签类对象传递参数。

8）执行标签类的 doTag()方法，向客户端返回格式化信息。

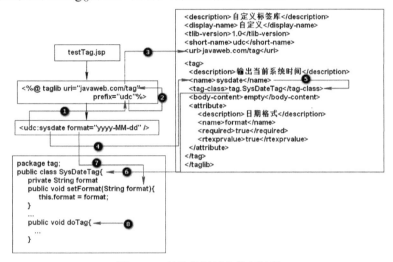

图 7-14　标签的解析和执行过程

7.7　重写学生管理系统的 JSP 页面

用 JSTL 和 EL 表达式改写第 6 章"学生管理系统"中的列表页面 list.jsp 和修改学生信息页面 update.jsp。

7.7.1　列表页面

list.jsp 中原来使用的是 Java 代码块和表达式，代码如下。

```
<%
    List<Student> stu = (List)request.getAttribute("student");
    for(Student s:stu){
%>
<tr>
    <td><input type="checkbox" name="select"></input></td>
    <td><%=s.getId() %></td>
    <td><%=s.getName() %></a></td>
    <td><%=s.getSex() %> </td>
    <td><%=s.getBirthday() %></td>
    <td><%=s.getMobilephone() %></td>
    <td><%=s.getEmail() %></td>
    <td>
        <input type="button" value="修改" onclick="Location.href='toUpdate.do?id=<%=s.getId()%>';" />
        <input type="button" value="删除" onclick="Location.href='delete.do?id=<%=s.getId()%>';" />
    </td>
</tr>
<%
    }
%>
```

获取 request 中保存的属性变量"student"，可以用 EL 表达式${student}这种更简洁的表达方式，由 EL 自动地在 page、request 等范围内按"student"搜索，代码得到简化。

for 循环代码可以使用 JSTL 核心标签库中的<c:forEach>标签替代，开始和结束标签内部是表格每行对应的代码，结构更加清晰。

每个对象中的各个属性都使用 EL 表达式点运算获取、输出，替代了调用各种 get()方法的 Java 表达式。

修改后的代码如程序清单 7-8 所示，代码更加简洁、清晰，便于书写和维护。

程序清单 7-8　使用 EL 表达式和 JSTL 标签的学生列表页面

```jsp
<c:forEach items="${student}" var="s">
    <tr>
        <td>${s.id}</td>
        <td>${s.name }</a></td>
        <td>${s.sex} </td>
        <td>${s.birthday}</td>
        <td>${s.mobilephone}</td>
        <td>${s.email }</td>
        <td>
            <input type="button" value="修改" class="btn_modify"
                        onclick="location.href='toUpdate.do?id=${s.id}';" />
            <input type="button" value="删除" class="btn_delete"
                        onclick="location.href='delete.do?id=${s.id}';" />
        </td>
    </tr>
</c:forEach>
```

7.7.2　"修改"学生信息页面

"修改"操作首先在表单中呈现对象原来的取值，与数据展示有关的代码如下。

```jsp
<%
    Student stu = (Student)request.getAttribute("stu");
%>
<form action="update.do?id=<%=stu.getId() %>" method="post">
    <input type="text"  name="name" value="<%=stu.getName() %>"/>
    <input type="radio" name="sex" value="female" id="female"
                    <%=stu.getSex().equals("女")? "checked":""%> />
    <input type="radio" name="sex" value="male" id="male"
                    <%=stu.getSex().equals("男")? "checked" : ""%>/>
    <input type="text" name="birthday" value="<%=stu.getBirthday() %>" />
    <input type="text" name="mobilephone" value="<%=stu.getMobilephone()%>"/>
    <input type="text" name="email" value="<%=stu.getEmail() %>"/>
</form>
```

同理，从 request 中获取属性变量"stu"的操作可以直接用 EL 表达式替代；所有<%= %>Java 表达式都替换为 EL 表达式，用点运算获取对象的属性值。

用 EL 表达式中的条件运算为性别的两个单选按钮确定"选中"状态。EL 表达式中可以使用"=="比较两个对象，字符串也可以使用单引号作为定界符。

使用 EL 表达式的代码如程序清单 7-9 所示。

程序清单 7-9　使用 EL 表达式的"修改"学生信息页面

```jsp
<form action="update.do?id=${stu.id}" method="post" class="main_form">
    <input type="text" name="name" value="${stu.name}"/>
    <input type="radio" name="sex" value="female" id="female"
                    ${stu.sex=='女'? 'checked':"} />
```

```
<input type="radio" name="sex" value="male" id="male"
                              ${stu.sex=='男'? 'checked':''}/>
<input type="text" name="birthday" value="${stu.birthday}" />
<input type="text" name="mobilephone" value="${stu.mobilephone}"/>
<input type="text" name="email" class="width300" value="${stu.email}"/>
</form>
```

可以看到，使用 EL 表达式结合 JSTL，JSP 代码的编写变得更简洁、清晰、轻松，而且体现了 JSP 技术的发展和趋势。熟练掌握这两种技术，并在需要的时候通过自定义标签进一步实现系统中代码的封装、复用，可提高代码的质量。MVC 模式和 EL、JSTL 的应用是 Web 应用开发的主流方式。

7.8 思维导图

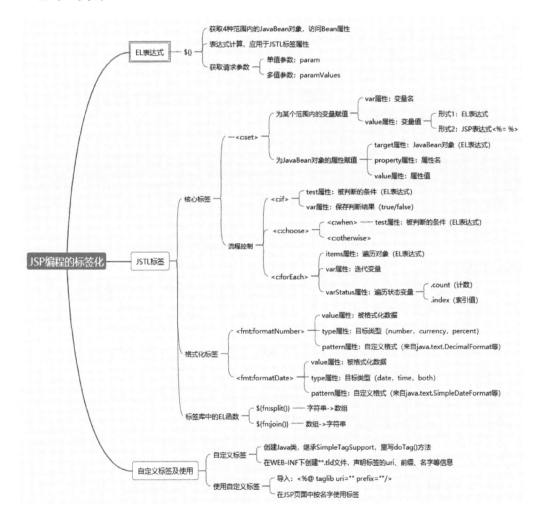

7.9 习题

1. 不定项选择题

1）关于 EL 表达式语言，以下说法正确的是（　　　）。

A. EL 表达式语言与 Java 一样，也是一种编程语言

B. EL 表达式的基本形式是$\{\}

C. 只能在 JSP 文件中使用 EL 表达式语言，在 Servlet 类中不能使用

D. EL 表达式可以使 JSP 文件的代码更加简洁

2）以下 EL 表达式合法的是（　　）。

A. ${pageContext.response.characterEncoding}

B. ${header["user-agent"]}

C. ${request.getParameter("username")}

D. ${empty requestScope}

E. ${param.username}

3）在 Web 应用范围内存储了一个名为"myBean"的 CounterBean 对象，以下能输出 myBean 的 count 属性的语句是（　　）。

A. ${applicationScope.myBean.count}

B. ${myBean.count}

C. <%=myBean.count %>

D. <%countBean myBean = (countBean)application.getAttribute("myBean");%>

<%=myBean.getCount()　%>

4）如果一个 JSP 文件中有如下代码：

```
<%    int a=100; %>
A=${a}
```

访问该文件时，会出现的情况是（　　）。

A. 输出"a="   B. 输出"a=0"

C. 输出"a=${a}"   D. 出错，提示${a}不合法

5）关于 JSTL，以下说法正确的是（　　）。

A. SUN 公司制定了 JSTL 规范，Apache 开源软件组织提供了具体的实现

B. JSTL 目前包含 core、I18N、functions、SQL 和 XML5 个标签库

C. 在 Web 应用中使用 JSTL，需要将 JSTL 的 jar 包放在 WEB-INF/lib 文件夹下

D. 在 Web 应用中使用 JSTL，需要将 JSTL 的 jar 包放在 WEB-INF 文件夹下

6）与下面的 Java 代码块等价的代码是（　　）。

```
<%    request.setAttribute("username", "Hellen") %>
```

A. <c:set　var="username"　value="Hellen"　/>

B. <c:set　var="username"　value="Hellen"　scope="request" />

C. <c:set　var="${username}"　value="Hellen"　scope="request" />

D. <c:remove　var="username"　value="Hellen"　scope="request" />

7）在 Web 应用中有一个变量名为 countBean，能够为它的 count 属性赋值的是（　　）。

A. <c:set　target="<%=countBean%>" property="count"　value="4"　/>

B. <c:set　var="countBean" property="count"　value="4"　/>

C. <c:set　target="${countBean.count}"　value="4"　/>

D. <c:set　target="${countBean}"　property="count"　value="4"　/>

8）编译和运行以下 JSP 代码会发生的是（　　　）。

```
<c:set  var="count"  value="1"  />
<%=count++ %>
```

A. 输出 1　　　　　　　　　　　　B. 输出 2

C. 编译出错，<c:set>语法错　　　D. 编译出错，<%=count++　%>语法错

9）以下 JSP 代码的运行结果是（　　　）。

```
<%
    String[] colors={"red","orange","yellow","green","cyan"};
%>
<c:forEach  items="<%=colors %>"  var="color"  begin="1"  end="4"  step="2"  >
    ${color}  
</c:forEach>
```

A. red orange yellow　green cyan　　B. red yellow

C. orange green　　　　　　　　　　D. red yellow cyan

10）如果 JSP 中执行如下代码，会出现的情况是（　　　）。

```
<fmt:setLocale value="zh_CN"  />
<fmt:formatDate value="2020-10-1 11:11:22"  />
```

A. 输出 2020-10-1 11:11:22　　　　B. 输出 2020-10-1

C. 输出 11:11:22　　　　　　　　　D. 编译出错

2. 编程题

1）设计两个 CSS 样式 s1 和 s2，代表不同的字体颜色。使用<c:forEach>标签控制输出一组数据，每个数据位于<p>标签中。通过 class 属性为<p>标签添加样式，呈现奇偶行不同字体和颜色的效果。

2）使用 JSTL 和 EL 表达式改写 5.7 节豆瓣影评的代码。

3. 综合实践

按照图 7-15 所示的脚本创建数据库，用 MVC 模式编写"学习强国"的新闻列表功能。将所给 HTML 代码用 JSTL 和 EL 表达式改写为 JSP 页面。

图 7-15　"学习强国"新闻列表

第 8 章 Cookie、session 与会话跟踪

Web 编程中，会话管理是一件很重要的事情，HTTP 是一种无状态协议，无法区分当前的一组请求是否来自同一个客户端。而现在的 Web 应用都需要识别用户的身份，以便将一系列访问和数据变化记录在该用户中。

本章介绍 Cookie 和 session 两种实现会话跟踪的技术。

8.1 会话跟踪

在前面的学习中已经无数次出现了 HTTP，它是什么时候诞生的呢？HTTP/1.0 创立于 1996 年，作为标准正式公布。当时 Internet 刚刚兴起，网站都是静态的，人们上网就是进行文档的浏览，因此 HTTP 天生就是无状态的，即不记录用户的身份。服务器不需要知道谁在一段时间内浏览了哪些文档，服务器一旦响应完客户端的请求，就断开连接，而同一个客户的下一次请求将重新建立网络连接。

随着交互式动态 Web 应用的兴起，如在线购物、论坛等，Web 应用开始需要记录用户的身份，例如，是哪些用户登录了系统，哪些用户向购物车加入了商品，用户下次添加商品需要加入他自己的购物车，而不是别人的购物车。也就是说，必须将同时访问 Web 应用的多个请求加以区分，这就是会话跟踪技术。

会话指的是一段时间内，单个用户与 Web 应用的一系列相关的交互过程。在一个会话中，用户可能多次请求 Web 应用中的同一个网页，也有可能请求同一个 Web 应用中的多个网页。会话跟踪，就是记录、识别 Web 应用中同一个客户发出的一系列请求。

跟踪一个客户发出的这些请求需要做到两点：第一，要能够区分出每一个浏览器，识别用户的身份，例如，向每个用户专属的购物车添加商品；第二，用户的身份信息要能够在多个不同请求，不同的 Servlet/JSP 间共享，无论用户在网站中浏览到什么地方都可以知道就是该用户在浏览。

到目前为止，已经学习到的知识都无法满足这两个需求，request 只能在一个请求间有效；ServletContext（application）记录的是 Web 应用全局的信息，一个用户身份的记录会覆盖已有用户，无法区分浏览器；ServletConfig（config）属于每个 Servlet/JSP，不能实现多个服务器组件间的共享。

因此会话跟踪使用两个新技术：Cookie 和 session，它们均能满足上述规则，实现数据的共享并区分用户身份。两者的区别在于，Cookie 数据存储在浏览器中，服务器端的压力会小，但因为它存储在浏览器中，所以容易被懂技术的人篡改，安全性差；同时浏览器和服务器之间携带 Cookie 传递信息，会更多地占用网络带宽。session 数据存储在服务器端，从而会增加服务器的压力，例如，双十一购物时每个用户一个 session，则会产生几亿个 session 数据；同时现在大型网站的后台都是分布式的结构，很多服务器同时工作，在多台服务器之间共享 session 也是需要解决的问题；但 session 的优势是它存在于服务器端不会被篡改，安全性好。总之，两个技术各有利弊。

8.2 Cookie

Cookie 是会话跟踪的基础，session 技术也建立在 Cookie 的基础上。

8.2.1 创建和查找 Cookie

当用户第一次通过 HTTP 访问服务器时，服务器将一些 key/value 的键值对通过 HTTP 的响应头返回给客户端浏览器，这就是 Cookie；当用户再次访问服务器时，通过请求携带着 Cookie 返回服务器，从而实现身份的识别。

在 Servlet 编程中默认使用 Cookie 0 版本，它对应的响应头是"Set-Cookie"。Cookie 的工作过程如图 8-1 所示。

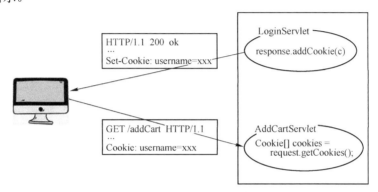

图 8-1　Cookie 的工作原理

首先，服务器创建一个 Cookie，放在响应头"Set-Cookie"传送至浏览器；当浏览器再次对 Web 应用发起请求时，通过请求头"Cookie"携带这个已经创建的 Cookie 回到服务器，从而完成对浏览器的验证。

Cookie 类位于 javax.servlet.http 包下，添加 Cookie 由 response 负责，读取 Cookie 由 request 负责，常用的 API 如下。

（1）Cookie(String name, String value)

利用 Cookie 类的构造方法创建 Cookie 对象，参数分别为 Cookie 名和 Cookie 值（键值对）。

Tips: Cookie 值只能是 String 类型。

（2）String getName()

Cookie 类中获取 Cookie 对象名字的方法。

（3）String getValue()

Cookie 类中获取 Cookie 对象值的方法。

（4）void addCookie(Cookie c)

与 Response 相关的接口中定义了一个 addCookie()方法，该方法用于在响应中增加一个响应头"Set-Cookie"。

（5）Cookie[] getCookies()

与 Request 相关的接口中定义了一个 getCookies()方法，该方法用于获取客户端提交的所有 Cookie，返回 Cookie 类型的数组。使用某一个 Cookie 需要对该数组进行迭代，获取 Cookie 对象的名称或者取值。

【例 8-1】 演示 Cookie 工作的基本流程。

下面模拟用户登录，登录成功后转到主页显示用户名的过程。登录处理添加、发送 Cookie，首页查找、显示 Cookie。流程如图 8-2 所示。

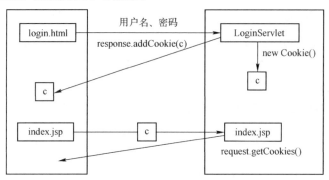

图 8-2　登录并跳转主页流程

首先，在登录页面 login.html 提交用户登录信息，交由 LoginServlet 验证，验证通过后创建 Cookie 保存用户名，将其添加至响应并发送到浏览器端；LoginServlet 重定向到主页 index.jsp，发起新的请求，这时 Cookie 信息随请求再次到达服务器，index.jsp 利用 request 读取 Cookie 信息，然后显示。

本例中 LoginServlet 的设计代码如程序清单 8-1 所示。

程序清单 8-1　添加 Cookie 信息的登录程序

```java
package cookie;
import java.io.IOException;
import javax.servlet.ServletException;
import javax.servlet.http.Cookie;
import javax.servlet.http.HttpServlet;
import javax.servlet.http.HttpServletRequest;
import javax.servlet.http.HttpServletResponse;
public class LoginServlet extends HttpServlet {
    protected void service(HttpServletRequest request, HttpServletResponse response)    throws
ServletException, IOException {
        //获取参数
        String name = request.getParameter("username");
        String pwd = request.getParameter("pwd");
        if(name.equals("Lucy")&&pwd.equals("1234")){
            //一个 Cookie 是一个键值对，必须是字符串
            Cookie c = new Cookie("userName", name);
            //将 Cookie 发送给浏览器，由浏览器保存
            response.addCookie(c);
            //重定向到主页
            response.sendRedirect("index.jsp");
        }else{
            response.sendRedirect("login.html");
        }
    }
}
```

服务器端按照键值对<"username","Lucy">的形式创建了一个 Cookie 对象，并在响应头中增加了"Set-Cookie"头字段保存该键值对，Cookie 最终保存在浏览器端。在 Chrome 的开发者工具中观察 Cookie，如图 8-3 所示。

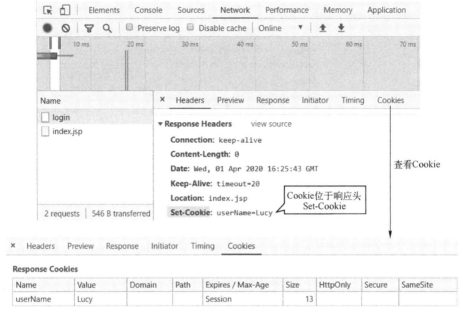

图 8-3　观察响应头中的 Cookie 信息

index.jsp 遍历 Cookie 数组，按名称"userName"获取指定 Cookie。如果 Cookie 已存在，显示用户名，否则显示登录链接，代码如程序清单 8-2 所示，这是使用 Cookie 的基本框架。

程序清单 8-2　读取 Cookie 的 JSP 程序

```jsp
<%@ page import="javax.servlet.http.Cookie" %>
<%
    String name=null;
    Cookie[] cookies = request.getCookies();
    if(cookies!=null){
        for(Cookie c:cookies){    //对 Cookie 进行迭代
            if(c.getName().equals("userName")){
                name=c.getValue();
            }
        }
    }
%>
<%
    if(name!=null){
%>
    你好, <%=name %>
<%
    }else{
%>
    <a href="login.html"> 登录</a>
<%
    }
%>
```

在 Chrome 浏览器中查看 index.jsp 的请求头，如图 8-4 所示，Cookie 会随着请求自动发送到服务器端。

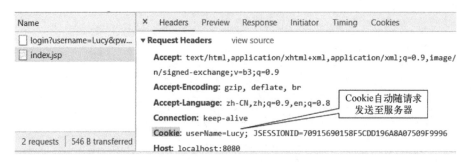

图 8-4　随请求自动发送的 Cookie 信息

需要注意的是，如果在程序中添加了多个 Cookie，则每个 Cookie 都会对应一个"Set-Cookie"响应头；当随请求发送时，这些 Cookie 会合并至请求头"Cookie"中一并发送，如图 8-5 所示。

图 8-5　多个 Cookie 的传递情况

Tips: 添加 Cookie 时，如果关键字已经存在，则新值会覆盖已有取值，相当于实现了 Cookie 的修改。

8.2.2　使用 EL 表达式读取 Cookie

在 JSP 页面中，除了使用 Java 代码块获取 Cookie 之外，还可以使用 EL 表达式读取 Cookie，代码如下。

> *${cookie.key.value}*

其中，key 为 Cookie 变量的关键字。

【例 8-2】　用 EL 表达式改写 index.jsp。

index.jsp 文件中用 EL 表达式读取 Cookie 的取值，页面的处理逻辑改为 JSTL 标签控制，代码如程序清单 8-3 所示。

程序清单 8-3　使用 EL 表达式读取 Cookie

> *<%@ page import="javax.servlet.http.Cookie" %>*

```
<%@ taglib uri="http://java.sun.com/jsp/jstl/core" prefix="c" %>
<c:set var="name" value="${cookie.userName.value }" />
<c:if test="${name!=null}" var="result">
    你好, ${name}
</c:if>
<c:if test="${!result}" >
    <a href="login.html"> 登录</a>
</c:if>
```

8.2.3 Cookie 的生命周期

Cookie 的生命周期指 Cookie 从创建到被销毁的时间。默认情况下，Cookie 的生命周期为浏览器会话期间，存储于内存。

例如，运行例 8-1 代码后，先关闭浏览器，然后再次打开浏览器，不访问任何地址，在开发者工具中查看 Cookie 节点（通过选择"Application"→"Storage"→"Cookies"命令实现），观察发现刚刚通过访问 LoginServlet 产生的 Cookie 信息已经不存在。这说明 Cookie 被保存在内存中，随着浏览器的关闭被自动销毁，只要浏览器不关闭，Cookie 就会一直存在。

如果希望关闭浏览器后 Cookie 依然存在，则需将其存储在硬盘上，可以通过设置过期时间的方法来实现。

void Cookie setMaxAge(int seconds)

参数 seconds 的单位为秒。seconds=0 表示删除 Cookie；seconds>0 表示 Cookie 存储在硬盘；seconds<0 是默认值，Cookie 存储在内存。

Cookie 类的 int getMaxAge()方法可以获取浏览器默认的 Cookie 生命周期。

【例 8-3】 编写 Servlet，添加两个 Cookie，查看默认生命周期，并将一个 Cookie 的过期时间设置为 1 个小时，代码如程序清单 8-4 所示。

程序清单 8-4 查看和设置 Cookie 生命周期

```
public class PersistentCookieServlet extends HttpServlet {
    protected void service(HttpServletRequest request,
        HttpServletResponse response) throws ServletException, IOException {
        //创建 Cookie
        Cookie c1 = new Cookie("c1","Lucy");
        //设置 c1 的过期时间
        c1.setMaxAge(60*60);
        response.addCookie(c1);
        System.out.println("c1 的生命周期: "+c1.getMaxAge()+"秒");
        Cookie c2 = new Cookie("c2","Leo");
        response.addCookie(c2);
        System.out.println("c2 的生命周期: "+c2.getMaxAge()+"秒");
    }
}
```

在浏览器端运行该 Servlet，Console 窗口的输出如下。

c1 的生命周期：3600 秒
c2 的生命周期：-1 秒

这里，c2 的生命周期为默认的负数，存储于内存；c1 的生命周期从服务器的当前时间开始计算，在 3600 秒后被销毁，在未超时的情况下，即使关闭浏览器也仍然可以查看到 c1。

在 Chrome 浏览器中查看设置了生命周期的 Cookie 的响应头，如图 8-6 所示。

图 8-6　在 Chrome 浏览器查看设置了生命周期的 Cookie

图 8-6 中 c1 对应的 "Set-Cookie" 的响应头为

> *c1=Lucy; Max-Age=3600; Expires=Thu, 02-Apr-2020 07:35L18 GMT*

Chrome 浏览器在 Cookie 中添加了 Max-Age 和 Expires 两个属性。注意：Expires 使用的是格林尼治标准时间（Greenwich Mean Time，GMT），比北京时间慢了 8 个小时。

Tips： Cookie 生命周期的计算以服务器的时间为准，所以浏览器的时区注意与服务器保持一致，否则可能因为时区的不一致而导致 Cookie 意外失效。

如果将 Cookie 的生命周期设置为 0，则实现删除 Cookie 的效果。

8.2.4　Cookie 的路径

Cookie 是有路径的，类似操作系统中文件夹的管理方式，不同路径下可以存在同名的 Cookie，便于管理和使用。

Cookie 的默认路径为添加这个 Cookie 的 Web 组件的路径。例如，例 8-3 中 Servlet 的访问路径为 localhost:8080/chap8/age，两个 Cookie 的路径为 "/chap8"；假设通过 web.xml 将 Servlet 的访问路径修改为 localhost:8080/chap8/cookie/age，那么 Cookie 的路径就是/chap8/cookie，如图 8-7 所示。

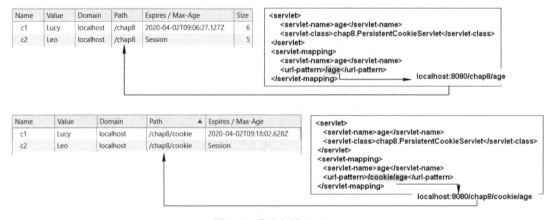

图 8-7　带路径的 Cookie

Cookie 的路径还可以通过 setPath(String path)方法设置。

【**例 8-4**】 清空所有 Cookie，并进行如下测试。

1）在 AddPathCookieServlet 中添加 4 个 Cookie，并分别设置它们的路径，代码如程序清单 8-5 所示。

程序清单 8-5　设置 Cookie 路径

```
public class AddPathCookieServlet extends HttpServlet {
    protected void service(HttpServletRequest request,
    HttpServletResponse response) throws ServletException, IOException {
        Cookie c1 = new Cookie("c1","Tom");    //默认路径
        Cookie c2 = new Cookie("c2","Jerry");
        Cookie c3 = new Cookie("c3","Nemo");
        Cookie c4 = new Cookie("c4","Dory");
        //设置路径
        c2.setPath(request.getContextPath()+"/path1");
        c3.setPath(request.getContextPath()+"/path1");
        c4.setPath(request.getContextPath()+"/path2");
        //将 Cookie 发送给浏览器，由浏览器保存
        response.addCookie(c1);
        response.addCookie(c2);
        response.addCookie(c3);
        response.addCookie(c4);
    }
}
```

2）设计一个 FindServlet 读取所有能访问到的 Cookie，每次为 FindServlet 设置不同的访问路径进行测试。测试的结果如表 8-1 所示。

表 8-1　访问带路径的 Cookie

Cookie	Cookie 路径	FindServlet 访问路径		
		chap8/find	chap8/path1/find	chap8/path2/find
<"c1", "Tom">	/chap8	√	√	√
<"c2", "Jerry">	/chap8/path1		√	
<"c3", "Nemo">	/chap8/path1		√	
<"c4", "Dory">	/chap8/path2			√

可以看到，浏览器在发送请求时，会对当前浏览器中的 Cookie 路径进行检查，只有匹配的 Cookie 才会发送给服务器。能够匹配的 Cookie 包括与访问路径一致的，以及访问路径的父路径下有效的。例如，当请求地址是 http://localhost:8080/chap8/path1 时，能够访问的 Cookie 如图 8-8 所示。

Name	Value	Domain	Path
JSESSIONID	C5B393BDFE92...	localhost	/chap8
c1	Tom	localhost	/chap8
c2	Jerry	localhost	/chap8/path1
c3	Nemo	localhost	/chap8/path1

图 8-8　http://localhost:8080/chap8/path1 能够访问到的 Cookie

8.2.5　Cookie 的编码

Cookie 只能保存合法的 ASCII 码字符，如果有非 ASCII 码字符出现，主要指中文字符，则需要通过编码、译码工具将中文转换成合法的 ASCII 码。

对 Cookie 进行转码时，编码使用 java.net.URLEncoder，解码使用 java.net.URLDecoder。

URL 编码规则是先将非 ASCII 码字符按照某种编码格式编码为十六进制数字，再在每个十六进制表示的字节前加上"%"。所以经常在 URL 或者请求、响应的参数里看到诸如"%E5%8C%97"形式的表示，实际上"E58C97"是"北"字的 UTF-8 编码，URL 编码就是在每个字节前加上了"%"。

URLEncoder 中的编码方法如下。

> *public static String encode(String s, String encoding)*

其中，s 是要转码的字符串；encoding 是要编码为的编码格式，返回值为偏码的结果。例如：

> *String code = URLEncoder.encode("北京", "UTF-8");*

转码后的 code 取值为"%E5%8C%97%E4%BA%AC"。

解码工具 URLDecoder 中的解码方法如下。

> *public static String decode(String s, String encoding)*

其中，s 为需要解码的字符串；encoding 是要解码为的编码格式，返回值为解码的结果。例如，对上述转码后的 code 再进行解码，代码如下。

> *System.out.println(URLDecoder.decode(code, "UTF-8"));*

结果为"北京"两个字被还原出来。

如果 Cookie 字符串包括了非 ASCII 码字符，则在创建 Cookie 时编码，在读取 Cookie 时再进行译码。

Tips: 通常在 Cookie 中是不建议存储中文字符串的，就像在 URL 中不建议传递中文参数一样（2.3 节中介绍 get 方式不传中文参数）。

8.2.6　Cookie 的限制

Cookie 是 HTTP 响应头中的一个字段，虽然 HTTP 本身对这个字段没有多少限制，但是 Cookie 最终要存储在浏览器中，所以不同的浏览器对 Cookie 的存储会有一些大小和个数上的限制。例如，FireFox 浏览器规定每个 Cookie 的大小不超过 4 KB，每个域名下最多可以保存 50 个 Cookie。

总之，Cookie 将数据保存在浏览器，相对来说安全性低，对于敏感数据，需要加密后再使用 Cookie 保存。

Cookie 还有一个局限性，就是它只能保存值为字符串的数据。如果浏览器禁止使用 Cookie，则会话跟踪要采用其他的办法。

8.3　session

session 在第 5 章曾经出现过，作为会话，session 对象可以存储属性变量，实现服务器端组件间在会话范围内的数据共享。

Cookie 对象中有时会见到一个名为 JSESSIONID 的关键字等于很长的一串数字，这个数字就是一个 session 对象的标识。session 对象的出现和销毁对应着一个会话的生命周期，利用 session 可进行会话跟踪。

8.3.1 session 的工作过程

Cookie 在跟踪会话时每次客户端的访问都必须回传这些 Cookie，如果 Cookie 很多，无形间增加了客户端与服务器之间的数据传输量，而 session 的出现正是为了解决这个问题。

同一个客户端每次和服务器交互时，不需要每次都传回所有的 Cookie 值，而只要传回一个 ID，这个 ID 由特殊算法生成，唯一地标识一个 session 对象，对每个客户端都是唯一的。session 对象的 ID 通常被命名为 JSESSIONID，以 Cookie 的形式在客户端和服务器之间传递。

session 的工作原理如图 8-9 所示。

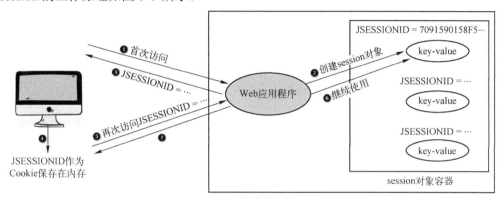

图 8-9　session 工作原理

当客户端第一次访问服务器，请求支持会话功能的任一网页时，会话产生。在 JSP 中，_jspService()方法会自动创建 session 对象，因此只要访问 JSP 文件，会话即随之产生（见 5-1）。而自定义的 Servlet 则需要调用 request.getSession()方法手动获取 session 对象，这时 session 对象才出现，才有 session 对象的 ID，才会有 JSESSIONID 随响应发送至客户端。也就是说，session 对象不是客户端一发起请求，服务器立即就创建，只有请求的是 JSP 或者具有会话功能的 Servlet，session 对象才出现。

如果浏览器被关闭，session 对应的 JSESSIONID 这个 Cookie 将消失，会话结束。

Tips: 即使会话结束服务端的 JSESSIONID 和 JSESSIONID 所指向的 session 对象仍然存在，只是没有正确的 JSESSIONID 与之匹配，仍占用服务器内存，当 session 过期、被程序销毁或者服务器重启时释放内存。

【例 8-5】 使用 session 的会话跟踪技术，实现登录检测和主页显示用户名。

如图 8-10 所示，通过登录页面 login.html 访问 LoginServlet。首次访问时，使用如下语句创建 session 对象。

```
HttpSession session    = request.getSession();
```

创建 session 时，服务器自动为其分配一个唯一的 sessionID，它会随响应发回到浏览器端，存储在 Cookie 中。

如果需要利用 session 保存数据（如本例中的登录用户信息），则利用 setAttribute()方法将其存入 session 即可。因为 Cookie 只保存 sessionID，所以在 session 对象中可以保存任意类型的数据，即 Object 类型。

登录成功后重定向到主页 index.jsp，这时 sessionID 随 Cookie 自动发送到服务器端，在 JSP

页面中可以直接使用 session 对象。

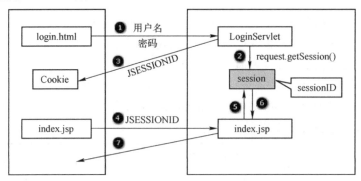

图 8-10　session 会话跟踪过程

LoginServlet 代码如程序清单 8-6 所示。

程序清单 8-6　使用 session 的登录程序

```java
package session;
import java.io.IOException;
import javax.servlet.ServletException;
import javax.servlet.http.HttpServlet;
import javax.servlet.http.HttpServletRequest;
import javax.servlet.http.HttpServletResponse;
import javax.servlet.http.HttpSession;
public class LoginServlet    extends HttpServlet {
    protected void service(HttpServletRequest request,
        HttpServletResponse response) throws ServletException, IOException {
        String name = request.getParameter("username");
        String pwd = request.getParameter("pwd");
        if(name.equals("Lucy")&&pwd.equals("1234")){
            //1.获取 session 对象
            HttpSession session    = request.getSession();
            //2.在 session 中存储登录信息
            session.setAttribute("userName", name);
            //3.响应时，服务器会自动给浏览器传 sessionID
            //4.重定向到主页
            response.sendRedirect("index.jsp");
        }else{
            response.sendRedirect("login.html");
        }
    }
}
```

index.jsp 代码如程序清单 8-7 所示。

程序清单 8-7　读取 session 的 JSP 程序

```jsp
<%
    String name = (String)session.getAttribute("userName");
    if(name!=null){
%>
    你好, <%=name %>
```

```
<%
    }else{
%>
    <a href="login.html"> 登录</a>
<%
    }
%>
```

在 Chrome 浏览器中观察 JSESSIONID，如图 8-11 所示，login 对应的是 LoginServlet，它在响应头中以 Cookie 的方式传回了 JSESSIONID。当发起 index.jsp 的请求时，它在请求头中以 Cookie 的方式携带 JSESSIONID 进行服务器端的访问。两个 JSESSIONID 相同，标识的是同一个会话。

第一次创建 session 后，只要不关闭浏览器，那么每一次请求 JSESSIONID 都会自动发送到服务器端，完成会话跟踪的任务。

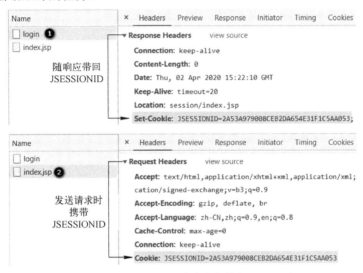

图 8-11　sessionID 通过响应存储在 Cookie 中

8.3.2　使用 EL 表达式读取 session

在 JSP 页面中读取 session 的方法除了使用 Java 代码外，还可以使用 EL 表达式，即通过 EL 表达式访问 session 范围内的属性变量，形式为

$\{属性变量名\}$

EL 表达式将按照 page→request→session→application 的顺序依次执行 getAttribute()方法获取该对象；也可以利用 sessionScope 对象显式标识获取范围。

$\{sessionScope.属性变量名\}$

index.jsp 代码可以使用 EL 表达式修改为如程序清单 8-8 所示。

程序清单 8-8　使用 EL 表达式读取 session

```
<%@ taglib uri="http://java.sun.com/jsp/jstl/core" prefix="c" %>
<c:set var="name" value="${sessionScope.userName}" />
<c:if test="${name!=null}" var="result">
    你好, ${name }
```

```
        </c:if>
        <c:if test="${!result}">
            <a href="login.html"> 登录</a>
        </c:if>
```

8.3.3 销毁 session

使用 session 对象的 invalidate()方法可以结束 session 对象的生命周期，即手动销毁 session。

【例 8-6】 在 index.jsp 中添加退出登录的功能。

作为会话跟踪的一部分，已登录用户信息记录在 session 中，所以退出时，需要从 session 中将其信息使用 removeAttitude()方法删除；或者如果 session 中只保存了该信息，也可以将 session 销毁。设计一个 LogoutServlet 完成该功能，代码如程序清单 8-9 所示。

程序清单 8-9 销毁 session

```java
public class LogoutServlet extends HttpServlet {
    protected void service(HttpServletRequest request,
        HttpServletResponse response)    throws ServletException, IOException {
        //方式1：销毁 session
        request.getSession().invalidate();
        //方式2：删除属性变量
        //request.getSession().removeAttribute("userName");
        response.sendRedirect(request.getContextPath()+"/index.jsp");
    }
}
```

设 LogoutServlet 的路径为 "/logout"，在 index.jsp 中设计超链接执行 "/logout" 完成退出登录。因为登录、退出登录的功能通常会作为独立的页首文件，以包含的方式引用到页面，所以，执行退出之前的当前路径具有不确定性。为防止相对路径使链接地址有误，此处超链接使用绝对地址，即从 Web 应用的根（上下文路径 ContextPath）开始书写。

设 Web 应用的根路径为 "/chap8"，则超链接可以写为

```html
<a href="/chap8/logout">退出</a>
```

但是，直接将 Web 应用的名称写在路径中的方法不够灵活，最佳方式是通过语句动态读取 Web 应用的名称（各种路径的获取参见例 5-1 代码）。

利用 JSP 表达式可以将超链接改为

```html
<a href="<%=request.getContextPath()%>/logout">退出</a>
```

除此之外，也可以使用 EL 表达式获取 Web 应用的上下文路径。首先由 pageContext 获取 request 对象，然后引用 contextPath 属性，代码如下。

```html
<a href="${pageContext.request.contextPath}/logout">退出</a>
```

可以对它们分别予以测试，index.jsp 代码如程序清单 8-10 所示。

程序清单 8-10 包含退出登录的 JSP 程序

```jsp
<%
    String name = (String)session.getAttribute("userName");
    if(name!=null){
%>
```

```
你好, <%=name %>   <br>
<a href="/chap8/logout">退出（直接写项目的根名称）</a>   <br>
<a href="<%=request.getContextPath()%>/logout">退出（JSP 表达式获取根）</a>   <br>
<a href="${pageContext.request.contextPath}/logout">退出（EL 表达式获取根）</a>   <br>
<%
    }else{
%>
    <a href="login.html"> 登录</a>
<%
    }
%>
```

8.3.4 设置 session 的失效时间

当会话长期空闲，即不再发生请求时，Web 服务器会将空闲时间过长的 session 对象删除，从而节省服务器内存资源。Web 服务器默认的超时限制一般是 30 分钟，从最后一次请求结束开始计算。例如，Tomcat 服务器的 conf/web.xml 文件配置如图 8-12 所示。

```
<!-- ==================== Default Session Configuration ================== -->
<!-- You can set the default session timeout (in minutes) for all newly    -->
<!-- created sessions by modifying the value below.                         -->

  <session-config>
      <session-timeout>30</session-timeout>
  </session-config>
```

图 8-12   Tomcat 服务器的 conf/web.xml 文件配置

通过修改 web.xml 文件可以重新设定 session 的默认时间。

除此之外，还可以使用编程的方式实现 session 超时设置，方法如下。

void setMaxInactiveInterval(int)

其中，参数代表超时的时长，时间单位为秒。

【例 8-7】 使用编程的方式将 session 的超时时间设定为 10 分钟。

例如，用户登录后 10 分钟内没有任何动作，则令 session 失效。如果用户再次进入需要登录才能访问的页面，则转到登录页面重新进行登录，代码如程序清单 8-11 所示。

程序清单 8-11   设置 session 失效时间

```java
public class LoginServlet extends HttpServlet {
    protected void service(HttpServletRequest request,
        HttpServletResponse response)    throws ServletException, IOException {
        String name = request.getParameter("username");
        String pwd = request.getParameter("pwd");
        if(name.equals("Lucy")&&pwd.equals("1234")){
            HttpSession session    = request.getSession();
            //设置 session 的生命周期为 10 分钟
            session.setMaxInactiveInterval(10);
            session.setAttribute("userName", name);
            response.sendRedirect("session/index.jsp");
        }else{
            response.sendRedirect("login.html");
        }
    }
}
```

8.3.5　通过重写 URL 跟踪会话

使用 session 进行会话跟踪时，session 依靠 JSESSONID 这个 Cookie。而每个浏览器都从安全性的角度为用户提供了禁止 Cookie 的选项，那么如果浏览器禁用了 Cookie，如何进行会话跟踪呢？

为了解决这个问题，Servlet 规范提供了跟踪会话的另一个方案，即重写 Web 组件的 URL，把 sessionID 添加到 URL 信息中。HttpServletResponse 提供了重写 URL 的方法。

> *String encodeURL(String url)*

为了防止 Cookie 被禁用，每个地址在表达时都用 encodeURL()方法对地址进行包装。例如，登录表单提交的请求地址修改为

> *<form method= "post"　action= "<%=response.encodeURL("login")" >*

重写 URL 的流程如下。

1）先判断被请求的 Web 组件是否支持会话。

如果请求的是 Servlet，检查该 Servlet 是否获取了 session 对象，session 对象是否尚未被销毁，session 对象是否未失效等。如果请求的是 JSP 页面，则看默认的<%@ page session= "true "/>是否被修改，JSP 是否支持会话。

2）判断浏览器是否支持 Cookie。

如果会话可以使用，则继续判断浏览器是否支持 Cookie，如果支持 Cookie，则 action 的请求地址就是 "login"；如果浏览器不支持 Cookie，则在参数指定的 URL 中加入 sessionID 的信息，然后返回修改后的 URL，此时 action 的请求地址形式如下。

> *action= "login; jsessionid= E4715A30FDF05DE9E7EE1EA9FE495A6B"*

也就是说，当 Web 组件支持会话、浏览器不支持 Cookie 时，encodeURL()方法才重写 URL，否则直接返回原始 URL。

为了保证 Cookie 被禁止时会话跟踪的正确性，在使用 URL 重写时，所有的请求地址都要重写。对于 HTML 中的超链接等，使用 encodeURL()方法重写；对于重定向 URL，使用 encodeRedirectURL()方法进行重写。

encodeRedirectURL()判断是否要为地址加入 sessionID 的判断逻辑与 encodeURL()不同。因为重定向不仅可以到达本 Web 应用中的 Web 组件，还可以跨应用访问到其他 Web 应用的内容。而将自己 Web 应用中的 sessionID 传递给外部应用，可能会导致冒充会话的事情发生。因此，encodeRedirectURL()首先判断 URL 是否位于 Web 应用内，如果是，再将 JSESSIONID 放在 URL 上，否则将不执行任何重写。

【例 8-8】　用重写 URL 的方式完成登录和首页显示用户信息。

首先，为了完成实验，先在浏览器设置中禁止 Cookie 的使用。不同浏览器操作路径有所不同，可以在百度网站搜索相关方法并完成。

因为登录页面 login.html 要对 action 的请求地址进行 URL 重写，所以改为 login.jsp。

```
<form method="post" action="<%=response.encodeURL("login") %>"　>
    …
</form>
```

在浏览器地址栏中输入请求地址，查看网页源代码，如图 8-13 所示。

```
<form method="post" action="login;jsessionid=2708D1FE8A96F460190D77B6760E2D17" >
    <legend>登录</legend>
        <span>username: </span>
        <input type="text" name="username"/>
        <span>password: </span>
        <input type="password" name="pwd"/>
        <input type="submit" value="登录">
</form>
```

重写URL之后
添加了sessionID

图 8-13 URL 重写后的请求地址

因为 login.jsp 支持会话，且浏览器不支持 Cookie，所以请求地址被重写，加入当前 session
对象的 sessionID。

服务器端的 LoginServlet 代码如程序清单 8-12 所示。

程序清单 8-12 重写 URL 的登录程序

```
public class LoginServlet    extends HttpServlet {
    protected void service(HttpServletRequest request,
        HttpServletResponse response) throws ServletException, IOException {
        String name = request.getParameter("username");
        String pwd = request.getParameter("pwd");
        if(name.equals("Lucy")&&pwd.equals("1234")){
            //按照 sessionID 查找到 session 对象并返回
            HttpSession session    = request.getSession();
            session.setAttribute("userName", name);
            //重定向时继续重写 URL，携带 sessionID
            response.sendRedirect(response.encodeRedirectURL("index.jsp"));
        }else{
            response.sendRedirect(response.encodeRedirectURL("login.html"));
        }
    }
}
```

LoginServlet 接收到请求后，request.getSession()会按照请求地址中的 sessionID 查询得到
session 对象，实现会话的继续使用。当重定向时，使用 encodeRedirectURL()方法继续重写重定向
地址，为请求地址添加 sessionID 信息，延续会话的使用，如图 8-14 所示。

继续用URL重写的方式传递
sessionID，完成会话跟踪

图 8-14 重定向时继续重写 URL

总的来讲，当浏览器端禁用 Cookie 时，会话跟踪通过对一般请求地址的 encodeURL()重写，
和对重定向请求地址的 encodeRedirectURL()重写，实现 sessionID 的连续传递，从而完成标识会
话、在一系列操作中使用同一个会话对象。

8.4 session 与验证码

验证码是现在很多网站通行的方式。验证码（Completely Automated Public Turing test to tell
Computers and Humans Apart，CAPTCHA）是 "全自动区分计算机和人类的图灵测试" 的缩写，

是一种区分用户是计算机还是人的公共全自动程序。

验证码是在服务器端根据随机产生的数字或符号绘制图片，图片里经常还加上一些干扰线防止 OCR 识别。验证码中的信息由用户肉眼进行识别，提交网站验证，验证成功后才能使用某些功能。验证码可以防止机器人恶意破解密码、刷票、登录、论坛灌水等破坏性操作。

下面学习如何生成、绘制验证码，以及在服务器端如何保存和校验验证码。

8.4.1 验证码字符的生成

验证码字符通常从若干字母、数字中挑选，并去掉外观相近的符号，如数字 0 和字母 O、数字 1 和字母 I、数字 2 和字母 Z 等。随机生成验证码字符的代码如下。

```java
String getCode(int size) {
    String str = "ABCDEFGHJKLMNPQRSTUVWXY3456789";
    StringBuffer code = new StringBuffer();
    Random r = new Random();
    for (int i = 0; i < size; i++) {
        int pos = r.nextInt(str.length());
        code.append(str.charAt(pos));
    }
    return code.toString();
}
```

其中，size 是验证码包含字符的个数。

8.4.2 验证码的绘制

绘制验证码使用 Java 的绘图技术（涉及画板、颜料、背景色、字体等），由 Servlet 完成绘制后，通过 OutputStream 将其输出到客户端。浏览器通过<img>标签的 src 属性访问该 Servlet 以获得动态图片。

绘制验证码图片的步骤包括：创建一个内存画板对象；获取画笔；用白色绘制画板的背景色；用随机的颜色绘制一个随机的字符串；用随机的颜色绘制多条随机干扰线；最后压缩图片并输出到客户端。

绘制验证码的 Servlet 代码如程序清单 8-13 所示。

程序清单 8-13　绘制验证码的 Servlet 程序

```java
public class CreateVerifyCodeServlet extends HttpServlet {
    private static final int SIZE = 5;
    private static final int WIDTH = 90;
    private static final int HEIGHT = 30;
    private static final int FONT_SIZE = 20;
    public void service(HttpServletRequest request,
        HttpServletResponse response) throws ServletException, IOException {
        //1.创建空白图片
        BufferedImage image = new BufferedImage(WIDTH, HEIGHT,
                BufferedImage.TYPE_INT_RGB);
        //2.获取画笔
        Graphics g = image.getGraphics();
        //3.设置画笔颜色
        g.setColor(new Color(255, 255, 255)); //白色
```

```java
        // 4.绘制矩形背景
        g.fillRect(0, 0, WIDTH, HEIGHT);
        // 5.调用自定义方法，获取长度为 SIZE 的字母数字组合的字符串
        String code = getCode(SIZE);
        // 6.设置颜色、字体，绘制字符串
        Random r = new Random();
        g.setColor(new Color(r.nextInt(255), r.nextInt(255), r.nextInt(255)));
        g.setFont(new Font("Consolas", Font.BOLD, FONT_SIZE));
        //(12,22)是最左侧字符的基线在此图形上下文坐标系统的位置
        g.drawString(code, 12, 22);
        // 7.绘制 8 条干扰线
        for (int i = 0; i < 8; i++) {
                g.setColor(new Color(r.nextInt(255), r.nextInt(255), r.nextInt(255)));
                g.drawLine(r.nextInt(100), r.nextInt(30), r.nextInt(100), r.nextInt(30));
        }
        // 8.压缩图片并输出到客户端
        response.setContentType("image/jpeg");
        OutputStream out = response.getOutputStream();
        ImageIO.write(image, "jpeg", out);
        os.close();
    }
}
```

javax.imageio.ImageIO 类支持常见图片的读写，使用 write()方法写出验证码图片，代码如下。

public static boolean write(RenderedImage im, String formatName, OutputStream output)

其中，参数 im 是要写出的图像数据，BufferedImage 是 RenderedImage 接口的实现类，保存了已经绘制的验证码数据；formatName 是写出的图片格式，如 "jpeg" "bmp" "tiff" 等，在网页上常使用的图片格式为 jpeg；output 为指向的输出流。

ImageIO.write(image, "jpeg", out)将 image 中保存的绘制信息以 jpeg 文件的格式，用 response 的输出流对象写在页面上。验证码的绘制坐标如图 8-15 所示。

在 web.xml 中配置 CreateVerifyServlet 类的访问路径为"/verify"，使用<img>标签显示验证码，代码如下。

生成的验证码: <img src="verify">

效果如图 8-16 所示。

图 8-15　验证码绘图位置示意图　　　　图 8-16　验证码效果图

8.4.3　为登录添加验证码功能

验证码通常使用在注册、登录等场景，下面在登录中添加验证码的校验功能。验证码的使用过程如图 8-17 所示。

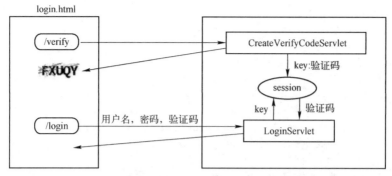

图 8-17 带有验证码的登录过程

登录时，首先在登录页面中请求生成验证码（/verify），然后这个验证码在用户登录请求（/login）中将再次使用。因为验证码是两个请求共享的数据，将其绑定在会话对象 session 中，验证码作为属性变量存储在 session 中，其中的 key 是存取验证码的依据。

session 不仅可以进行会话跟踪，而且可以实现在会话的范围内共享数据。

1. 修改 CreateVerifyServlet

在 CreateVerifyServlet 中增加代码，并产生验证码随机字符串后，将其绑定到 session 对象，代码如下。

```
String code = getCode(SIZE);
HttpSession session = request.getSession();
session.setAttribute("verifyCode", code);
```

其中，"verifyCode" 是验证码在 session 中的 key，再次获取时使用。

2. 在登录页面中添加验证码

在登录页面 login.html 中显示验证码，并添加验证码输入框，如图 8-18 所示。

假设 CreateVerifyServlet 在 web.xml 中的访问路径为 "/verify"，与登录相关的页面存储在 WebContent 下的 "verify" 文件夹下，如图 8-19 所示，下面分析路径的书写问题。

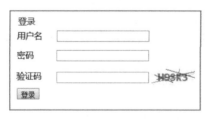

图 8-18 登录页面

```
∨ 🗁 WebContent
  › 🗁 META-INF
  ∨ 🗁 verify
      📄 index.jsp
      📄 login.html
```

图 8-19 页面存储位置

Servlet 的访问路径是 "/verify"，它的路径为 Web 应用的根 "/"。login.html 位于 verify 文件夹下，路径是 "/verify"，其中 "/" 是 "/verify" 的父目录。因此，在<img>标签的 src 属性中，相对路径的表达要用 "../verify" 的形式。

Tips: 如果 src 属性使用绝对路径，则要从 Web 应用的根开始写，一般不建议写为固定字符串；而是利用 requst.getContextPath()获取，因此静态 HTML 页面需要修改为 JSP 文件。

如果 src 属性直接写为相对路径 "verify"，代码所处的 login.html 的当前路径是 "/verify"，则拼接了当前路径后的实际路径是 "/verify/verify"，与 Servlet 路径不一致，会导致访问失败。

用户在看不清验证码的情况下，可以单击验证码进行更换。为此，在验证码图片上用 JavaScript

代码增加 click 事件的响应。为防止服务器端的缓存功能认为"/verify"的请求未变化而不予响应，在请求后加入随机数做参数，使每次请求都有所变化。

验证码的部分代码如下。

```
<img src="../verify" onclick="this.src='../verify?'+Math.random()">
```

3. LoginServlet 登录处理

LoginServlet 处理登录业务时，从请求参数中获取用户名、密码和用户输入的验证码，再从 session 对象中获取事先保存的标准验证码，进行用户名、密码和验证码的三者匹配，其中验证码的比较通常忽略大小写。登录成功转向首页 index.jsp，登录失败返回 login.html。

假设 LoginServlet 在 web.xml 中的访问路径设置为"/login"，与登录相关的页面存储在 WebContent 下的"verify"文件夹下，如图 8-19。与之前的路径分析相似，login.html 中表单提交的路径应该是"../login"，代码如下。

```
<form method="post" action="../login">
```

在 LoginServlet 中向 index.jsp 和 login.html 页面重定向时，当前路径为"/"，相对路径的表达应使用"verify/index.jsp"和"verify/login.html"，代码如程序清单 8-14 所示。

程序清单 8-14　具有验证码校验功能的登录程序

```java
public class LoginServlet extends HttpServlet {
    protected void service(HttpServletRequest request,
        HttpServletResponse response)    throws ServletException, IOException {
        HttpSession session = request.getSession();
        String stdCode = (String) session.getAttribute("verifyCode");
        // 获取参数
        String userName = request.getParameter("username");
        String pwd = request.getParameter("pwd");
        String vcode = request.getParameter("vcode");
        //匹配计算
        if ("Lucy".equals(userName) && "1234".equals(pwd)
                            && stdCode.equalsIgnoreCase(vcode)) {
            session.setAttribute("userName", userName);    //保存用户信息
            response.sendRedirect("verify/index.jsp");
        } else {
            response.sendRedirect("verify/login.html");
        }
    }
}
```

Tips: 重定向默认的根是 localhost:8080，如果重定向时使用绝对路径，则需要从 Web 应用的根开始写，例如：

```
response.sendRedirect(request.getContextPath() +"/verify/login.html");
```

本案例介绍了页面中经常出现的验证码的实现方案，并给出了 session 的应用场景。在 Web 开发中，会话的概念非常重要，不仅涉及会话跟踪的技术，也涉及一个会话内数据共享的问题。

8.5 思维导图

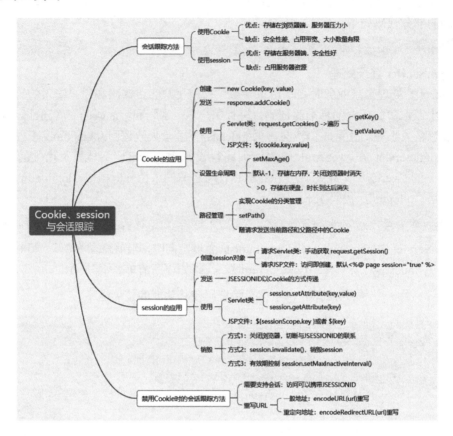

8.6 习题

1. 选择题

1）关于 Cookie，下面说法正确的是（   ）。

A. 创建 Cookie 对象后，Cookie 对象会自动发送至客户端浏览器

B. Cookie 作为响应头"Set-Cookie"发送至客户端浏览器，如果同时发送多个 Cookie，它们共同存储在同一个响应头中

C. 随请求发送 Cookie 时，浏览器中存储的所有 Cookie 一并发送

D. Cookie 既可以存储在内存中，也可以被持久化保存在硬盘上

2）关于 sessionID，下面说法正确的是（   ）。

A. sessionID 由 Servlet 容器创建

B. sessionID 由浏览器创建

C. 每个 HttpSession 对象都有一个唯一的 sessionID

D. Servlet 容器将 sessionID 作为 Cookie 或者 URL 的一部分发送到客户端

3）关于会话的销毁，下面说法正确的是（   ）。

A. 如果服务器端执行了 HttpSession 对象的 invalidate()方法，那么这个对象被销毁

B. 客户端关闭浏览器，则会话结束，同时服务器端立即销毁 session 对象

C. 当一个会话过期，服务器会自动销毁这个会话

D. 当客户端访问了一个不支持会话的网页，服务器会销毁已经与这个客户端建立的所有会话

4）关于 URL 重写，下面说法正确的是（　　　）。

A. 无论浏览器端是否支持 Cookie，只要使用 encodeURL()方法对访问地址进行编码，则地址就被重写，添加 JSESSIONID 参数

B. encodeURL()方法首先会检测浏览器是否支持 Cookie，只有不支持 Cookie 的情况下才会重写 URL

C. encodeURL()和 encodeRedirectURL()方法的处理逻辑是相同的，因此重写 URL 时使用哪个方法均可

D. 设被重写的地址为"login"，则重写后的形式为 login?jsessionid= E4715A30FDF05D-E9E7EE1EA9FE495A6B

5）在一个 Servlet 中如果包含如下代码，当浏览器访问它时，会出现的是（　　　）。

```
HttpSession session = request.getSession();
session.setAttribute("username", "Lucy");
session.invalidate();
String name = (String)session.getAttribute("username");
System.out.println(name);
```

A. 输出 Lucy

B. 出现编译错误

C. 输出 null

D. 出现 java.lang.IllegalStateException

2．编程题

1）编写一个 AddServlet，添加两个 Cookie；使用 FindServlet 打印输出客户端发送的所有 Cookie；删除其中的一个 Cookie。实验过程使用浏览器开发者工具观察每个操作中 Cookie 的取值和变化。

2）使用 Cookie 记录用户上一次访问服务器的时间，并打印输出。

3）在某 JSP 文件中创建一个 Cookie，修改该 Cookie 的路径，使访问该 Web 应用的任意路径时，浏览器端均会发送该 Cookie。

4）网站中有很多需要身份认证通过才能访问的功能，如果用户已登录则允许继续，否则拒绝访问而转至登录页面。编写代码，完成一个进入结账页面的处理流程。

3．综合实践

在网站中有很多地方都需要避免表单重复提交，例如，由于用户误操作，多次单击表单"提交"按钮；由于网速等原因造成页面卡顿，用户重复刷新、多次提交；用户使用工具重复恶意提交表单攻击网站等，这时都需要一个防止表单重复提交的机制。

要防止表单重复提交，就要标识用户对表单的每一次请求，使每次访问对服务器来说都是唯一确定的。为此，可以在表单中增加一个表单隐藏域：

```
<input type="hidden"　name="token"　value="xxx"　/>
```

每次表单被访问时，服务器端生成的唯一的标识（token）存储在隐藏域的 value 属性中，同时将 token 存入 session。用户提交请求时，检查表单中的 token 与 session 中的 token 是否一致，如果一致，说明表单没有重复提交。

首次提交表单时 session 中的 token 与表单携带的 token 一致则走正常流程，然后删除 session 保存的 token。当再次提交表单时由于 session 的 token 已为空，匹配失败，拒绝提交。

请编写代码解决表单重复提交问题。

第9章　过滤器和监听器

过滤器和监听器都是 Servlet 2.3 规范引入的技术，本质上也是 Servlet，并称为 Java Web 编程的三大组件。

9.1　过滤器

在一个 Web 应用中，有些 Web 组件会完成相同的操作，例如，都拒绝列入黑名单的客户端的请求，都需要对 Web 组件的字符编码进行设置，多个操作都需要登录后才能进行，各组件都要添加操作日志，在论坛性的网站中对敏感词汇进行控制，等等。如果在多个 Web 组件中分别编写相同操作的程序代码，会导致代码重复，降低开发效率和增加软件维护的工作量。

为了解决这个问题，Servlet 2.3 规范中出现了过滤器技术。它能够对请求进行预处理，再把请求转发给相应的 Web 组件；过滤器也可以对响应结果进行检查和修改，将处理后的响应结果发送给客户端。多个 Web 组件的相同操作可以统一在过滤器中完成。

过滤器体采取"横切"的方式，将那些与业务无关却被业务模块共同调用的逻辑封装到一个可重用模块中，便于减少系统的重复代码，实现功能的高度内聚，提高可操作性和可维护性。

9.1.1　过滤器的定义

过滤器是一种小型的、可插入的 Web 组件，用来拦截 Servlet 容器的请求和响应过程，以便查看、提取或以某种方式操作正在客户端和服务器之间交互的数据。

过滤器的典型应用包括处理请求、响应数据和管理会话属性等，它可以用路径的方式配置给一个 Web 应用的多个组件，实现功能的复用，当客户端请求此 URL 时，Servlet 容器就会先触发过滤器工作。

过滤器能够对 ServletRequest 对象和 ServletResponse 对象进行检查、修改，为 Web 组件提供过滤功能。过滤器在 Web 组件被调用前检查 ServletRequest 对象，修改请求头和请求正文的内容，对请求进行预处理；还可以在 Web 组件被调用后检查 ServletResponse 对象，修改响应头和响应正文。过滤器负责过滤的 Web 组件既可以是 Servlet，也可以是 JSP、HTML。过滤的过程如图 9-1 所示。

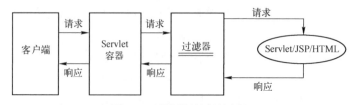

图 9-1　过滤器的过滤过程

9.1.2　创建和配置过滤器

自定义过滤器必须实现 javax.servlet.Filter 接口，并在 web.xml 中进行配置。

Filter 接口中包含以下 3 个方法。

1）init(FilterConfig config)方法是过滤器的初始化方法。当 Web 应用启动时，Servlet 容器先创建包含过滤器配置信息的 FilterConfig 对象，然后创建 Filter 对象来调用 init()方法。在 init()方法中可以通过 FilterConfig 对象读取 web.xml 中为过滤器配置的初始化参数。

2）doFilter(ServletRequest req, ServletResponse res, FilterChain chain)方法是过滤操作方法。当客户端请求的 URL 与过滤器配置的 URL 匹配时，Servlet 容器首先调用 doFilter()方法。使用第 3 个参数 FilterChain 对象继续调用 doFilter()方法（chain.doFilter()），实现调用过滤器链中的后续过滤器，如果没有后续过滤器，则请求传递给相应的 Web 组件。

Tips: doFilter()方法的请求和响应类型是 ServletRequest 和 ServletResponse，当要进行 HTTP 请求和响应处理时，需进行强制类型转换。

过滤器的执行过程如图 9-2 所示。

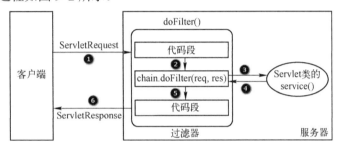

图 9-2　过滤器执行过程

3）destroy()方法。Servlet 容器在销毁过滤器对象前调用该方法，可以用于释放过滤器占用的资源。

【例 9-1】　演示过滤器的生命周期。

创建过滤器 CircleDemoFilter，实现 Filter 接口，重写接口中的 3 个方法。每个方法在控制台打印输出其所处的阶段。doFilter()方法在 chain.doFilter()调用前是一个阶段，可以对向下传递的请求进行预处理；在 chain.doFilter()调用之后 doFilter()方法是另一个阶段，当从某个 Web 组件返回后，可以在 doFilter()中继续对响应进行处理，代码如程序清单 9-1 所示。

程序清单 9-1　过滤器生命周期演示

```java
public class CircleDemoFilter implements Filter{
    public void destroy() {
        System.out.println("过滤器被销毁");
    }
    public void doFilter(ServletRequest req, ServletResponse res,
        FilterChain chain) throws IOException, ServletException {
            System.out.println("chain.doFilter()调用前，可以对请求进行预处理...");
            chain.doFilter(req, res);
            System.out.println("chain.doFilter()调用后，可以对响应进行处理...");
    }
    public void init(FilterConfig arg0) throws ServletException {
        System.out.println("过滤器初始化");
    }
}
```

过滤器的配置是在 web.xml 中加入<filter>和<filter-mapping>元素，与 Servlet 相似。<filter>用于定义一个过滤器；<filter-mapping>指定过滤器应用的 URL。

对 CircleDemoFilter 的配置代码如程序清单 9-2 所示。

程序清单 9-2　配置过滤器

```
<filter>
    <filter-name>demo</filter-name>
    <filter-class>filter.CircleDemoFilter</filter-class>
</filter>
<filter-mapping>
    <filter-name>demo</filter-name>
    <url-pattern>/*</url-pattern>
</filter-mapping>
```

其中，<filter-name>子元素指定过滤器的名称，<filter-class>指定过滤器的类名。<url-pattern>指定过滤器应用的 URL，即当客户端请求 URL 与<url-pattern>指定的 URL 匹配时，Servlet 容器就会先调用过滤器的 doFilter()方法。如果希望过滤器对所有 URL 均起作用，可以将<url-pattern>设置为"/*"。

接下来再创建一个 TestServlet 类，利用 service()方法在控制台打印输出"Servlet 执行完毕..."，将其路径配置为"/test"。启动 Tomcat，在浏览器地址栏输入"localhost:8080/chap9/test"开始访问，观察控制台的输出，如图 9-3 所示。

```
信息: Starting Servlet Engine: Apache Tomcat/8.5.50
过滤器初始化
............

四月09, 2020 9:21:32 上午 org.apache.catalina.startup.Catalina start
信息: Server startup in 708 ms
chain.doFilter()调用前，可以对请求进行预处理...
Servlet执行完毕...
chain.doFilter()调用后，可以对响应进行处理...
四月09, 2020 9:21:43 上午 org.apache.catalina.core.StandardServer await
信息: A valid shutdown command was received via the shutdown port. Stopping the Server instance.
四月09, 2020 9:21:43 上午 org.apache.coyote.AbstractProtocol pause
信息: Pausing ProtocolHandler ["http-nio-8080"]
四月09, 2020 9:21:43 上午 org.apache.coyote.AbstractProtocol pause
信息: Pausing ProtocolHandler ["ajp-nio-8009"]
四月09, 2020 9:21:43 上午 org.apache.catalina.core.StandardService stopInternal
信息: 正在停止服务[Catalina]
过滤器被销毁
```

图 9-3　过滤器的生命周期展示

在服务器启动时，init()方法被执行，过滤器被初始化；关闭服务器时，destory()方法被执行，过滤器被销毁。因为请求"/test"与过滤器的<url-pattern>"/*"匹配，所以 doFilter()方法被执行；当执行 chain.doFilter()时，没有其他的过滤器存在，所以请求最终传递给 TestServlet，执行完毕后返回过滤器。所以，以 chain.doFilter()调用为界，调用之前可以对请求进行预处理，调用之后可以对响应进行处理。

9.1.3　为过滤器设置参数

在 web.xml 中配置<filter>元素时，可以使用<init-param>子元素为过滤器设置初始化参数，参数名和参数值分别存储在<param-name>和<param-value>中。

【例 9-2】　使用过滤器解决 Web 组件的中文乱码问题。

在 2.3 节对 Servlet 编程中的中文乱码问题进行了分析，对于 Web 组件，在 get 方式下不建议传递中文；在 post 方式下，解决请求中中文乱码问题的方法是，在使用请求对象 request 之前对编码进行设置，代码如下。

```
request.setCharacterEncoding("UTF-8");
```

对于响应的中文乱码，则是在使用响应对象 response 之前对编码进行设置，代码如下。

```
response.setContentType("text/html;charset=UTF-8");
```

如果每个 Web 组件都进行这样的设置，显然是重复、烦琐的。现在利用过滤器统一解决 Web 组件的编码问题。

定义 EncodingFilter 过滤器，将 Web 组件的编码配置为过滤器的初始化参数，代码如程序清单 9-3 所示。

程序清单 9-3　配置带参数的过滤器

```
<filter>
    <filter-name>encode</filter-name>
    <filter-class>filter.EncodingFilter</filter-class>
    <init-param>
        <param-name>encoding</param-name>
        <param-value>UTF-8</param-value>
    </init-param>
</filter>
<filter-mapping>
    <filter-name>encode</filter-name>
    <url-pattern>/*</url-pattern>
</filter-mapping>
```

Tips: 如果不想过滤器对.html 生效，可以在路径配置时以扩展名的方式指定<url-pattern>，如*.do 标识 Servlet 组件，*.jsp 标识 JSP 组件。可以为一个过滤器配置多个<url-pattern>，例如，指定 encode 过滤器实现对 Servlet 和 JSP 进行过滤，代码如下。

```
<filter-mapping>
    <filter-name>encode</filter-name>
    <url-pattern>*.do</url-pattern>
    <url-pattern>*.jsp</url-pattern>
</filter-mapping>
```

EncodingFilter 的代码如程序清单 9-4 所示。

程序清单 9-4　解决 post 方式中文乱码的过滤器

```
public class EncodingFilter implements Filter{
    private String encoding;
    public void init(FilterConfig config) throws ServletException {
        encoding = config.getInitParameter("encoding");
    }
    public void doFilter(ServletRequest req, ServletResponse res,
        FilterChain chain)        throws IOException, ServletException {
        req.setCharacterEncoding(encoding);
```

```
                    res.setContentType("text/html;charset="+ encoding);
                    chain.doFilter(req, res);
            }
            public void destroy() {
            }
    }
```

在 init()方法中通过 config 对象获取初始化参数,编码作为过滤器的属性成员,在 doFilter()
方法中使用。doFilter()方法在 chain.doFilter()调用前,将初始化参数指定的编码设置给请求和响应
对象。Web 组件的响应方式 contentType 默认设置为"text/html",需要其他响应方式的 Web 组件
可以在自己的代码中另行指定覆盖。

在 2.3 节的注册处理 RegisteServlet 中去除关于 request 和 response 的编码设置,查看过滤器
的作用,如图 9-4 所示未出现乱码。

```
    public class RegisteServlet extends HttpServlet {
        protected void service(HttpServletRequest request,
        HttpServletResponse response) throws ServletException, IOException {
            //不设置 request 的编码
            String code = request.getParameter("code");
            String sex = request.getParameter("sex");
            String[] hobbies = request.getParameterValues("hobby");
            //不设置 response 的编码,只设置 contentType
            response.setContentType("text/html");
            PrintWriter out = response.getWriter();
            out.print("你好: "+code+"<br/>");
            …
        }
    }
```

图 9-4   编码过滤器完成请求和响应的编码设置

9.1.4   过滤器串联

多个过滤器可以串联起来协同工作,Servlet 容器根据它们在 web.xml 中定义的先后顺序,依
次调用它们的 doFilter()方法。

设有两个过滤器,在 web.xml 中,过滤器 1 的配置在前,过滤器 2 的配置在后,每个过滤器
的代码以 chain.doFilter()为界分为两段,过滤器串联在一起的执行过程如图 9-5 所示。

【例 9-3】 编写登录处理过滤器。

网站中进行用户的首次身份认证之后都会在 session 中保存用户信息作为标识,之后在需要

身份认证的页面查看 session 即可。网站中的很多功能都需要进行身份认证，例如，购物网站中查看购物车、我的订单、结账等。为了避免出现代码冗余问题，下面设计一个过滤器完成身份认证。

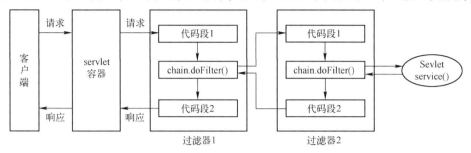

图 9-5　过滤器串联的执行过程

过滤器 LoginFilter 代码如程序清单 9-5 所示。如果 session 中已存在用户认证信息，则进入功能页面，否则跳转至登录页面。

程序清单 9-5　登录检测过滤器

```
public class LoginFilter implements Filter {
    public void doFilter(ServletRequest req, ServletResponse res,
        FilterChain chain)    throws IOException, ServletException {
        HttpServletRequest request = (HttpServletRequest)req;
        HttpServletResponse response = (HttpServletResponse)res;
        HttpSession session = request.getSession();
        String username = (String)session.getAttribute("user");
        if(username==null){ //未登录
            response.sendRedirect(request.getContextPath()+"/login.html");
            return;
        }
        chain.doFilter(request, res);
    }
    public void init(FilterConfig config) throws ServletException {
    }
    public void destroy() {
    }
}
```

在 web.xml 中对其进行配置，配置放在 EncodingFilter 过滤器的后面，对查看购物车 getcart.do 和查看订单 getorder.do 的访问进行过滤。web.xml 的代码如下。

```
<filter>
    <filter-name>encode</filter-name>
    <filter-class>filter.EncodingFilter</filter-class>
    <init-param>
        <param-name>encoding</param-name>
        <param-value>UTF-8</param-value>
    </init-param>
</filter>
<filter-mapping>
    <filter-name>encode</filter-name>
    <url-pattern>/*</url-pattern>
</filter-mapping>
```

```
<filter>
    <filter-name>login</filter-name>
    <filter-class>filter.LoginFilter</filter-class>
</filter>
<filter-mapping>
    <filter-name>login</filter-name>
    <url-pattern>/getcart.do</url-pattern>
    <url-pattern>/getorder.do</url-pattern>
</filter-mapping>
```

LoginFilter 和 EncodingFilter 两个过滤器形成串联，满足条件的请求将依次执行过滤器。例如，查看购物车的访问 getcart.do，将先经过 EncodingFilter 过滤器对请求和响应的中文编码进行设置，再经过 LoginFilter 过滤器检查是否已存在用户认证信息。如果未登录，就在浏览器地址栏内输入 getcart.do 请求，然后强制跳转至登录页面；如果已登录，则进入查看购物车页面，且购物车页面已对中文响应进行正确编码。运行过程可参见教材配套资源中的源代码。

9.1.5 在过滤器中包装请求

在 Filter 中可以对得到的请求和响应进行再包装。但是因为 request 和 response 对象都由 Web 容器直接管理，无法直接重写 HttpServletRequest 和 HttpServletResponse 类中的方法，所以为两个对象赋予更多的功能（增强），需要使用包装（Wrapper）模式，也称为装饰器（Decorator）模式。

包装模式以对客户端透明的方式扩展对象的功能，是继承重写的一个替代方案。在不改变类的源代码及原有继承关系的情况下，动态地扩展对象的功能。

Servlet API 中提供了一个 request 对象的包装模式的实现类 HttpServletRequestWrapper，它实现了 HttpServletRequest 接口中的所有方法，这些方法的内部实现都是调用了被包装的 request 对象的对应方法。这样，对 request 对象进行增强时只需要重写需要增强的方法。

对 request 对象进行增强的包装模式的编程方法如下。

1）创建一个类，继承包装实现类 HttpServletRequestWrapper。

2）定义一个构造方法，以增强对象 request 为参数，在创建包装对象时接收原始的 request 对象。

3）重写需要增强的方法，编写 request 的增强功能。

【例 9-4】 使用过滤器解决 Web 组件的中文乱码问题——2.0 版。

在例 9-2 的中文乱码解决方案中，只对 post 方式提交的请求进行了处理，下面编写一个更通用的过滤器，对 get 和 post 方式的请求均进行编码处理。

如 2.3 节所述，get 方式提交的请求需要在获取参数之后进行二进制流的再编码，例如，Tomcat 默认使用 ISO8859-1 对 get 方式的请求参数进行编码，那么对参数先用 ISO8859-1 获取它的二进制流，然后按照新的编码将二进制流进行重组，代码如下。

```
String code = request.getParameter("code");
byte[] bs = code.getBytes("ISO8859-1");
code = new String(bs,"UTF-8");
```

以上转换编码的过程在获取参数 request.getParameter()方法的调用之后，下面用包装模式对 request 对象 getParameter()方法功能进行增强，使其发现请求方式为 get 时，立刻对字符进行转码处理。这样 getParameter()方法的返回值永远都是按照 Web 应用的配置进行编码后的结果，彻底解决了各种请求方式下的乱码问题。

过滤器 CharacterEncodingFilter 的代码与之前相似，但是，在 chain.doFilter() 调用前先进行 request 的增强调用，将增强后的 request 对象向下传递，代码如程序清单 9-6 所示。

程序清单 9-6　解决 get 和 post 方式的通用中文乱码过滤器

```java
public class CharacterEncodingFilter implements Filter {
    private String encoding;
    public void doFilter(ServletRequest req, ServletResponse res,
        FilterChain chain)    throws IOException, ServletException {
            req.setCharacterEncoding(encoding);    //post 方式有效
            res.setContentType("text/html;charset=UTF-8");
            HttpServletRequest request = (HttpServletRequest)req;
            //获取增强后的 request 对象
            MyCharacterEncodingRequest requestWrapper =
                            new MyCharacterEncodingRequest(request);
            //传递增强后的 request 对象 requestWrapper
            chain.doFilter(requestWrapper, res);
    }
    public void init(FilterConfig config) throws ServletException {
        encoding = config.getInitParameter("encoding");
    }
    public void destroy() {
    }
}
```

因为 HttpServletRequestWrapper 类实现了 HttpServletRequest 接口中的所有方法，所以使用 HttpServletRequest 中的某些方法时，可直接通过"super.方法()"调用即可，例如，用 super.getMethod() 获取请求方式。包装类代码如程序清单 9-7 所示。

程序清单 9-7　get 中文编码处理的 request 增强类

```java
class MyCharacterEncodingRequest extends HttpServletRequestWrapper {
    //构造方法：request 为被增强对象
    public MyCharacterEncodingRequest(HttpServletRequest request) {
        super(request);
    }
    //覆盖需要增强的 getParameter()方法
    public String getParameter(String name) {
        try {
            String value = super.getParameter(name);
            if (value == null) {
                return null;
            }
            //如果不是以 get 方式提交，直接返回参数的取值
            if (!super.getMethod().equalsIgnoreCase("get")) {
                return value;
            } else { //如果是以 get 方式提交，对获得的参数取值进行转码处理
                String encoding = super.getCharacterEncoding();
                value = new String(value.getBytes("ISO8859-1"), encoding);
                return value;
            }
        } catch (Exception e) {
```

```
                    throw new RuntimeException(e);
            }
        }
    }
```

重写 getParameter()方法时，如果请求方式为 get，则对参数取值进行转码处理。调用包装类之前，过滤器中已经进行了 request 对象的编码设置 req.setCharacterEncoding(encoding)，在转换字符串编码 new String(value.getBytes ("2SD8859-1"),encoding)时读取使用。

Tips: getBytes()方法的参数为 Tomcat 的编码格式，如果在 Tomcat 的 server.xml 中使用 URIEncoding 另行指定了编码，则要按实际编码提取二进制流。

将注册表单的提交方式修改为"get"，未出现乱码，如图 9-6 所示。

图 9-6　编码过滤器正确处理 get 方式的乱码问题

过滤器执行的过程如图 9-7 所示。

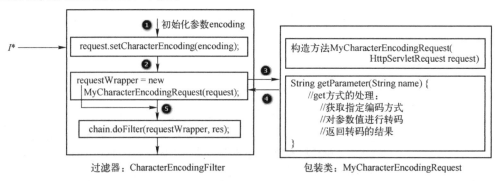

图 9-7　通用编码过滤器的执行过程

【例 9-5】　使用过滤器处理敏感词。

为了维护良好的网络秩序，几乎所有的网站都要设置敏感词过滤。敏感词通常包括政治相关的事和人、迷信邪教、黄赌毒、枪支弹药类、骂人讽刺类、非法信息等。敏感词过滤有很多方法，例如，特征库、语义分析、机器学习等方法。

下面以发布评论为例，假设已存在敏感词词库，通过过滤器完成敏感词的处理。

文本文件 words.txt 用于保存敏感词，每次词汇用数字 1 和 2 分别标识等级，1 为禁用词，2 为替换词。词汇与数字之间用逗号分隔，每个词汇占一行。在过滤器的 init()方法中完成词库的读取，将两类词汇分别存储在两个集合中。

填写评论后，在评论内容到达相应的 Servlet 程序前，先由过滤器拦截进行内容的过滤，如果包含禁用词汇则直接返回禁止发布的消息；如果包含不文明的词则对其进行替换，再向 Servlet 传递；如果不包含以上敏感词汇则将请求直接传递给 Servlet。

doFilter()方法完成评论内容的检查，搜索的过程通过正则表达式完成，如果发现禁用词，则禁发评论，跳转至提示页面 forbidden.jsp；否则与例 9-4 相似，利用 request 的包装类 HttpServletRequestWrapper 对 getParameter()方法进行重写，如果发现评论中包含替换词，则替换为星号"***"；处理完毕后再向下传递请求。过滤器的代码如程序清单 9-8 所示。

程序清单 9-8　敏感词处理过滤器

```java
package filter;

import java.io.BufferedReader;
import java.io.InputStream;
import java.io.InputStreamReader;
import java.util.regex.Matcher;
import java.util.regex.Pattern;
import javax.servlet.Filter;
import javax.servlet.FilterChain;
import javax.servlet.FilterConfig;
import javax.servlet.ServletRequest;
import javax.servlet.ServletResponse;
import javax.servlet.http.HttpServletRequest;
import javax.servlet.http.HttpServletRequestWrapper;
…
public class SensitiveWordsFilter implements Filter {
    // 定义不同级别的敏感词的集合
    private List<String> stopWords = new ArrayList<String>();
    private List<String> replaceWords = new ArrayList<String>();
    // 在初始化方法中导入词库
    public void init(FilterConfig filterConfig) throws ServletException {
        try {
            InputStream in = SensitiveWordsFilter.class.getClassLoader().
                             getResourceAsStream("words.txt");
            BufferedReader br = new BufferedReader(new InputStreamReader(in));
            // 逐行读取文件
            String line;
            while ((line = br.readLine()) != null) {
                String[] parts = line.split(",");
                if (parts != null && parts.length == 2){
                    if (parts[1].equals("1")) {   //禁用词库
                        stopWords.add(parts[0]);
                    } else if (parts[1].equals("2")) {   //替换词库
                        replaceWords.add(parts[0]);
                    }
                }
            }
        } catch (Exception e) {
            throw new ExceptionInInitializerError(e);
        }
    }
    public void doFilter(ServletRequest req, ServletResponse res,
                    FilterChain chain)    throws IOException, ServletException {
        //对"data"参数进行过滤
        String data = ((HttpServletRequest)req).getParameter("data");
        // 检查评论是否包含禁用词
```

```
        if(data!=null){
            for (String word : stopWords) {
                // 将查询目标编译为正则表达式，返回表达式对象
                Pattern pattern = Pattern.compile(word);
                // 用正则对象去匹配提交的数据
                Matcher matcher = pattern.matcher(data);
                // 通过匹配器的 find()方法查找
                if (matcher.find()) {
                req.setAttribute("message", "评论中包含非法词汇，禁止发表！");
                req.getRequestDispatcher("/forbidden.jsp").forward(req, res);
                return;
                }
            }//for
        }
        // 使用包装类处理替换词，重写 getParameter()方法
        WordsRequest wordrequest =
                    new WordsRequest((HttpServletRequest) req,replaceWords);
        chain.doFilter(wordrequest, res);
    }
    public void destroy() {
    }
}
```

重写 request 的 getParameter()的包装类，代码如程序清单 9-9 所示。在 getParameter()中需要使用替换题库，所以将词库与 request 一并作为构造方法的参数。

程序清单 9-9　替换敏感词的 request 增强类

```
class WordsRequest extends HttpServletRequestWrapper {
    private List<String> replaceWords;
    public WordsRequest(HttpServletRequest request,List<String> replaceWords) {
        super(request);
        this.replaceWords = replaceWords;
    }
    public String getParameter(String name) {
        String value = super.getParameter(name);
        for (String word : replaceWords) {
            // 替换 value 中所有需要替换的词
            value = value.replaceAll(word, "***");
        }
        return value;
    }
}
```

假设将过滤器配置给 Web 组件 comment.do，访问时对 data 参数进行过滤，如果访问时出现禁用词，过滤效果如图 9-8 所示。如果出现替代词，过滤效果如图 9-9 所示。

图 9-8　禁用词过滤效果　　　　　　　　　　　　　　　　图 9-9　替代词过滤效果

178

9.1.6　在过滤器中包装响应

Servlet API 为 response 对象提供的包装模式的实现类为 HttpServletResponseWrapper，它实现了 HttpServletRsponse 接口中的所有方法，对 response 对象进行增强时只需重写涉及的方法。

下面通过页面缓存功能演示在过滤器中对响应进行包装的应用。

【例 9-6】　页面缓存的实现。

在网站中会有一些内容比较固定、很少更新的页面，例如，购物网站中的商品分类等。商品分类的数据来源于数据库，分类之间按照一对多的关系组织在数据表中。如果每次访问都需要从数据库查询获取分类信息，再按关系进行展示，显然会浪费系统资源，降低响应速度。因此，此类页面的生成结果可以用缓存的方式完整地保存起来，存储在内存或者文件中，从而减轻数据库的访问压力，提高系统的响应速度。

页面的内容由 response 响应对象产生，response.getWriter() 获取字符输出流对象，response.getOutputStream() 获取字节输出流对象，response 使用这两个对象实现向客户端返回字符数据或者二进制数据。

页面缓存要修改输出流的去向，不是输出给客户端，而是输出到自定义的缓存区域，因此，需要对 response 的两个输出对象进行重写，并利用 HttpServletResponseWrapper 包装类完成。

设过滤器使用 Map<String uri, byte[] buff> 中保存缓存数据，String 是客户端请求的 URI 地址，byte[] 是缓存数据。每次访问某个 URI 时，过滤器对 Map 进行查询，如果 Map 中未出现该 URI，则创建 HttpServletResponseWrapper 包装类对象（myResponse），并向下传递，使响应结果写入自定义的缓冲区，而不是写给系统的 ServletOutputStream 对象；chain.doFilter() 返回后，将封装在 myResponse 对象中的页面数据保存至 Map，建立缓存；如果某个被访问 URI 在 Map 中已经存在，则直接从 Map 中取出已缓存数据返回给客户端，请求结束。

创建 ResponseToBuffer 类继承 HttpServletResponseWrapper，需要重写的两个输出流分别为 ByteArrayOutputStream 和 PrintWriter。ByteArrayOutputStream 字节数组输出流会在内存中创建一个字节数组做缓冲区，所有发送到输出流的数据保存在该数组中，用于存储客户端发回的响应数据。PrintWriter 字符流对 ByteArrayOutputStream 对象进行包装，并按照响应编码指定字符的编码格式。

需要注意的是，ResponseToBuffer 类需要重写的 getOutputStream() 方法的返回值类型为 ServletOutputStream，客户端的响应数据默认会发送给该类型的对象。因此，自定义一个自己的 ServletOutputStream 类，对 ByteArrayOutputStream 对象进行包装，并重写 write() 方法，利用 ByteArrayOutputStream 对象将数据写入缓冲区，代码如程序清单 9-10 所示。

程序清单 9-10　自定义 ServletOutputStream 类

```java
class MyServletOutputStream extends ServletOutputStream{
    private ByteArrayOutputStream bout;
    public MyServletOutputStream(ByteArrayOutputStream bout){   //包装
        this.bout = bout;
    }
    public void write(int b) throws IOException {
        bout.write(b);   //数据写出至 bout 对象的缓冲区
    }
    public boolean isReady() {
        return false;
```

```
        }
        public void setWriteListener(WriteListener arg0) {
        }
    }
```

ResponseToBuffer 类的代码如程序清单 9-11 所示。

程序清单 9-11　输出数据至缓冲区的 response 增强类

```
class ResponseToBuffer extends HttpServletResponseWrapper{
    private ByteArrayOutputStream bout = new ByteArrayOutputStream();
    private PrintWriter pw;
    public ResponseToBuffer(HttpServletResponse response) {
        super(response);
    }
    public ServletOutputStream getOutputStream() throws IOException {
        //返回包装后的 ServletOutputStream 对象，数据会写入 bout 对象缓冲区
        return new MyServletOutputStream(bout);
    }
    public PrintWriter getWriter() throws IOException {
        //将 bout 字节流按 response 的编码包装为字符流
        pw = new PrintWriter(new OutputStreamWriter(bout,
                                    super.getCharacterEncoding()));
        return pw;
    }
    public byte[] getBuffer(){
        try{
            pw.flush();        //输出缓冲区的数据
            return bout.toByteArray();    //返回缓冲区的数据
        }catch (Exception e) {
            throw new RuntimeException(e);
        }finally{
            if(pw!=null) { pw.close();}
            if(bout!=null) {try {bout.close();} catch(IOException e) {}}
        }
    }
}
```

其中，getBuffer()方法返回 bout 对象缓冲区中保存的数据。为了使数据全部进入 bout 对象的缓冲区，先执行 pw.flush()，将内存中还未输出的数据强制输出。

ResponseToBuffer 类定义好之后，即可使用过滤器，将包装后的响应对象向下传递，代码如程序清单 9-12 所示。

程序清单 9-12　缓存过滤器

```
public class CacheFilter implements Filter {
    //缓存对应的 Map 容器<uri:缓存数据>
    private Map<String,byte[]> map = new HashMap<String,byte[]>();
    public void init(FilterConfig filterConfig) throws ServletException {
    }
    public void doFilter(ServletRequest req, ServletResponse res,
            FilterChain chain) throws IOException, ServletException {
        HttpServletRequest request = (HttpServletRequest) req;
```

```
            HttpServletResponse response = (HttpServletResponse) res;
            //1.获取用户请求的 URI 地址，例如，目录文件 URI:/chap9/main/category.jsp
            String uri = request.getRequestURI();
            //2.查看缓存中是否存在 URI 对应的数据
            byte buffer[] = map.get(uri);
            //3.如果缓存中有数据，直接将缓存的页面发送给客户端，程序返回
            if(buffer!=null){
                response.getOutputStream().write(buffer);      //缓存数据
                return;
            }
            //4.如果没有缓存，执行目标资源，并捕获目标资源的输出至缓冲区
            ResponseToBuffer myResponse = new ResponseToBuffer(response);
            chain.doFilter(request, myResponse);      // 传递包装后的响应对象
            //5.从目标资源返回后，获取缓冲区的数据
            byte out[] = myResponse.getBuffer();
            //6.将数据以请求的 URI 为关键字保存到 map
            map.put(uri, out);
            //7.向客户端输出响应结果（无缓存的原始页面）
            response.getOutputStream().write(out);
        }
        public void destroy() {
        }
    }
```

3 个类之间的关系如图 9-10 所示。

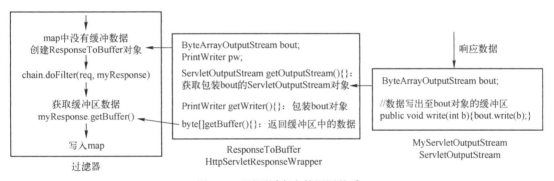

图 9-10　页面缓存中的调用关系

过滤器设计完毕后，在 web.xml 中将其配置给需要缓存的页面，例如，商品的分类目录页面 /main/category.jsp，则页面只在首次被访问时连接数据库生成页面代码，代码如下。

```
<filter>
    <filter-name>CacheFilter</filter-name>
    <filter-class>filter.CacheFilter</filter-class>
</filter>
<filter-mapping>
    <filter-name>CacheFilter</filter-name>
    <url-pattern>/main/category.jsp</url-pattern>
</filter-mapping>
```

9.2　监听器

监听器是在 Servlet 2.3 规范中和过滤器一起引入的功能，是 Web 应用程序事件模拟模型的一

部分，当 Web 应用中的某些状态发生改变时，Servlet 容器就会产生相应的事件。

9.2.1 监听器的定义

监听器是用来监听 Servlet 容器产生的事件并进行相应的处理。容器产生的事件分为两类，一类是与生命周期相关的事件，另一类是与绑定数据（属性变量）相关的事件，它们分别有 6 个接口标识，如图 9-11 所示。

图 9-11　监听器类型

这些监听器基本上涵盖了整个 Servlet 生命周期中可能会发生的各种事件。与生命周期中的事件相关的监听器如表 9-1 所示。

表 9-1　生命周期相关事件

监听器接口	事 件 方 法	描　　　述
ServletContextListener	contextInitialized(ServletContextEvent sce)	创建 ServletContext 对象时触发
	contextDestoryed(ServletContextEvent sce)	销毁 ServletContext 对象时触发
HttpSessionListener	sessionCreated(HttpSessionEvent se)	创建 HttpSession 对象时触发
	sessionDestoryed(HttpSessionEvent se)	销毁 HttpSession 对象时触发
ServletRequestListener	requestInitialized(ServletRequestEvent sre)	创建 ServletRequest 对象时触发
	requestDestoryed(ServletRequestEvent sre)	销毁 ServletRequest 对象时触发

通过前面的学习，已经知道当 Web 容器启动时创建 ServletContext 对象，Web 容器关闭时销毁 ServletContext 对象，只要 Web 容器不关闭，Web 应用未被卸载删除，ServletContext 对象就一直都在。

当访问 JSP 文件或者在 Servlet 中获取 session 对象时，session 被创建；当调用 session.invalidate() 方法或者 session 的会话时间到时，销毁 session 对象。

在 service() 方法被调用前，request 对象被创建；当 service() 方法调用结束，request 对象销毁。这些时间点分别对应上述事件，可以被监听器监听到。

Tips: 能够获取 ServletContext 对象的方法有 4 种：通过 GenericServlet 提供的 getServletContext() 方法；通过 ServletConfig 提供的 getServletContext() 方法；通过 HttpSession 提供的 getServletContext() 方法；通过 FilterConfig 提供的 getServletContext() 方法。

与绑定数据相关的事件如表 9-2 所示。

表 9-2　绑定数据相关事件

监听器接口	事件方法	描　述
ServletContextAttributeListener	attributeAdded(ServletContextAttributeEvent scae)	添加属性时触发
	attributeRemoved(ServletContextAttributeEvent scae)	删除属性时触发
	attributeReplaced(ServletContextAttributeEvent scae)	修改属性时触发
HttpSessionAttributeListener	attributeAdded(HttpSessionBindingEvent hsbe)	添加属性时触发
	attributeRemoved(HttpSessionBindingEvent hsbe)	删除属性时触发
	attributeReplaced(HttpSessionBindingEvent hsbe)	修改属性时触发
ServletRequestAttributeListener	attributeAdded(ServletRequestAttributetEvent srae)	添加属性时触发
	attributeRemoved(ServletRequestAttributetEvent srae)	删除属性时触发
	attributeReplaced (ServletRequestAttributetEvent srae)	修改属性时触发

当在 ServletContext（application）、session、request 对象中添加、删除和修改属性变量时，这些事件被触发，即在调用 setAttribute()、removeAttribute() 时发生。

9.2.2　创建和配置监听器

监听器的创建分为以下 3 步。

1）编写一个 Java 类，依据监听的事件类型实现相应的监听器接口。

2）在监听器接口方法中，实现相应的监听处理逻辑。

3）在 web.xml 中注册监听器。

【例 9-7】　利用监听器统计在线人数。

影响"在线"人数的因素是有新的客户端开启了会话，或者已有客户端关闭了会话，因此对 session 对象的事件进行监测，在会话创建时（sessionCreated()），在线人数加 1；在会话被销毁时（sessionDestoryed()），在线人数减 1。

因为人数统计针对整个 Web 应用，所以在线人数存储在 ServletContext 对象中，代码如程序清单 9-13 所示。

程序清单 9-13　统计在线人数监听器

```
public class CountListener implements HttpSessionListener {
    private int count = 0;    /*在线人数*/
    //创建 session 事件
    public void sessionCreated(HttpSessionEvent se) {
        //在线人数加 1
        count++;
        //从事件对象获取 session
        HttpSession session = se.getSession();
        //从 session 获取 ServletContext
        ServletContext context = session.getServletContext();
        //保存在线人数
        context.setAttribute("count", count);
    }
    //销毁 session 事件
    public void sessionDestroyed(HttpSessionEvent se) {
        count--;
```

```
                HttpSession session = se.getSession();
                ServletContext context = session.getServletContext();
                context.setAttribute("count", count);
            }
        }
```

在 web.xml 中配置监听器，代码如下。

```
    <listener>
        <listener-class>listener.CountListener</listener-class>
    </listener>
```

在 index.jsp 页面中输出在线人数，代码如下。

当前共有<%=application.getAttribute("count").toString()%>人在线

打开浏览器，访问 index.jsp 页面。因为一个浏览器中 SessionID 相同，只有一个会话，所以打开几个浏览器分别访问。因为 SessionID 作为 Cookie 默认保存在内存中，关闭浏览器后 Cookie 消失，再次打开浏览器时服务器找不到原有 SessionID，即销毁原 session 对象、开启新的会话，所以可以看到在线的人数随新浏览器的打开增加，随浏览器的关闭减少。

掌握监听器的使用方法，能够使程序设计得更加灵活。

9.3 思维导图

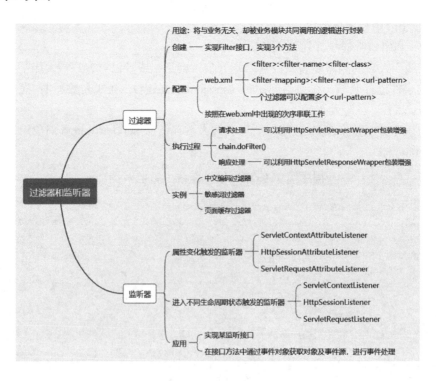

9.4 习题

1. 选择题

1）关于过滤器，下面说法正确的是（   ）。

A. 过滤器负责过滤的 Web 组件只能是 Servlet

B. 过滤器能够在 Web 组件被调用前检查 ServletRequest 对象，修改请求头和请求正文的内容，或者对请求进行预处理

C. 所有自定义的过滤器类都需要实现 javax.servlet.Filter 接口

D. 在 web.xml 中，可以为一个过滤器配置多组 Web 组件

2）关于过滤器的生命周期，下面说法正确的是（　　　）。

A. 当请求访问的 URL 与过滤器配置的<url-pattern>匹配时，Servlet 容器将创建过滤器对象，再依次调用 init()、doFilter()、destroy()方法

B. 当请求访问的 URL 与过滤器配置的<url-pattern>匹配时，Servlet 容器将调用 doFilter()方法

C. 当 Web 应用启动时，Servlet 容器将初始化所有的过滤器

D. 当 Web 应用停止时，Servlet 容器将调用 destory()方法，再销毁过滤器对象

3）Filter 接口的 doFilter()方法的两个参数的类型是（　　　）。

A. ServletRequest

B. ServletResponse

C. HttpServletRequest

D. HttpServletResponse

4）下面的 DemoFilter 为 TestServlet 提供过滤，其中，DemoFilter 的 doFilter()代码如下：

```
public void doFilter(ServletRequest req, ServletResponse res,
              FilterChain chain)    throws IOException, ServletException {
    System.out.print("1 ");
    chain.doFilter(req, res);
    System.out.print("2 ");
}
```

TestServlet 的 service()代码如下：

```
protected void service(HttpServletRequest req,
        HttpServletResponse res) throws ServletException, IOException {
    System.out.print("11 ");
    PrintWriter out = res.getWriter();
    out.print("22 ");
    System.out.print("33 ");
}
```

当客户端请求 TestServlet 时，在 Tomcat 的控制台得到的结果是（　　　）。

A. 1 2 11 33

B. 1 11 33 2

C. 1 11 22 33 2

D. 1 2 11 22 33

5）能够将过滤器 DemoFilter 配置给 index.jsp 的<url-pattern>的是（　　　）。

A. <url-pattern>/index.jsp</url-pattern>

B. <url-pattern>*.jsp</url-pattern>

C. <url-pattern>/*</url-pattern>

D. <url-pattern>index.jsp</url-pattern>

6）能够获取 ServletContext 对象的方式包括（　　）。

  A．通过 GenericServlet 提供的 getServletContext()方法

  B．通过 ServletConfig 提供的 getServletContext()方法

  C．通过 HttpSession 提供的 getServletContext()方法

  D．通过 FilterConfig 提供的 getServletContext()方法

7）关于监听器，下面说法正确的是（　　）。

  A．启动 Web 应用会触发 ServletContextAttributeListener 工作

  B．关闭 Web 引用会触发 ServletContextListener 工作

  C．执行 session.invalidate()会触发 HttpSessionListener 工作

  D．service()方法执行完毕会触发 ServletRequestListener 工作

2．编程题

1）利用过滤器编写一个防盗链功能。

盗链的意思是有的网站通过技术手段将其他网站的链接（例如，一些音乐、图片、软件的下载地址）放置在自己的网站中，通过这种方法盗取其他网站的空间和流量。防盗链就是防止其他网站通过超链接直接访问本站资源。

编写一个过滤器对本站的资源地址进行监控，当有访问到达时，利用 request 对象的 getHeader()方法获取请求头"referer"，它标识了一个非静态请求是从哪里链接过来的。将这个地址与发出请求的服务器地址进行比较，如果非本站地址，则转向出错页面。

提示：如果请求不是由链接触发产生，则 referer 取值为 null；如果是静态资源的请求，referer 取值也为会为 null。

2）在文件中存储一份 IP 地址的黑名单，设计过滤器禁止这些地址的访问请求。

3）编写一个监听器，记录用户登录和退出的信息，包括用户名和登录退出时间，信息保存在文件中。

第10章 Maven 与 Maven 项目

技术发展之路有一个趋势就是避免重复造轮子，当面对一次次不同的需求，在原有代码结构的基础上进行重复性修改时，那么就一定会有"框架"技术应运而生，减少重复、提高开发效率是编程世界中亘古不变的追求。在学习了 Java Web 开发的基础知识后，也要向框架技术前进了，走向 Web 开发的春天——Spring 技术。Spring 框架非常强大，在升级到框架技术之前，需要先将编程工具进行升级，引入 Maven 进行项目管理。

10.1 Maven 基础知识

Maven 是 Apache 组织的开源项目，进行跨平台的项目管理，通常被翻译为"专家"或者"内行"，它可以进行项目的构建和依赖管理。

10.1.1 Maven 的定义

几乎所有 Java 项目都会借用到第三方的开源类库,因此需要在项目中引入这些类库对应的 jar 包，正如之前我们在 WEB-INF/lib 下加入数据库驱动、数据库连接池的 jar 文件操作。但是，随着项目规模的扩大，手工引入的各种 jar 包之间会出现版本错误和版本冲突问题，人工排查解决会耗费程序员大量的时间和精力；而且从各个不同的官网寻找 jar 包也是一种工作量。将项目对第三方库的需求称为"依赖"，Maven 建立了"坐标"系统，规范地实现了 Java 编程世界中的依赖管理。

Maven 另一个强大的功能是进行项目的构建，还没有进入实战的学习者可能还体会不到构建的过程。事实上，在工业化的软件开发流水线上，每天专业的程序员都在做这些事情：编写源代码、编译、运行单元测试、生成文档、打包、部署到 Web 容器、启动容器运行，寻找 bug、修改源代码……，从代码的编译到部署就是项目构建的过程。程序员每次编写完代码后，手工完成构建的各个环节成本仍然很高，因此构建工具应运而生。构建工具抽象了构建过程，通过一条简单的命令构建即自动完成。Maven 就是构建工具家族中的佼佼者。

总之，应用 Maven 可以很好地解决 Java 编程中的项目构建及依赖管理问题，Maven 遵循的开发规范也有利于提高开发效率，降低维护成本。

10.1.2 Maven 的安装和配置

Maven 是使用 Java 开发的软件，所以它的运行需要 JRE 的支持，安装 Maven 前要确认已经安装了 Java 运行环境。

Maven 的官网地址为 http://maven.apache.org/，下载区包含了各版本的 Maven 下载文件。Maven 官方建议使用最新版本的软件以利用其最新功能和错误修复，例如，本书编写时 3.6.3 为最新版本，那么下载 apache-Maven-3.6.3-bin.zip 安装包即可；如果对 Maven 的源码感兴趣还可以下载包含源代码的 apache-Maven-3.6.3-src.zip 安装包。

下载完毕后将压缩文件解压至指定磁盘目录，并在操作系统的环境变量中进行配置。假设

Maven 解压至 D:\ apache-Maven-3.6.3，新建环境变量 M2_HOME 保存该路径，并在环境变量 path 中增加%M2_HOME%bin。bin 目录下包含了 mvn 命令，Windows 命令行会按此路径找到对应文件。

完成配置后重启命令行窗口，输入"mvn -v"进行测试，出现如图 10-1 所示的界面，则表示配置成功。在 10.2.3 节将展示如何应用 mvn 命令构建项目。

图 10-1　Maven 路径配置成功

10.1.3　Eclipse 中的 Maven 配置

在 Eclipse 中使用 Maven 需要 m2eclipse 插件，可以选择"help"→"Installation Details"命令，查看是否已存在"m2e - Maven Integration for Eclipse"。如果尚未安装该插件，则在 eclipse 中选择"help"→"Install New Software"命令进行安装。m2eclipse 插件的访问地址可查看官网，以其公布的地址为准。

安装 m2eclipse 插件后，对安装的 Maven 工具进行配置。选择"Window"→"Preferences"命令，打开"Preferences"对话框选择"Maven"→"Installations"选项，Maven 默认使用第一个选项"EMBEDDED"，还可单击"Add"按钮来指定已安装的 Maven 位置，指定后返回并选中该位置选项，如图 10-2 所示。

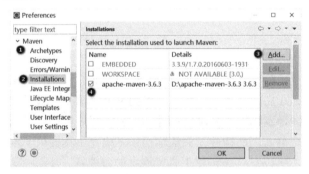

图 10-2　指定已安装的 Maven

10.1.4　建立 Maven 项目

引入 Maven 进行项目管理，需要建立 Maven 项目，方法如下。

1）选择"New"→"Project"命令，在弹出的"New Project"窗口中选择"Maven Project"选项，如图 10-3 所示。单击"Next"按钮，进入"New Maven Project"窗口，如图 10-4 所示。

2）按向导完成项目创建。

创建 Maven 项目，需要确定一个"archetype"（原型，也常译为骨架），通常在"New Maven Project"窗口中选中"Create a simple project(skip archetype selection)"选项，即跳过选择，如图 10-4 所示。

如果不选中该选项，则会进入如图 10-5 所示的窗口，需要进行 archetype 的选择。选择

"maven-archetype-webapp"会创建一个 Java Web 的 Maven 项目，选择"maven-archetype-quickstart"会创建 Java Maven 项目。

图 10-3　创建 Maven 项目

图 10-4　Maven 项目创建第一步

图 10-5　选择 archetype 类型

无论以哪种方式确定 archetype 类型，都会进入如图 10-6 所示的窗口，为创建的项目指定"Group Id""Artifact Id""Version""Packaging"等，这些体现了 Maven 的坐标管理思想。

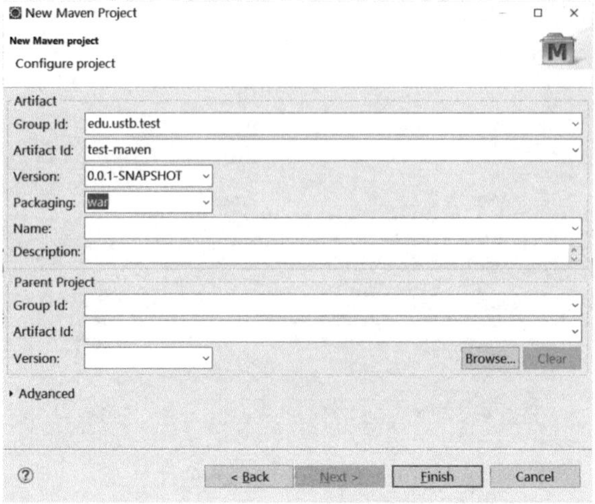

图 10-6　指定 Maven 项目的坐标信息

Java 世界中有太多的第三方库资源，对应 jar 或者 war 文件，可称其为"构件"。为了让它们在 Maven 系统中具备唯一标识，Maven 使用了"坐标"思想，赋予每个构件一个坐标，用户通过坐标告诉 Maven 要引入哪个构件。而在开发 Maven 项目时，Maven 也强制要求为其定义适当的坐标，以便于之后利用这个坐标去引用该项目生成的构件。

Maven 坐标通过"Group Id""Artifact Id"等来定义。Group Id 定义 Maven 项目隶属于的实际项目，即正在建立的项目是 Group Id 指定项目的一个子项目，Group Id 通常按照反向域名的形式从大到小定义，例如，"org.springframework"指定实际项目（此处为 Spring 框架）。

Artifact Id 元素定义当前 Maven 项目的名字，这个名字建议使用实际项目名（Group Id 最后一部分）做前缀。因为 Maven 生成构件时会以 Artifact Id 开头，加上 Group Id 的实际项目名会便于今后的引用查找。

例如，"SpringFramework"对应很多子模块，如 spring-aop、spring-core、spring-webmvc 等，如图 10-7 所示。这些子模块以"spring"为前缀，在引入构件时只在文本框中输入"spring"它们就会被匹配出来，更加便于选择。

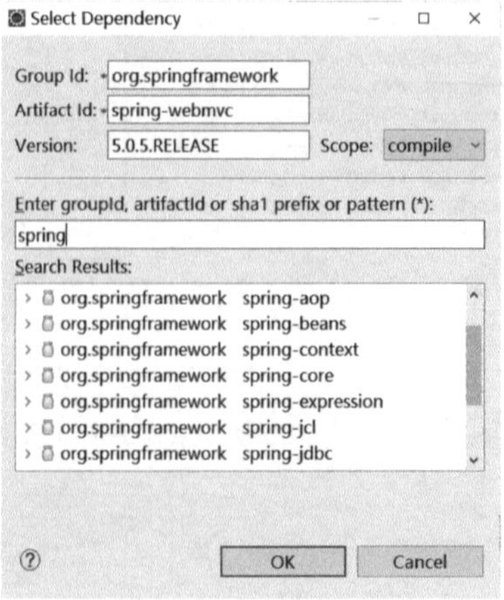

图 10-7　spring 框架的坐标名示例

提示：如果只是学习到这个阶段，大家不要尝试"Select Dependency"这个操作，因为还未建立 Maven 仓库，spring 框架基于的这些构件尚不存在。

"Version"指定项目当前的版本。"SNAPSHOT"的意思为快照，表示该项目还处于开发中，是不稳定版本。随着项目的开发进程，Version 会不断更新，1.0、1.1- SNAPSHOT、1.1、2.0 等，"Version"在 Maven 管理项目版本中使用。

"Packaging"定义 Maven 项目的打包方式。Packaging 类型为 jar 时最终 Maven 创建的构件为.jar 文件；类型为 war 时最终创建的构件为.war 文件。

单击图 10-6 中的"Finish"按钮完成 Maven 项目的创建，项目中默认会带有错误，这是因为在"webapp"文件夹下缺少"WEB-INF"文件夹，无法进行 Web 项目的配置。解决这个问题的最便捷途径是选中新建项目中的"Deployment Descriptor:test-Maven"选项并右击，在弹出的快捷菜单中选择"Generate Deployment Descriptor Stub"选项，生成残留，如图 10-8 所示。

图 10-8　向 Maven 项目中添加 WEB-INF 文件夹

添加前后的项目结构对比如图 10-9 所示。

图 10-9　纠正错误后的项目结构

至此，一个最常用的 Maven 项目创建完毕。这些信息记录在 pom.xml 文件中，pom.xml 是 Maven 项目的核心，POM（Project Object Model，项目对象模型）用于定义项目的基本信息，描述项目如何构建、声明项目依赖等。pom.xml 代码如下。

```
<project xmlns="http://Maven.apache.org/POM/4.0.0"
xmlns:xsi="http://www.w3.org/2001/XMLSchema-instance"
xsi:schemaLocation="http://Maven.apache.org/POM/4.0.0 http://Maven.apache.org/xsd/Maven-4.0.0.xsd">
    <modelVersion>4.0.0</modelVersion>
    <groupId>edu.ustb.test</groupId>
    <artifactId>test-Maven</artifactId>
    <version>0.0.1-SNAPSHOT</version>
    <packaging>war</packaging>
</project>
```

pom.xml 文件中的 groupId、artifactId、version、packaging 组成了项目的坐标。

10.1.5　设置 Maven 编译插件

初次配置 Maven 时，pom.xml 文件可能存在错误提示，最常见的是关于 Maven-compiler-plugin 插件的。如果 pom.xml 正常可以忽略下面的内容。

Maven 项目是通过 Maven-compiler-plugin 插件实现对 Java 代码编译的，如果不指定 JDK 版本，Maven-compiler-plugin 会自动使用一个默认的版本，这个版本可能与 IDE 的 JDK 版本不一致，这种情况会导致代码无法通过 Maven 的编译。

例如，Eclipse 使用 JDK 1.8，于是代码应用到了 JDK 1.8 的特性，而 Maven-compiler-plugin 默认的 JDK 版本为 1.5，此时编译将无法通过。解决这个问题的常用方法是在 pom.xml 的最外层标签<project>内添加关于 Maven-compiler-plugin 版本的声明。

```xml
<build>
    <plugins>
        <plugin>
            <groupId>org.apache.Maven.plugins</groupId>
            <artifactId>Maven-compiler-plugin</artifactId>
            <version>3.8.0</version>
            <configuration>
                <source>1.8</source>
                <target>1.8</target>
                <encoding>UTF-8</encoding>
            </configuration>
        </plugin>
    </plugins>
</build>
```

以上代码利用 Maven-compiler-plugin 的坐标将其引入，并在<configuration>标签内指定 JDK 版本为 1.8。插入该段代码后需要更新项目，步骤是：选中项目后右击，在弹出的快捷菜单中选择"Maven"→"Update Project"选项，如图 10-10 所示。

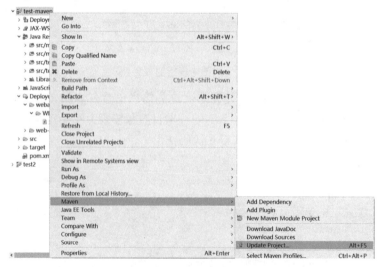

图 10-10　更新 Maven 项目

10.1.6 配置 Maven 仓库

Maven 安装目录结构如图 10-11 所示。bin 文件夹包含了 mvn 运行脚本；在 lib 文件夹下包含了所有 Maven 运行时需要的 Java 类库；conf 文件夹中包含了最重要的文件 settings.xml，通过该文件可以全局性地定制 Maven 行为。

那么 Maven 进行依赖管理时引入的构件来自于哪里呢？在给出坐标后，Maven 又从哪里寻找这些构件？

Maven 使用"仓库"存储构件。仓库分为本地仓库和中央（远程）仓库两类。当 Maven 根据坐标寻找构件时，首先查看本地仓库，如果存在则直接使用；如果本地仓库不存在此构件或者查看构件时发现需要更新版本，Maven 就会去中央仓库查找，找到构件后下载到本地仓库。

图 10-11　Maven 安装目录

中央仓库虽然包含了绝大部分开源的构件，但是，访问 Maven 的中央仓库速度是非常慢的，为了节省带宽和时间，国内通常使用阿里的镜像，下载速度会大幅提升。

另外，Maven 本地仓库的位置默认位于$\{user.home\}/.m2/repository 文件夹。"\{user.home\}"对应操作系统的"用户"文件夹，位于 C 盘（以"."开头的文件夹默认是隐藏的）。频繁访问和占用系统盘显然不当，所以本地仓库的位置也需要修改。

指定本地仓库位置和添加镜像的设置都由 settings.xml 文件完成。通常，不修改 conf 文件夹下的 settings.xml 文件，而是将其复制一份，放置在其他位置，然后在 Eclipse 中指定读取这个副本。这样做的好处是，settings.xml 的修改不会影响到系统内的其他用户，同时便于 Maven 的升级。

在复制后的 settings.xml 中增加如下代码指定本地仓库的位置：

```
<localRepository>D:\maven\repository</localRepository>
```

即事先建立好"D:\maven\repository"文件夹，未来下载的构件全部存储于本地的这个位置。

阿里的镜像配置添加在 settings.xml 文件的<mirrors>标签中，代码如下。

```
<mirrors>
  <mirror>
      <id>aliMaven</id>
      <name>aliyun Maven</name>
      <url>http://Maven.aliyun.com/nexus/content/groups/public/</url>
      <mirrorOf>central</mirrorOf>
  </mirror>
</mirrors>
```

其中，"<mirrorOf>central</mirrorOf>"指定由它替换中央仓库。

假设复制的 settings.xml 文件存储在"D:\maven"文件夹下，在 Eclipse 中更新配置文件（默认$\{user.home\}/.m2/repository 下的 settings.xml），如图 10-12 所示。选择"Window"→"Preferences"命令，在"Preferences"窗口中，选择"Maven"→"User Settings"选项，再单击"User Settings"文本框后的"Browse"按钮选择复制的 settings.xml 文件；然后单击"Update Settings"按钮更新配置，下方的"Local Repository"随之更新，最后单击"Apply"按钮应用更新。

配置结果可以在"Maven Repositories"选项卡即 Maven 仓库视图中查看。选择"Window"→"Show View"命令，在打开的窗口中选择"Maven Repositories"选项卡，在 settings.xml 中定义好本地仓库和远程仓库，如图 10-13 所示，本地仓库位于"D:\maven\repository"，中央仓库则转向阿里镜像。

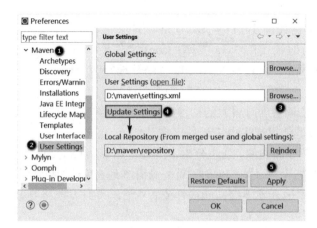

图 10-12　Eclipse 读取配置文件 settings.xml

图 10-13　配置好的 Maven 仓库

settings.xml 文件中需要修改的内容如程序清单 10-1 所示。

程序清单 10-1　Maven 配置文件 settings.xml

```
<!—修改 localRepository,Default: ${user.home}/.m2/repository -->
<localRepository>D:\maven\repository</localRepository>
<!—修改中央仓库镜像-->
</mirrors>
    <mirror>
        <id>aliMaven</id>
        <name>aliyun Maven</name>
        <url>http://Maven.aliyun.com/nexus/content/groups/public/</url>
        <mirrorOf>central</mirrorOf>
    </mirror>
</mirrors>
```

10.1.7　建立本地仓库

虽然所有的配置已完成，但是 Maven 仓库仍然空空如也，因为还没有任何依赖发生。项目中需要的构件在 pom.xml 中使用<dependencies>标签指定，给出构件的坐标信息：groupId、artifactId 和 version。例如，导入 Spring MVC 编程需要使用的构件。

```
<dependencies>
        <dependency>
            <groupId>org.springframework</groupId>
            < artifactId >spring-webmvc</artifactId>
```

```
        <version>3.2.18.RELEASE</version>
    </dependency>
<dependencies>
```

当首次将这些配置写入 pom.xml 并保存文件时，因为本地仓库中尚不存在该构件，所以 Maven
即自动按照镜像从远程仓库将构件对应的 jar 包下载到本地仓库。
而且 spring-webmvc 依赖于其他的构件，Maven 还会将它们一并下
载，如图 10-14 所示。

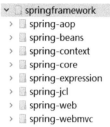

图 10-14　下载至本地仓库的构件

通过这样的过程，属于个人的本地仓库即可逐步建立起来。

那么，如何获悉要引入的构件的坐标信息呢？

这些信息可以通过 https://mvnrepository.com/ 进行查询。如
图 10-15 所示，输入关键字后单击"Search"按钮，则相关的构件
被列出。

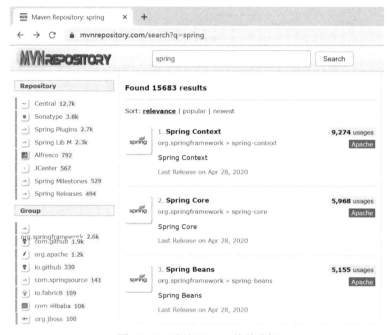

图 10-15　查询 Maven 构件坐标

找到需要的构件后，单击名称进入明细页，选择需要的版本后，即可看到构件的坐标信息，
如图 10-16 所示。

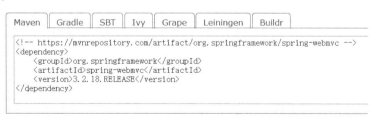

图 10-16　查询得到的 Maven 坐标信息

将信息复制至项目中的 pom.xml 文件即可。

一个 Maven 项目的 pom.xml 配置信息代码如程序清单 10-2 所示。

程序清单 10-2　　Maven 项目的配置文件 pom.xml

```xml
<project xmlns="http://maven.apache.org/POM/4.0.0"
         xmlns:xsi="http://www.w3.org/2001/XMLSchema-instance"
         xsi:schemaLocation="http://maven.apache.org/POM/4.0.0
                          http://maven.apache.org/xsd/maven-4.0.0.xsd">
    <!--1.项目基本信息 -->
    <modelVersion>4.0.0</modelVersion>
    <groupId>edu.ustb.test</groupId>
    <artifactId>test-Maven</artifactId>
    <version>0.0.1-SNAPSHOT</version>
    <packaging>war</packaging>

    <!--2.插件配置 -->
    <build>
        <plugins>
            <plugin>
                <groupId>org.apache.Maven.plugins</groupId>
                <artifactId>Maven-compiler-plugin</artifactId>
                <version>3.8.0</version>
                <configuration>
                    <source>1.8</source>
                    <target>1.8</target>
                    <encoding>UTF-8</encoding>
                </configuration>
            </plugin>
        </plugins>
    </build>

    <!--3.项目依赖 -->
    <dependencies>
        <dependency>
            <groupId>org.springframework</groupId>
            <artifactId>spring-webmvc</artifactId>
            <version>3.2.18.RELEASE</version>
        </dependency>
    </dependencies>
</project>
```

10.2　在 Maven 项目中编写代码

本节主要介绍如何在 Maven 项目中加入代码。

10.2.1　Maven 项目结构

Maven 项目的结构是固定的，如图 10-17 所示。在 Maven 项目中编写代码时需要按照项目结构将代码放置在指定位置，这样做是因为 Maven 要进行自动化的项目构建，以及自动编译、运行测试、打包和部署，那么它必须知道这些文件都源自哪里，去到哪里。有了这些约定，程序员不再需要手动参与，Maven 就可以自动执行。约定→配置→编码就是 Maven 项目的使用过程。

Eclipse 中展示 Maven 项目结构时分为上下两部分，上方相当于项目结构的一个视图，下方是项目在磁盘中的实际结构。

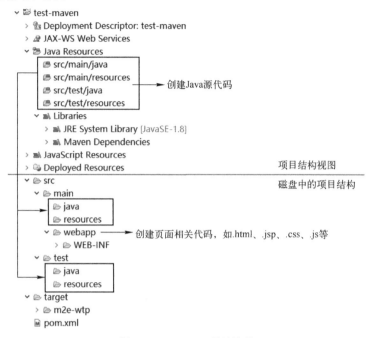

图 10-17　Maven 项目结构

编写代码时，通常在"Java Resources"文件夹下建立 package 来创建 Java 源代码，这些源代码在项目中具体存储在"src"文件夹下。如表 10-1 所示，"Java Resources"文件夹下，有"main"和"test"两个文件夹，分别对应运行的主代码和测试代码，项目构建时不会包含 test 文件夹下的测试代码。

表 10-1　Maven 项目代码存放位置约定

位　　置	文　件　夹	存　储　内　容	项目中的位置
Java 源代码 ↓ Java Resources	src/main/java	Java 主代码	src/main 存储主程序
	src/main/resources	框架或其他工具的配置文件	
	src/test/java	测试代码	src/test 存储测试程序
	src/test/resources	用于测试的配置文件	
Web 页面代码	src/main/webapp/WEB-INF	web.xml 配置文件等	src/main/webapp 存储 web 页面相关文件
	src/main/webapp/js (自建)	JavaScript 脚本文件	
	src/main/webapp/css (自建)	CSS 样式文件	
	src/main/webapp/images (自建)	图片	
pom.xml		项目的配置文件	项目根

对于 Web 项目，.html 和.jsp 页面以及 JavaScript 脚本、样式文件等与网站页面相关的代码都存储在"src/main/webapp"文件夹中。添加代码时，找到该位置，按照需求继续建立子文件夹分

类保存这些 Web 相关文件。

"target"文件夹保存项目编译后生成的字节码和打包文件；Maven 项目的配置文件 pom.xml 则固定地存储在项目的根路径下。

10.2.2　JUnit 测试

软件开发过程中，一个项目往往包含了大量的方法，如何对这些方法进行测试呢？最容易想到的方法是通过 System.out 输出运行结果，然后检查运行结果是否与预期相同。但是如果项目中的每一个方法都在 main()方法中运行一遍，不仅费时又费力。单元测试框架 JUnit 可以解决这个问题。一个单元是指一个可以独立进行的工作，这个工作不受前一次或接下来工作的影响。使用 JUnit 需要在项目中添加依赖。

```xml
<dependency>
    <groupId>junit</groupId>
    <artifactId>junit</artifactId>
    <version>4.12</version>
    <scope>test</scope>
</dependency>
```

<scope>标签指定依赖有效的范围，其中，"test"表示只在测试阶段可用，编译和运行时不再需要它；"compile"为<scope>的默认取值，表示依赖在编译、测试、运行时均需要它，运行时所需依赖会被打包；"runtime"表示依赖在运行和测试时需要，但编译时不需要，如 JDBC 的驱动包，这些依赖也会被打包；"provided"表示依赖只在编译和测试时需要，在运行时不需要，例如 servlet 的 API 在运行时会由 Tomcat 提供，运行时无须提供。几种依赖范围对比如表 10-2 所示。

表 10-2　<scope>标签指定的依赖范围

依 赖 范 围	对编译有效	对测试有效	对运行有效	举　例
compile	√	√	√	spring-mvc
test	-	√	-	JUnit
provided	√	√	-	servlet-api
runtime	-	√	√	JDBC 驱动

JUnit 不仅可以在一个测试类中同时写很多个测试方法，而且还可以应用内部的断言机制，自动将预期的结果和实际的结果进行比对，给出测试的结果。Maven 项目下的 test 文件夹用于存储这些测试代码。

测试类的包结构通常与被测试类保持一致，无须导入被测类即可直接访问它；测试类命名时在被测试类名后加 Test。

例如，现在有一个类 util.Calculate 需要测试，代码如程序清单 10-3 所示。

程序清单 10-3　被测试类 Calculate

```java
package util;
public class Calculate {
    public int add(int a, int b) {
        return a + b;
    }
    public int substract(int a, int b) {
        return a - b;
```

```
        }
        public int multiply(int a, int b) {
            return a * b;
        }
        public int divide(int a, int b){
            return a/b;
        }
    }
```

用 JUnit 对类 util.Calculate 进行测试，在"src/test/java"文件夹下创建 package 并命名为"util"，右击"util"，在弹出的快捷菜单中选择相应命令，新建一个"JUnit Test Case"类，打开"New JUnit Test Case"对话框，该对话框提供了创建 JUnit 测试的向导，如图 10-18 所示。

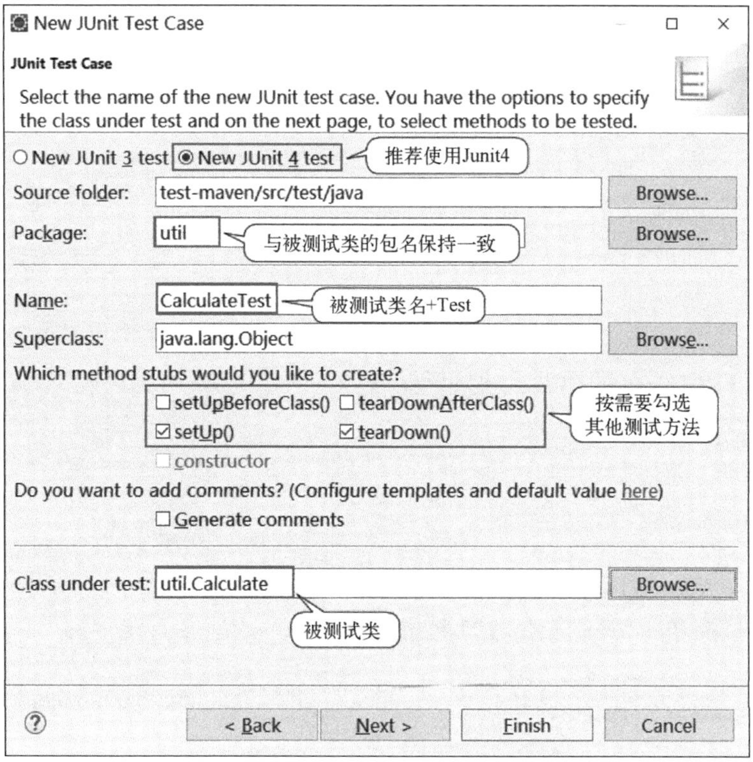

图 10-18　创建 JUnit 测试向导

JUnit 测试向导创建的测试类的原始代码如程序清单 10-4 所示。

程序清单 10-4　JUnit 测试向导创建的测试类

```
package util;
import static org.junit.Assert.*;    //导入断言类
import org.junit.Before;    //对应@Before注解
import org.junit.Test;    //对应@Test注解
public class CalculateTest {
    @Before
    public void setUp() throws Exception {
    }
    @Test
    public void test() {
```

```
                    fail("Not yet implemented");
               }
          }
```

JUnit 使用注解功能标识每个方法的用途。注解是从 JDK 1.5 开始引入的功能，以"@"开头。Java 内置的最常见的注解包括"@Deprecated"（表示该方法已被弃用）和"@Override"（表示对父类方法重写）。

程序清单 10-4 中，JUnit 使用"@Test"表示该方法为测试方法，可以作为单元测试被执行。而在"setUp()"方法前添加"@Before"，表示每次调用测试方法前都会执行它。

接下来，向测试类中添加测试代码。定义一个 Calculate 类引用，在 setUp() 方法中创建实例对象；分别由 4 个@Test 测试方法对加、减、乘、除测试，每个测试将 Calculate 的计算结果与期望结果用断言进行判断，代码如程序清单 10-5 所示。

程序清单 10-5　Calculate 的 JUnit 测试类

```java
public class CalculateTest {
     private Calculate calculate;
     @Before
     public void setUp() throws Exception {
          calculate = new Calculate(); // 创建对象
     }
     @Test
     public void testAdd() {
          assertEquals(calculate.add(10, 20), 30);
     }
     @Test
     public void testSubstract() {
          assertEquals(5, calculate.substract(10, 5));
     }
     @Test
     public void testMultiply() {
          assertEquals(6, calculate.multiply(2, 3));
     }
     @Test
     public void testDivide() {
          assertEquals(1, calculate.divide(10, 3));
     }
}
```

按照规范，书写 JUnit 测试类时，测试方法必须使用@Test 注解，并且方法必须是 public void，不能带任何参数；测试单元中的每个方法必须独立，测试方法之间不能有任何的依赖；测试方法一般使用 test 作为方法名的前缀。

运行测试代码时，可以直接运行测试类中的所有测试方法：选中测试类并右击，在弹出的菜单中选择"Run as"→"JUnit Test"命令。Eclipse 在 JUnit 窗口中显示测试结果，如图 10-19 所示，4 个方法的测试均未出现错误，运行进度条为绿色。

如果只想运行一个测试方法，则选中该方法并右击，在弹出的快捷菜单中选择"Run as"→"JUnit Test"命令即可。

修改 testDivide() 方法的代码，给出一个错误的断言，则运行结果如图 10-20 所示，进度条呈现红色，并在"Failure Trace"中给出错误的发生路线。

图 10-19　JUnit 测试断言成功

```
35    @Test
36    public void testDivide() {
37        assertEquals(2, calculate.divide(10, 3));
38    }
39
40  }
41
```

Servers ⬜Console ⬛Maven Repositories JUnit ⬛

Finished after 0.008 seconds

Runs: 1/1 ▪ Errors: 0 ▪ Failures: 1

testDivide [Runner: JUnit 4] (0.000 s)

≡ Failure Trace

java.lang.AssertionError: expected:<2> but was:<3>
≡ at org.junit.Assert.fail(Assert.java:93)
≡ at org.junit.Assert.failNotEquals(Assert.java:647)
≡ at org.junit.Assert.assertEquals(Assert.java:128)
≡ at org.junit.Assert.assertEquals(Assert.java:472)
≡ at org.junit.Assert.assertEquals(Assert.java:456)
≡ at util.CalculateTest.testDivide(CalculateTest.java:37)
≡ at sun.reflect.NativeMethodAccessorImpl.invoke0(Nati

图 10-20　JUnit 测试断言失败

10.2.3　Maven 项目的构建

Maven 提供了多条 mvn 命令完成项目构建的各个过程。

在 Windows 的命令行方式下，进入项目 pom.xml 所在文件夹，可以输入如下命令。

1）mvn compile：对项目进行编译，将 Java 源程序对应的字节码文件输出至 target 文件夹，如图 10-21 所示。

```
D:\web-spring\test-maven>mvn compile
[INFO] Scanning for projects...
[INFO]
[INFO] -----------------< edu.ustb.test:test-maven >-----------------
[INFO] Building test-maven 0.0.1-SNAPSHOT
[INFO] --------------------------------[ war ]---------------------------------
[INFO]
[INFO] --- maven-resources-plugin:2.6:resources (default-resources) @ test-maven ---
[WARNING] Using platform encoding (GBK actually) to copy filtered resources, i.e. build is platform dependent!
[INFO] Copying 0 resource
[INFO]
[INFO] --- maven-compiler-plugin:3.8.0:compile (default-compile) @ test-maven ---
[INFO] Nothing to compile - all classes are up to date
[INFO]
[INFO] BUILD SUCCESS
[INFO] -----------------------------------------------------------------------
[INFO] Total time:  0.734 s
[INFO] Finished at: 2020-05-01T21:15:05+08:00
```

图 10-21　命令行方式下执行 mvn 命令

2）mvn package：生成项目打包的 jar 或者 war 文件，输出至 target 文件夹。

3）mvn install：包含 mvn compile、mvn package，最后将项目对应的 jar 或 war 包安装至 Maven 本地仓库，项目成为可以被复用的构件。

4）mvn clean：清除输出文件夹 target。

mvn 命令可以组合使用，例如，mvn clean install 先完成 clean 再进行 install，实现清除已有包再重新打包。

使用 m2eclipse 插件可以在 Eclipse 中运行 mvn 命令。在 Maven 项目或者 pom.xml 文件上右击，在弹出的快捷菜单中选择"Run As"命令，即可出现常见的 Maven 命令，如图 10-22 所示。

如果默认选项没有要执行的 Maven 命令，可以在 Eclipse 中选择"Maven build"命令，在打开的"Edit Configuration"对话框的"Goals"文本框中输入要执行的命令，如要运行"mvn clean install"命令，则直接输入"clean install"，如图 10-23 所示。

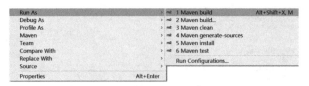

图 10-22　Eclipse 中常见 Maven 命令

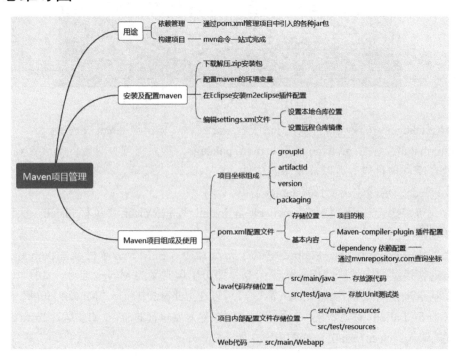

图 10-23　在 Eclipse 中运行自定义的 mvn 命令

构建执行的过程会在 Console 端呈现。

Maven 作为构建工具抽象了具体的构建过程，使程序员通过一条简单的命令即自动完成构建过程。在 Spring 框架的学习过程中，将使用 Maven 导入 jar 包、构建项目。

10.3　思维导图

10.4 习题

1）下载、安装 Maven，并在 Eclipse 中完成配置，指向安装位置。

2）配置 Maven 工作环境，复制 settings.xml 文件，指定本地仓库的位置和中央仓库的阿里镜像。

3）创建 Maven 项目，通过 https://mvnrepository.com 查询 MySQL 数据库驱动、DBCP 连接池和 JUnit 测试的坐标，在 pom.xml 文件中指定依赖，进行下载，并在本地仓库检查 jar 包的下载情况。

4）在 Maven 项目的"src/main/java"文件夹中添加 DBUtil 工具类，在"src/main/resources"文件夹中添加数据库连接池配置文件，在"src/test/java"文件夹下编写 JUnit 测试类，检测数据库连接池是否创建成功。

第 11 章　认识 Spring MVC

在之前的开发过程中，很多代码是模式化的，Servlet 总是先用很多的 request.getParameter() 获取请求数据，再对数据进行封装、调用 Model 层进行处理，最后转发或者重定向到其他的服务器端组件；负责数据库访问的各个 DAO 总是按照连接数据库、执行增删改查 SQL 语句、关闭连接的模式进行，等等。而这样模式化的过程，却不得不因为需求的变化而在原有代码的基础上进行修改，相同结构的代码复制粘贴。

在软件开发的领域，总是有一些善于开拓的智者不愿停留在简单的重复中，而是将重复隐藏于他们设计的框架内，使开发只需要去处理不同的事情。从需要写每个环节到使用框架是程序员的成长之路，Spring 是 Java 框架中的佼佼者，没有之一。

本章开始 Spring 框架的学习，提高开发效率。

11.1　Spring 框架概述

Spring Framework 是开源的 Java 项目，是一个轻量级的解决方案，包含 20 多个不同的模块。轻量级框架是相对于重量级框架的一种设计模式，对容器也没有依赖性，易于进行配置，而且通用，启动时间较短，Spring 框架不带有侵略性的 API。

Spring 的创始人 Rod Johnson 是位 Java 奇才，他不仅在悉尼大学获得了计算机学士学位，同时还是一位音乐学博士，也许正是音乐细胞赋予了他程序设计的灵感，成就了 Spring 的简约和优雅。Spring 向传统的 Java EE 框架发起了挑战，使 SUN 公司的 EJB 因其臃肿的结构而逐渐没落，从 2004 年发布第一个版本以来，Spring 已经成为 Java 开发领域中的必用框架，而它设计精巧的源代码也成为程序员学习和研究的对象。

Spring 框架由众多模块组成，如图 11-1 所示，其中控制反转（Inverse of Control，IoC）和面向切面编程（Aspect Oriented Programming，AOP）是框架的内核。IoC 管理对象及对象的关系，降低了对象之间的耦合度；AOP 统一处理对象的功能业务，降低了共同业务和对象之间的耦合度；Spring MVC 自动实现 MVC，为代码分层，降低了 Servlet 和 JSP 内部的耦合度；Spring 还整合了各种企业应用开源框架和优秀的第三方库，降低了这些技术中核心对象的耦合度，提高了开发效率。Spring 框架设计的精妙之处还在于开发者拥有自由的选择权，针对某个领域问题 Spring 可以支持多种实现方案。

本教材围绕 Web 程序设计，重点介绍 Spring MVC 模块，在此之前先学习 Spring 框架的核心 IoC。

Spring 作为事实上的 Java 应用开发平台，自身也在不断地添加新功能、调整旧功能，目前已经跨入 Spring 4.x 的时代，Spring Boot 通过运行一个简单的 main() 方法就能启动一个 Web Server。

本教材的讲述以 Spring 3.x 为准。

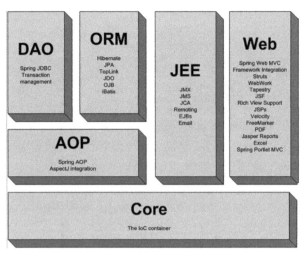

图 11-1　Spring 框架结构

11.2　Spring IoC

IoC 是一个抽象的词汇，它指的是一种思想，将组件间的依赖关系从程序内部提取到外部进行管理，降低了组件之间的耦合度，软件开发提倡的就是高内聚、低耦合。

11.2.1　IoC 和依赖注入

IoC 可以有很多实现的途径，Spring 框架使用依赖注入的手段实现控制反转。什么是依赖注入呢？

假设有两个组件 A 和 B，A 依赖于 B，A 是一个类，使用到了 B，代码如下。

```
public class A {
    public void foo(){
        B b = …;      //获取一个B的实例
        b.useful();   //调用B类中的方法
    }
}
```

要使用 B，A 类必须先获取 B 的实例对象。如果 B 是一个具体类，则可以通过 new 直接创建。但是，如果 B 是一个接口，有多个实现类，如果选择一个实现类创建实例，则 A 类的可重用性大大降低，无法再采用 B 的其他实现。

依赖注入的处理方式是，接管对象的创建工作，将该对象的引用注入需要该对象的组件。

```
public class A {
    private B b;      //作为引用注入
    public void foo(){
        b.useful();   //调用B类中的方法
    }
}
```

为了让 A 类收到 B 的实例，需要在 A 类中增加 set 方法或者构造方法，给出引入 B 实例的途径。

```
public class A {
    private B b;    //作为引用注入
    public void foo(){
        b.useful();    //调用B类中的方法
    }
    public void setB(B b) {
        this.b = b;
    }
    public A(B b) {
        this.b = b;
    }
}
```

这样，A 类对象调用 setB()方法即可注入 B 接口的某个实现类的实例，A 类保持了代码的稳定性。依赖也可以通过构造方法注入，与 set()方法的区别是注入的时机不同。

Spring 容器负责管理依赖注入，它将被管理的对象都称为 bean，Spring 同时支持 Setter 方式和构造器方式的依赖注入。

11.2.2 Spring 容器

BeanFactory 是 Spring 框架最核心的接口，是一个生产 Bean 的"工厂"。BeanFactory 提供了 IoC 的配置机制，相当于是 Spring 框架的基础设施，是 IoC 容器。

Spring 开发主要应用 ApplicationContext 接口，它继承自 BeanFactory 接口，拥有更多面向应用的功能，更易于创建实际应用。

从本质上讲，BeanFactory 和 ApplicationContext 仅仅是维护 Bean 定义以及相互依赖关系的高级工厂接口。通过 BeanFactory 和 ApplicationContext 可以访问 bean 定义。BeanFactory 面向 Spring 本身，而 ApplicationContext 面向 Spring 框架的开发者。所以，几乎所有的应用场合都直接使用 ApplicationContext 而非底层的 BeanFactory，所以为了表述方便，可将 ApplicationContext 称为 Spring 容器。

Spring 容器完成 bean 的实例化、bean 之间依赖关系的表述，以及 bean 的生命周期等服务。

ApplicationContext 的管理通过 XML 配置文件实现，它的主要实现类是 ClassPathXmlApplication-Context 和 FileSystemXmlApplicationContext，前者默认从类路径加载配置文件，后者默认从文件系统装载配置文件，一般使用 ClassPathXmlApplicationContext，并将配置文件放置在 Maven 工程的 src/main/resources 文件夹中，可以被直接读取。

Spring 对配置文件的名字没有硬性规定，做到见名知意即可，例如"applicationContext.xml"，文件名作为字符串传递给 ClassPathXmlApplicationContext 类的构造方法。Spring 容器 ApplicationContext 实例化的方法如下：

```
String conf = "applicationContext.xml";
ApplicationContext ac = new ClassPathXmlApplicationContext(conf);
```

配置文件的基本内容如程序清单 11-1 所示，文件头声明了一些模块的命名空间和解读 XML 文档的 schema 文件路径，这些内容都位于<beans>标签下，它是配置文件的根，未来将在<beans>间声明依赖注入的各种 bean 元素。

程序清单 11-1　　Spring 框架的配置文件

```
1  <?xml version="1.0" encoding="UTF-8"?>
2
3  <beans  配置文件的根结点，包含一个或者多个bean元素
4      xmlns="http://www.springframework.org/schema/beans"
5      xmlns:xsi="http://www.w3.org/2001/XMLSchema-instance"
6      xmlns:context="http://www.springframework.org/schema/context"
7      xmlns:jdbc="http://www.springframework.org/schema/jdbc"
8      xmlns:jee="http://www.springframework.org/schema/jee"       定义命名空间
9      xmlns:tx="http://www.springframework.org/schema/tx"
10     xmlns:aop="http://www.springframework.org/schema/aop"
11     xmlns:mvc="http://www.springframework.org/schema/mvc"
12     xmlns:util="http://www.springframework.org/schema/util"
13     xmlns:jpa="http://www.springframework.org/schema/data/jpa"
14
15     xsi:schemaLocation="
16         http://www.springframework.org/schema/beans
17         http://www.springframework.org/schema/beans/spring-beans-3.0.xsd
18         http://www.springframework.org/schema/context
19         http://www.springframework.org/schema/context/spring-context-3.0.xsd
20         http://www.springframework.org/schema/jdbc
21         http://www.springframework.org/schema/jdbc/spring-jdbc-3.0.xsd
22         http://www.springframework.org/schema/jee                          与命名空间配套的schema
23         http://www.springframework.org/schema/jee/spring-jee-3.0.xsd        文件加载路径
24         http://www.springframework.org/schema/tx
25         http://www.springframework.org/schema/tx/spring-tx-3.0.xsd
26         http://www.springframework.org/schema/aop
27         http://www.springframework.org/schema/aop/spring-aop-3.0.xsd
28         http://www.springframework.org/schema/mvc
29         http://www.springframework.org/schema/mvc/spring-mvc-3.0.xsd
30         http://www.springframework.org/schema/util
31         http://www.springframework.org/schema/util/spring-util-3.0.xsd
32         http://www.springframework.org/schema/data/jpa
33         http://www.springframework.org/schema/data/jpa/spring-jpa-1.3.xsd">
34  </beans>
```

注意：schema 文档可以在相关官网查找查看，例如，关于 beans 模块的文档版本可以查看 http://www.springframework.org/schema/beans/，以此类推。

11.2.3　Spring 容器对 Bean 的管理

下面建立 Maven 项目，使用 JUnit 对 Spring 容器和依赖注入进行测试，步骤如下（可参看 10.1.4 节）。

1）在 Eclipse 中建立 Maven 项目。

2）选择 "Deployment Descriptor:test-Maven" → "Generate Deployment Descriptor Stub" 命令，在 webapp 下生成 WEB-INF 文件夹及 web.xml。

3）单击 pom.xml 文件，为项目添加 Spring 框架的依赖库，可直接选择 "spring-webmvc"。

4）在 src/main/resources 文件夹下建立如程序清单 11-1 所示的 Spring 容器的配置文件。

5）在 src/test/java/文件夹下建立测试类进行 JUnit 测试。

【例 11-1】　测试 Spring 容器的创建，代码如程序清单 11-2 所示。

程序清单 11-2　　JUnit 测试 Spring 容器的创建

```
import org.junit.Test;
import org.springframework.context.ApplicationContext;
import org.springframework.context.support.ClassPathXmlApplicationContext;
public class TestCase {
    @Test
```

```
public void test1(){
    String conf = "applicationContext.xml";
    ApplicationContext ac = new ClassPathXmlApplicationContext(conf);
    System.out.println(ac);
}
}
```

运行测试方法test1()，在 Console 端看到输出 ClassPathXmlApplicationContext 实例，说明 Spring 启动正常。

【例 11-2】 Spring 容器中 Bean 的实例化。

Spring 容器创建 Bean 对象最常见的方法是使用构造器。在配置文件的<beans>标签间增加 <bean>标签，指定 Bean 的 id 和 class。例如，某个 ExampleBean 的代码如下。

```
package bean;
import java.io.Serializable;
public class ExampleBean implements Serializable {
    public ExampleBean() {
        System.out.println("ExampleBean()…");
    }
}
```

在 applicationContext.xml 中添加如下配置：

```
<bean id="example" class="bean.ExampleBean" />
```

其中，id 用于指定 Bean 的名称，Spring 容器依据名称查找 Bean 对象；class 用于指定 Bean 的类型，会自动调用无参构造方法创建对象。

在 JUnit 测试类 TestCase 中增加测试方法 test2()获取容器中配置的 Bean 对象，代码如程序清单 11-3 所示。

程序清单 11-3 演示 Bean 对象的生命周期

```
@Test
public void test2(){
    String conf = "applicationContext.xml";
    ApplicationContext ac = new ClassPathXmlApplicationContext(conf);
    ExampleBean ex = ac.getBean("example", bean.ExampleBean.class);
}
```

通常使用"Spring 容器.getBean(id)"方法获取 Bean 对象，可以在方法中利用第 2 个参数指明 Bean 的类型，也可以使用强制类型转换，代码如下。

```
ExampleBean ex = (ExampleBean)ac.getBean("example");
```

Spring 容器中默认每个 Bean 都是单例模式（singleton），即一个<bean>定义对应一个对象。容器在启动之后，会将所有单例模式的 bean 的唯一对象用无参的构造方法先创建好，而且只会创建一个。

例如，在配置文件中增加 "<bean id="example" class="bean.ExampleBean" />" 后，只要创建 ClassPathXmlApplicationContext 对象，该 Bean 对象就会被创建，注释 getBean()所在行，再次运行 test2()方法，在控制台仍然可以看见 ExampleBean 的构造方法被执行，信息如下。

五月 07, 2020 2:50:14 下午 org.springframework.context.support.AbstractApplicationContext prepareRefresh
信息: Refreshing org.springframework.context.support.ClassPathXmlApplicationContext@31b7dea0: startup

　　五月 07, 2020 2:50:15 下午 org.springframework.beans.factory.xml.XmlBeanDefinitionReader loadBeanDefinitions
　　信息: Loading XML bean definitions from class path resource [applicationContext.xml]
　　ExampleBean()···

可以得出结论，对于默认的单例模式的 Bean 对象，不是在被获取时才创建，而是随容器的启动就已创建。这些 Bean 在容器关闭时销毁。

11.2.4　setter 注入和构造器注入

通过调用无参的构造方法创建 Bean 对象过后，调用该 Bean 的 set()方法，可以实现 setter 方式的注入。

【例 11-3】　用 setter 注入的方法初始化 DIYComputer 实例。

下面创建一个自己动手组装计算机类 DIYComputer，设置 3 个属性分别对应主板、CPU 和内存。对应 JavaBean 有几个基本的要求：创建于包下；类的访问类型为 public；有无参的构造方法；属性私有化、有对应的 set 和 get 方法；实现序列化接口 Serializable。DIYComputer 定义如下。

```
package bean;
import java.io.Serializable;
public class DIYComputer implements Serializable{
    private String mainboard; // 主板
    private String cpu; // CPU
    private String ram; // 内存
    //3 个属性的 set 和 get 方法，无参的构造方法，此处省略
}
```

在容器配置文件中用 setter 方式注入的代码如程序清单 11-4 所示。

程序清单 11-4　setter 方式的依赖注入

```
<bean id="computer" class="bean.DIYComputer">
    <property name="mainboard" value="技嘉GA-B75M-D3V"/>
    <property name="cpu" value="intel i7"/>
    <property name="ram" value="金士顿"/>
</bean>
```

setter 方式注入时，在<bean>标签间用<property>标签的 name 属性指定注入的 Bean 属性，value 指定该属性取值。容器会调用 Bean 属性名称对应的 set()方法完成赋值。

在 TestCase 中增加 test3()方法进行测试。

```
@Test
public void test3() {
    String conf = "applicationContext.xml";
    ApplicationContext ac = new ClassPathXmlApplicationContext(conf);
    DIYComputer computer = ac.getBean("computer", DIYComputer.class);
    System.out.println(computer.getMainboard());
    System.out.println(computer.getCpu());
    System.out.println(computer.getRam());
}
```

【例 11-4】　用构造器注入的方法初始化 MobilePhone 实例。

基于构造器的注入是通过调用带参数的构造方法来实现的，容器在 Bean 被实例化时，根据

参数类型执行相应的构造方法。

下面定义一个表示手机的 Bean 类，带有无参构造方法和对两个属性初始化的构造方法。

```java
package bean;
import java.io.Serializable;
public class MobilePhone implements Serializable {
    private String cpu;
    private String ram;
    public MobilePhone() {
    }
    public MobilePhone(String cpu, String ram) {
        this.cpu = cpu;
        this.ram = ram;
    }
    //两个属性的 set 和 get 方法，此处省略
}
```

在容器配置文件中用构造器注入的方法创建 Bean 对象，代码如程序清单 11-5 所示。

程序清单 11-5   构造器方式的依赖注入方法 1

```xml
<bean id="phone" class="bean.MobilePhone">
    <constructor-arg index="0" value="ARM" />
    <constructor-arg index="1" value="64G" />
</bean>
```

构造器注入使用<constructor-arg>标签，其中"index"为 Bean 中属性出现的顺序，也可以用"name"属性标识被赋值属性名，代码如程序清单 11-6 所示。

程序清单 11-6   构造器方式的依赖注入方法 2

```xml
<bean id="phone" class="bean.MobilePhone">
    <constructor-arg name="cpu" value="ARM" />
    <constructor-arg name="ram" value="64G" />
</bean>
```

在 TestCase 中增加 test4()方法进行测试。

```java
@Test
public void test4() {
    String conf = "applicationContext.xml";
    ApplicationContext ac = new ClassPathXmlApplicationContext(conf);
    MobilePhone phone = ac.getBean("phone", MobilePhone.class);
    System.out.println(phone.getCpu());
    System.out.println(phone.getRam());
}
```

那么，对 Bean 对象赋值时何时使用 setter 方式注入，何时使用构造器注入呢？参考例 11-3 和例 11-4，如果是自己组装的计算机，那么它的各个部件可以在有了一个计算机对象后，一个一个地组装进去，使用 setter 方式注入即可；而如果是一部手机，一般买到的就是一部完整的机器，这时使用构造器注入，在对象产生时即赋予属性相应的取值。

本节通过 setter 和构造器注入解决了基本值注入的问题，值得注意的是，Spring 容器还会将配置文件中指定的字符串取值自动转换为属性对应的实际类型后再进行注入。

11.2.5 注入 Bean 对象

当一个类的成员包含了另一个接口或者类的引用时，依赖注入的不再是基本值，而是 Bean 对象。

【例 11-5】 创建学生类 Student，向其注入 MobilePhone 对象。

设学生类包含姓名、年龄和手机 3 个属性，其中手机 phone 为 MobilePhone 的引用类型。

```java
package bean;
import java.io.Serializable;
public class Student implements Serializable{
    private String name;
    private int age;
    private MobilePhone phone;
    //3 个属性的 set 和 get 方法、构造方法，此处省略
}
```

在配置文件中向一个 Bean 注入一个对象时，首先要保证被注入的对象会存在（定义的先后顺序无妨），然后将之前的 "value" 属性改为 "ref"（reference），表示通过引用的方式注入对象。使用 setter 方式注入的代码如程序清单 11-7 所示。

程序清单 11-7 注入 Bean 对象的方法

```xml
<bean id="stu" class="bean.Student">
    <property name="name" value="Lucy"/>
    <property name="age" value="15"/>
    <property name="phone" ref="phone"/>
</bean>
```

stu 对象与 phone 对象的关系如图 11-2 所示，容器中一定要有一个 id 为 "phone" 的 Bean 对象。另外，虽然 age 的 value 是字符串 "15"，但是 Spring 容器会根据 Bean 属性的数据类型自动将其转换为 int。

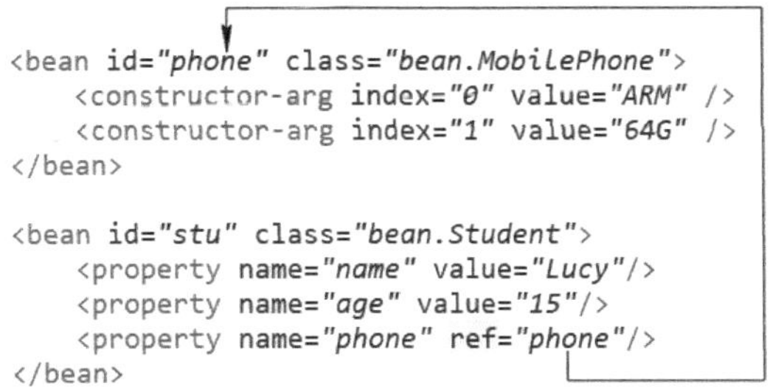

```xml
<bean id="phone" class="bean.MobilePhone">
    <constructor-arg index="0" value="ARM" />
    <constructor-arg index="1" value="64G" />
</bean>

<bean id="stu" class="bean.Student">
    <property name="name" value="Lucy"/>
    <property name="age" value="15"/>
    <property name="phone" ref="phone"/>
</bean>
```

图 11-2 注入 Bean 对象的方法

在 TestCase 中增加 test5()方法进行测试，成功输出 Student 对象的每个属性值。

```java
@Test
public void test5() {
    String conf = "applicationContext.xml";
    ApplicationContext ac = new ClassPathXmlApplicationContext(conf);
    Student stu = ac.getBean("stu", Student.class);
    System.out.println(stu.getName());
    System.out.println(stu.getAge());
    System.out.println(stu.getPhone().getCpu());
```

```
            System.out.println(stu.getPhone().getRam());
    }
```

11.2.6 注入集合

java.util 包中的集合是最常用的数据结构类型，主要包括 List、Set、Map、Properties。Spring 为这些集合类型提供了专门的配置元素标签。

【例 11-6】 在 Student 类中增加 Set 和 Map 类型的属性，进行注入。

使用 Set 保存学生的爱好，使用 Map 保存课程及成绩信息。

```
package bean;
public class Student implements Serializable{
    private String name;
    private int age;
    private MobilePhone phone;
    private Set<String> hobbies;
    private Map<String, Object> scores;
    //5 个属性的 set 和 get 方法、构造方法，此处省略
}
```

在配置文件中注入 Set，使用<set>包围<value>标签；注入 Map，使用<map>包围<entry>标签，在<entry>中使用 key 和 value 属性指定键值对，代码如程序清单 11-8 所示。

程序清单 11-8　注入 Set 和 Map 的方法

```
<bean id="stu2" class="bean.Student">
    <property name="name" value="Lucy" />
    <property name="age" value="19" />
    <property name="phone" ref="phone" />
    <property name="hobbies">   <!--注入 Set-->
        <set>
            <value>打球</value>
            <value>看书</value>
            <value>旅游</value>
        </set>
    </property>
    <property name="scores">    <!--注入 Map-->
        <map>
            <entry key="Java" value="98" />
            <entry key="JavaWeb" value="90" />
            <entry key="MySQL" value="89" />
        </map>
    </property>
</bean>
```

如果要注入 List，方法与 Set 相似，只是 List 中<value>的取值允许重复。

Properties 类型其实可以看成是 Map 类型的特例，Map 元素的键和值可以是任何类型的对象，而 Properties 属性的键和值只能是字符串。

Properties 属性注入时，使用<props>标签；其中子元素<prop>定义一个 Properties 的元素，key

对应属性名，<prop>和</prop>之间的文本值为属性值。可以用 Properties 形式的数据对 Map 赋值。例如，将前面的 Map 属性使用 Properties 注入，代码如程序清单 11-9 所示。

程序清单 11-9　用<props>注入 Map 的方法

```
<property name="scores">
    <props>
        <prop key="Java">95</prop>
        <prop key="Java Web">90</prop>
    </props>
</property>
```

注意：Properties 配置时，没有 value 属性，值直接放在一对<prop>标签间。

Map 的值是对象时，需将属性 value 改为 value-ref。假设有类 Course，代码如下。

```
public class Course {
    private String cname;        //课程名
    private int creditHour;      //学分
    //两个属性的 set 和 get 方法、构造方法，此处省略
}
```

将类 Course 的 Bean 对象放在 Map 中注入类 Student，代码如程序清单 11-10 所示。

程序清单 11-10　Map 取值为对象的注入方法

```
<bean id="c1" class="bean.Course">
    <property name="cname" value="Java" />
    <property name="creditHour" value="4" />
</bean>
<bean id="c2" class="bean.Course">
    <property name="cname" value="Java Web" />
    <property name="creditHour" value="3" />
</bean>
<bean id="stu4" class="bean.Student">
    <!—省略其他属性的输入-->
    <property name="scores">
        <map>
            <entry key="1" value-ref="c1" />
            <entry key="2" value-ref="c2" />
        </map>
    </property>
</bean>
```

如果 Map 的 key 也是引用类型，则将 "key" 属性改为 "key-ref"。

如果希望配置一个集合类型的 Bean，而不是一个集合类型的属性，则可以通过 util 命名空间进行配置，该空间在 Spring 配置文件头中已声明（如程序清单 11-1）。

【例 11-7】　配置一个 List 类型的 Bean。

使用< util:list>标签，为 Bean 指定 id，代码如程序清单 11-11 所示。

程序清单 11-11　创建集合类型 Bean 对象

```
<util:list id="mylist">
```

```
        <value>打球</value>
        <value>看书</value>
        <value>旅游</value>
    </util:list>
```

在<util:list>标签中，可以使用 list-class 指定集合的实现类，用 value-type 指定集合中值的类型。

```
<util:list id="mylist" list-class="java.util.ArrayList"value-type="java.lang.String">
    <value>打球</value>
    <value>看书</value>
    <value>旅游</value>
</util:list>
```

Set 和 Map 使用<util:set>和<util:map>的配置方法不再赘述，接下来重点学习如何利用<util:properties>直接读取配置文件。

为了提高 Java 应用程序的可移植性，很多情况下，都是将一些配置信息写在键值对组成的配置文件中。例如，数据库连接的驱动、URL 字符串、用户名和密码等都不会直接写在程序中，而是通过读取配置文件导入。这样，无论 Java 程序需要连接哪一种数据库，都只需将它们的连接信息写入配置文件即可。

<util:properties>的内容可以来自一个外部文件，外部文件的位置和名称通过 location 属性指定。

【例 11-8】 读取类路径下的配置文件 database.properties。

设用于连接 MySQL 数据库的配置文件 database.properties 的内容如下。

```
driverClassName=com.mysql.jdbc.Driver
url=jdbc:mysql://127.0.0.1:3306/temp
username=root
password=1234
```

在<util:properties>中指定 location 属性时，用 classpath 前缀标识读取文件的位置是类路径，在 Maven 项目下，将配置文件保存至 src/main/resources 下即可。Spring 配置文件的代码如程序清单 11-12 所示。

程序清单 11-12 创建读取配置文件的 Bean 对象

```
<util:properties id="jdbc" location="classpath:database.properties" />
```

在 TestCase 中增加 test10()方法进行测试，代码如下。

```
@Test
public void test10() {
    String conf = "applicationContext.xml";
    ApplicationContext ac = new ClassPathXmlApplicationContext(conf);
    Properties config = ac.getBean("jdbc", Properties.class);
    System.out.println(config);
}
```

输出如下：

```
{password=1234, url=jdbc:mysql://127.0.0.1:3306/temp,
            driverClassName=com.mysql.jdbc.Driver, username=root}
```

在 Bean 中保存的配置信息可用于创建数据库连接的工具类。

11.2.7 Spring 表达式

Spring 表达式，即 Spring EL，本节主要介绍如何调用指定对象的属性。Spring EL 使用 "#{}" 的形式访问 Bean 对象。

【例 11-9】 定义一个 DBUtil 工具类，利用数据库的配置信息返回数据库连接。

在例 11-8 中，已经将配置文件中的信息读取到了 Bean 对象中，下面在 DBUtil 中定义一些属性接收这些信息，并在 getConnection()方法中利用这些信息返回创建的数据库连接。

DBUtil 的代码如下：

```java
package util;
import java.io.Serializable;
import java.sql.Connection;
import java.sql.DriverManager;
import java.sql.SQLException;
public class DBUtil implements Serializable{
    private String driverClassName;
    private String url;
    private String username;
    private String password;
    //4 个属性的 set 和 get 方法、构造方法，此处省略
    public Connection getConnection(){
        Connection con = null;
        try {
            Class.forName(driverClassName);
            con = DriverManager.getConnection(url, username, password);
        } catch (ClassNotFoundException e) {
            e.printStackTrace();
        } catch (SQLException e) {
            e.printStackTrace();
        }
        return con;
    }
}
```

在配置文件中，对 DBUtil 的 Bean 对象进行配置，信息取自程序清单 11-12 创建的 "jdbc" 对象，利用 Spring EL 表达式，在 "#{}" 中按照对象.属性的方式读取，代码如程序清单 11-13 所示。

程序清单 11-13　DBUtil 数据库工具类属性注入

```xml
<bean id="ds" class="util.DBUtil">
    <property name="driverClassName" value="#{jdbc.driverClassName}" />
    <property name="url" value="#{jdbc.url}" />
    <property name="username" value="#{jdbc.username}" />
    <property name="password" value="#{jdbc.password}" />
</bean>
```

在 TestCase 中增加 test11()方法进行测试。

```java
@Test
public void test11() {
        String conf = "applicationContext.xml";
        ApplicationContext ac = new ClassPathXmlApplicationContext(conf);
        DBUtil ds = ac.getBean("ds", DBUtil.class);
        System.out.println(ds.getConnection());
}
```

若 Console 端输出 com.mysql.jdbc.JDBC4Connection@1a0dcaa，则创建连接成功。

11.3　Spring MVC

MVC 作为一种设计模型，使用控制器将数据模型和视图进行解耦，使后端处理的数据模型和前端视图显示的数据格式无关，实现一个数据模型可以对应多个视图、以不同的方式来展现数据。

Spring 框架提供了构建 Web 应用程序的全功能 MVC 模块，即 Spring MVC 框架。Spring MVC 提供了一个 DispatcherServlet，作为前端控制器来分派请求；通过灵活的配置处理程序映射、视图解析等，使 MVC 模式的开发更加高效。

11.3.1　Spring MVC 的组件和工作过程

Spring MVC 框架包含五大组件：前端控制器 DispatcherServlet、处理器映射 HandlerMapping、处理器 Controller、模型视图 ModelAndView 和视图解析器 ViewResolver。它们之间的关系如图 11-3 所示。

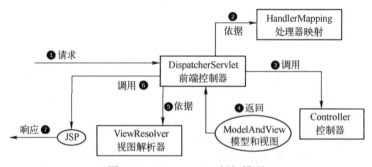

图 11-3　Spring MVC 框架模型

从图 11-3 中可以看到，前端控制器 DispatcherServlet 是模型的核心。

模型工作的第一步，由 DispatcherServlet 接收客户端的请求，依据 HandlerMapping 的配置调用相应的 Controller（图 11-3 中①②③）。

然后 Controller 将处理结果封装为 ModelAndView 对象，并返回给前端控制器（图 11-3 中④）。ModelAndView 对象通常包含两部分信息，视图名和 Controller 处理的模型数据信息。视图名仅为一个字符串，需要由视图解析器将其解析为视图对象。

最后，DispatcherServlet 依据 ViewResolver 的解析，由逻辑视图名得到真实的视图对象（JSP 等）对处理结果的展现（图 11-3 中⑤⑥⑦）。

五个组件中，DispatcherServlet、HandlerMapping 和 Controller 都相当于是 MVC 中的控制部

分，分别完成解析请求入口、进行请求派发和请求处理过程。ModelAndView 关联模型层，用于封装业务处理的模型数据信息和视图。ViewResolver 关联视图，完成与视图相关的解析工作。

使用 Spring MVC 框架编写 Web 应用的基本过程如下。

1）导入 Spring MVC 框架相关的 jar 包。

2）在 web.xml 中配置前端控制器，将控制权交由 DispatcherServlet。

3）按照 web.xml 的配置路径添加 Spring 配置文件，为 IoC 注入做好准备。

4）编写 Controller，进行业务处理。

5）编写 JSP，进行结果展示。

6）编写 Spring 配置文件，对 HandlerMapping 进行配置，将请求派发给对应的 Controller。

7）编写 Spring 配置文件，对 ViewResolver 进行配置，解析得到视图对象。

在一个项目中编写不同应用时，重复步骤 4）～7）即可。

接下来，从核心的组件 DispatcherServlet 出发，开始 Spring MVC 的编写。

11.3.2 DispatcherServlet 控制器

DispatcherServlet 是 Spring MVC 的核心，它负责接收 HTTP 请求并协调 Spring MVC 的各组件完成请求处理工作。与所有的 Servlet 相同，DispatcherServlet 也需要在 web.xml 中进行配置，实现由 DispatcherServlet 处理后续的请求处理。

web.xml 文件中配置信息如下。

```
<servlet>
    <servlet-name>springmvc</servlet-name>
    <servlet-class>
        org.springframework.web.servlet.DispatcherServlet
    </servlet-class>
    <init-param>
        <param-name>contextConfigLocation</param-name>
        <param-value>classpath:/conf/springmvc.xml</param-value>
    </init-param>
    <load-on-startup>1</load-on-startup>
</servlet>
<servlet-mapping>
    <servlet-name>springmvc</servlet-name>
    <url-pattern>*.do</url-pattern>
</servlet-mapping>
```

上述代码声明了一个名为"springmvc"的DispatcherServlet，它对所有URL以.do为扩展名的HTTP请求予以处理。

在默认情况下，Spring 容器会认为Spring配置文件位于WEB-INF目录下，名字为<servlet-name>-servlet.xml。例如，上述Servlet的别名为"springmvc"，则配置文件名默认为"springmvc-servlet.xml"。通过设置Servlet的初始化参数，可以指定Spring配置文件的位置和名称。<init-param>元素中，名为"contextConfigLocation"的参数，用于指定配置文件的路径和名称。上述配置指定Spring配置文件位于类路径下的conf文件夹下，名为springmvc.xml。

<load-on-startup>指定在 Web 应用启动时即装载 DispatcherServlet。

11.3.3 Spring MVC 版 Hello World

现在以 Spring MVC 版的 Hello World 程序为例，学习 Spring MVC 编程的具体过程。

（1）编写 web.xml 和 Spring 配置文件

在 web.xml 中对前端控制器进行配置（参考 11.3.2 节）；并按照配置信息在类路径的 conf 目录下建立 Spring 的配置文件 springmvc.xml，文件头如程序清单 11-1 所示。

接下来，需要编写源代码的部分是 Controller 和 JSP，另外两个组件 HandlerMapping 和 ViewResolver 都是在 springmvc.xml 中通过配置完成，如图 11-4 所示。

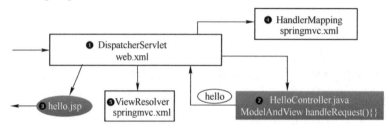

图 11-4 Spring MVC 架构下源代码的书写

（2）编写 Controller

Controller 组件负责执行具体的业务处理，未来可调用 DAO 等组件，编写时需要实现 org.springframework.web.servlet.mvc.Controller 接口，实现其中的 handleRequest()方法。

ModelAndView handleRequest(HttpServletRequest request, HttpServletResponse response) **throws** *Exception;*

handleRequest()方法的参数是请求和响应对象 HttpServletRequest、HttpServletResponse，用于处理请求和进行响应。handleRequest()方法必须返回一个 ModelAndView 对象，ModelAndView 对象既可以只包括视图，也可以同时包括视图和模型。

在 Maven 项目的 src/main/java 下建立 package，命名为 controller，在包下建立 HelloController 类，实现 Controller 接口，定义 handleRequest()方法，代码如程序清单 11-14 所示。

程序清单 11-14 Spring MVC——HelloController

```
package controller;
import javax.servlet.http.HttpServletRequest;
import javax.servlet.http.HttpServletResponse;
import org.springframework.web.servlet.ModelAndView;
import org.springframework.web.servlet.mvc.Controller;
public class HelloController implements Controller{
    public ModelAndView handleRequest(HttpServletRequest request,
            HttpServletResponse response) throws Exception {
        System.out.println("HelloController's handleRequest()"); //跟踪执行
        return new ModelAndView("hello");    //返回 ModelAndView 对象，只包含视图
    }
}
```

ModelAndView 有各种重载形式的构造器，Controller 可以根据需要选择返回的内容。HelloController 仅返回了视图的逻辑名称"hello"，这个逻辑名称将由 ViewResolver 将其解析为相应的视图对象，本例中最终解析为/WEB-INF/hello.jsp（详见步骤（5））。

（3）编写 JSP

hello.jsp 的代码如下，作用是在页面输出"Hello,World!"字符串。

```
<h2>Hello,World!</h2>
```

（4）在 springmvc.xml 中配置 HandlerMapping。

HandlerMapping 的作用是接收 DispatcherServlet 传递过来的请求路径，在配置文件中查找该请求对应的控制器。

在配置文件（springmvc.xml）中，首先声明 Controller 对应的 Bean；然后，将 Bean 对应的请求路径配置到 HandlerMapping 中。HandlerMapping 有很多实现类，最常使用的是 org.springframework.web.servlet.handler.SimpleUrlHandlerMapping，类名可以在 jar 包中利用"Copy Qualified Name"命令复制出来。

控制器与 URL 请求路径的对应关系使用<props>和<prop>标签书写，代码如程序清单 11-15 所示。

程序清单 11-15　Spring MVC——配置 HandlerMapping

```xml
<bean id="helloController" class="controller.HelloController" />
<bean class="org.springframework.web.servlet.handler.SimpleUrlHandlerMapping">
    <property name="mappings">
        <props>
            <prop key="/hello.do">helloController</prop>
        </props>
    </property>
</bean>
```

上述代码指明 id 为 helloController 的控制器来处理"/hello.do"请求。

其他控制器对应的请求路径将一并在<props>中定义，放在其他的<prop>标签中。

（5）在 springmvc.xml 中配置 ViewResolver

ViewResolver 是视图解析器，负责将 Controller 返回的字符串形式视图名解析为视图对象。在 ViewResolver 接口的多个实现类中，使用 org.springframework.web.servlet.view.InternalResourceViewResolver，同样可以从 jar 包中复制类名。

例如，将输出指向 WEB-INF 目录下的 JSP 文件的配置代码如程序清单 11-16 所示。

程序清单 11-16　Spring MVC——配置 ViewResolver

```xml
<bean
    class="org.springframework.web.servlet.view.InternalResourceViewResolver">
    <property name="prefix" value="/WEB-INF/" />
    <property name="suffix" value=".jsp" />
</bean>
```

prefix 的取值是视图对象的前缀，suffix 的取值是视图对象的后缀，由 HelloController 返回的逻辑名"hello"经过前缀、后缀的拼接后成为"/WEB-INF/hello.jsp"。

响应默认以转发的形式到达视图。

ViewResolver 的优势在于通过配置的方式灵活地指定 Web 应用的视图，除了 JSP 文件外，还可以指定 FreeMarker、Velocity 等其他视图形式。

至此，完整的 Spring MVC 开发过程结束。与之前项目的运行方法相同，将项目部署到 Tomcat 服务器，启动服务器，在浏览器地址栏输入请求路径，运行效果如图 11-5 所示。

Hello World 程序展示了传统的 Spring MVC 的编写过程及其工作过程。但显然，如果仅仅是为了输出 Hello World，大可不必如此周折，Spring 的优势在于以框架的方式解决更复杂的问题。

图 11-5　Spring MVC 版 Hello World 运行效果

目前 Spring MVC 开发应用更广泛的注解方式，使框架的应用更加简洁。传统的编写是基础，下一章将开始学习注解方式的 Spring MVC。

11.4　思维导图

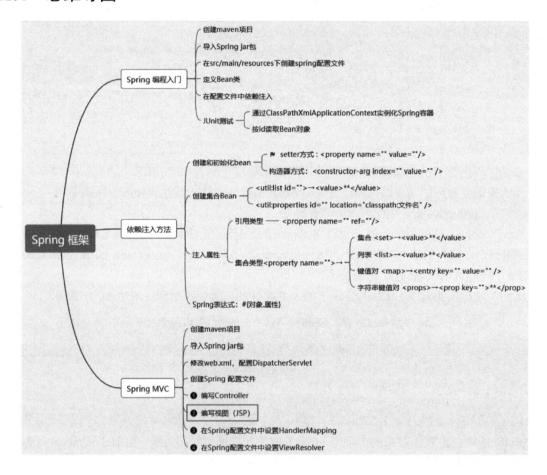

11.5　习题

1. 选择题

1）关于 Spring，下面说法正确的是（　　）。

　　A. Spring 是一个开源的轻量级的应用开发框架，其目的是简化企业级应用程序开发，减少侵入

　　B. Spring 框架的内核是 IoC（依赖反转）和 AOP（面向切面编程），可以将组件的耦合

度降至最低，即解耦，便于系统日后的维护和升级

    C．Spring 为系统提供了一个整体的解决方案，开发者除了可以利用它本身提供的功能外，还可以与第三方框架和技术整合应用，自由选择采用哪种技术进行开发

    D．Spring 是一个入侵式框架

2）下面关于 IoC 的理解，正确的是（　　　）。

    A．将组件间的依赖关系从程序内部转移到外部进行管理，从而降低组件之间的耦合度

    B．IoC 就是依赖注入

    C．IoC 是一种解耦的思想，依赖注入是实现 IoC 的一种途径

    D．Spring 的依赖注入和控制反转是完全不同的两个概念

3）Spring 各模块之间的关系是（　　　）。

    A．Spring 各模块之间是紧密联系、相互依赖的

    B．Spring 各模块之间可以独立存在

    C．Spring 的核心模块是必需的，其他模块基于核心模块

    D．Spring 的核心模块不是必需的，可以不出现

4）关于 Spring 容器，说法正确的是（　　　）。

    A．BeanFactory 是 Spring 框架最核心的接口

    B．ApplicationContext 接口是 Spring 框架最核心的接口

    C．BeanFactory 和 ApplicationContext 都是 Spring 框架中的工厂接口，BeanFactory 面向 Spring 本身，而 ApplicationContext 面向 Spring 框架的开发者

    D．ApplicationContext 管理通过 XML 配置文件实现，ClassPathXmlApplicationContext 是它的实现类，从类路径下加载 XML 配置文件

5）关于 Spring 中 Bean 的注入，说法正确的是（　　　）。

    A．Bean 根据注入方式不同可以分为构造器注入和 setter 注入

    B．构造器注入是在构造对象的同时完成依赖关系的建立

    C．构造器注入使用<constructor-index>指定，在该标签下再指定属性的索引和取值

    D．构造器注入只能使用 index 指定 Bean 属性出现的次序

6）假设有如下构造器注入：

```
<bean id="phone" class="bean.MobilePhone">
    <constructor-arg index="0" value="ARM" />
    <constructor-arg index="1" value="64G" />
</bean>
```

在 JUnit 中进行如下测试，代码输出的结果是（　　　）。

```
@Test
public void test12(){
    String conf = "applicationContext.xml";
    ApplicationContext ac = new ClassPathXmlApplicationContext(conf);
    MobilePhone phone1 = ac.getBean("phone", MobilePhone.class);
    MobilePhone phone2 = ac.getBean("phone", MobilePhone.class);
    System.out.println(phone1==phone2);
}
```

    A．true   B．false

7）在测试类中，有如下代码：

```
ApplicationContext context=new
            ClassPathXmlApplicationContext("applicationContext.xml");
UserService uservice=（UserService）context.getBean("userService");
```

下列对 Spring 配置文件的理解不正确的是（　　　）。

    A．Spring 的配置文件名字为 applicationContext.xml

    B．Spring 配置文件中 bean 元素的 id 为"userService"

    C．UserService 是一个接口

    D．在 Spring 配置文件中 UserService 可以没有属性注入

8）关于 Spring MVC，下面说法正确的是（　　　）。

    A．Spring MVC 模型的核心是 DispatcherServlet

    B．如果在 web.xml 中没有通过< init-param>元素配置，则应用程序会默认在 WEB-INF 目录下寻找配置文件

    C．Controller 返回 ModelAndView 时，必须同时带有视图和模型数据两部分

    D．ViewResolver 进行视图解析，解析得到的视图对象只能是 JSP 类型

2．编程题

1）在配置文件中存储一些键值对常量，例如，const.properties 文件中保存：

```
PAGE_SIZE=10
```

在 Spring 配置文件中使用<util:properties>读取 const.properties；并在另一个 bean 对象 showMessage（对应类 ShowMessage）中使用 Spring 表达式对其进行引用；使用 JUnit 进行测试。

2）使用 Spring 框架完成下面的需求。

使用集合保存一个手机通讯录，设通讯录中保存手机联系人的姓名、联系电话、分组（同事、家人、朋友等）信息。创建一个通讯录并按分组将数据打印输出。

例如，通讯录数据包含如下信息：

```
Andrew      13678263913      family
Hellen      18218651175      friends
Lucy        15910696306      family
```

打印输出：

```
friends 组内包含的联系人如下：
Hellen      18218651175
family 组内包含的联系人如下：
Andrew      13678263913
Lucy        15910696306
```

提示：

① 将手机通讯录保存至 Set 集合，因此手机联系人类（ContactPerson）应重写 equals()方法和 hashCode()方法，保证集合中对象的唯一性。

② 在 Spring 配置文件中注入 Set 类型的 bean 对象，保存上述 3 个联系人对象。

③ 定义手机通讯类 MobileCommunication，其中，groupByGroup()方法对联系人按组别分类，将分类结果保存至 Map 集合中；printGroup()方法输出分组结果。

④ 使用 JUnit 进行测试。

3）使用 Spring MVC 编写代码，完成下述业务逻辑。

编写一个"添加商品"的表单，包括商品的名称、描述和价格信息，单击"添加"按钮后显示提交的商品信息明细，如图 11-6 所示。

图 11-6　添加商品的运行效果

要求：

① 通过请求 /input.do 打开"添加商品"表单 product.jsp。

② 表单请求提交给 /add.do 进行处理。

③ 在 show.jsp 中显示提交的明细信息。

提示：在 Controller 中，使用 reqeust 提取请求提交的信息，并使用 request 对象的属性变量在转发的过程实现数据共享。

第 12 章　基于注解的 Spring MVC 应用

第 11 章使用了传统风格的 Spring 框架来编写程序，依赖注入全部在配置文件中书写，Spring MVC 的控制器需要实现 Controller 接口。从 Spring 2.0 开始引入了基于注解的组件扫描机制，在 3.0 时得到完善，注解使依赖注入和控制器的编写都更加简洁。

12.1　基于注解的 Spring 编程

注解（Annotation）是 JDK 5.0 引入的一种注释机制，以符号"@"开头，类、方法、变量、参数等都可以被注解。Java 通过反射原理获取注解的内容。

无论是 XML 还是注解，它们都是表达 Bean 的载体，本质都是为 Spring 容器提供 Bean 的信息。

12.1.1　基于注解的组件扫描

在 Spring 中，注解@Component 表示声明 Bean 对象加入 Spring 容器，相当于 XML 方式中 <bean id="" class=""/>的配置。

那么，Spring 容器如何通过注解知道声明的 Bean 对象的存在呢？Spring 为此设置了组件扫描的机制。启动组件扫描，需要在 Spring 配置文件中添加如下信息。

> *<context:component-scan base-package="…"/>*

其中，"context:"是配置文件头中已经声明的命名空间（如程序清单 11-1），提供了通过扫描包应用注解定义 Bean 的功能。

当 Spring 容器启动后，如果发现配置文件中包含了 component-scan 的配置信息，则容器会扫描"base-package"指定包及其子包下面的所有类；如果这些类包含了一些特定的注解，如 @Component，则容器就将其纳入容器进行管理。

为了在程序中更好地区分 Bean 的用途，除@Component 注解外，Spring 还提供了几个衍生注解，它们都与<bean id="" class=""/>功能相似，但可以让注解本身的用途更加清晰。

- @Repository：用于对 DAO 实现类（持久层）进行注解。
- @Service：用于对 Service 实现类（业务层）进行注解。
- @Controller：用于对 Spring MVC 中 Controller 实现类进行注解。

注意：为了避免 Spring 扫描无关的包，"base-package"定义的范围不要太宽泛，保证需要使用的类能被扫描到即可。

当一个组件在扫描过程中被检测到时，会生成一个默认的 id，取值为小写开头的类名。

【例 12-1】　使用@Component 注解创建 Bean 对象。

继续使用例 11-4 的 MobilePhone 类，采用@Component 注解方式对其进行创建，代码如程序清单 12-1 所示。

程序清单 12-1　使用@Component 注解创建 Bean 对象

```
package bean;
import java.io.Serializable;
import org.springframework.stereotype.Component;
//@Component
public class MobilePhone implements Serializable {
    private String cpu;
    private String ram;
    //此处省略属性的set、get方法和构造方法
}
```

在配置文件中声明对包"bean"进行扫描，代码如下。

```
<context:component-scan base-package="bean"></context:component-scan>
```

因为@Component 未指定被创建 Bean 的 id，所以默认值为类名首字母小写"mobilePhone"，使用 JUnit 进行测试如下。

```
import org.junit.Test;
import org.springframework.context.ApplicationContext;
import org.springframework.context.support.ClassPathXmlApplicationContext;
import bean.MobilePhone;
public class TestCase {
    @Test
    public void test(){
        ApplicationContext ac = new
            ClassPathXmlApplicationContext("applicationContext.xml");
        MobilePhone phone=ac.getBean("mobilePhone",MobilePhone.class);
        System.out.println(phone);
    }
}
```

也可以使用@Component 指定 Bean 的 id，方法如下。

```
@Component("phone")
public class MobilePhone implements Serializable {
    ...
}
```

12.1.2　基于注解的依赖注入

具有依赖关系的 Bean 对象，可以使用注解完成依赖注入。最常用的两种注解是@AutoWired 和@Resource。

@AutoWired 是 Spring 提供的注解，按类型匹配的方式自动装配，在容器中查找匹配的 Bean，当有且仅有一个匹配的 Bean 时，Spring 将其注入@AutoWired 标注的变量中。@Resource 是 J2EE 提供的注解，对应 javax.annotation.Resource 类，当容器中有一个以上匹配的 Bean 时，可以通过 @ Resource(name="")按照名字进行匹配。

【例 12-2】 使用注解向 Student 类注入 MobilePhone 对象。

首先，被注入的 MobilePhone 类由@component 注解，表示创建一个该类型的 Bean 对象，如例 12-1。

其次，将 Student 类由@Component 注解，创建 Student 类型的 Bean 对象，在 JUnit 测试类中获取。

为了向 Student 类的 phone 属性注入 MobilePhone 对象，使用@Autowired 在属性前进行注解，代码如程序清单 12-2 所示。

程序清单 12-2　使用@Autowired 按类型注入属性

```java
package bean;
import java.io.Serializable;
import org.springframework.beans.factory.annotation.Autowired;
@Component    //注解Student，创建Student类型的Bean对象，默认名为student
public class Student implements Serializable{
    private String name;
    private int age;
    @Autowired    //自动注解，按类型匹配注入容器中的MobilePhone类型对象
    private MobilePhone phone;
    //此处省略set、get方法，构造方法
}
```

Bean 对象之间的关系如图 12-1 所示。

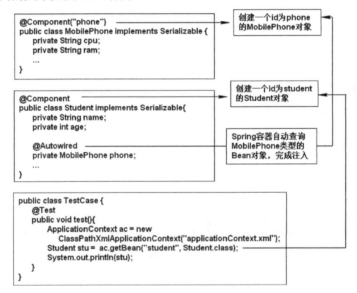

图 12-1　例 12-2 完全使用注解依赖注入的关系图

【例 12-3】　用注解的方式向类 Student 注入 Map 集合。

令 Map 集合中保存课程编号和课程对象信息。

```java
package bean;
public class Course {
    private String  cname;    //课程名
    private int creditHour;   //学分
    //两个属性的 set、get 方法，构造方法，此处省略
}
```

在配置文件中创建两个 Course 类的 Bean 对象。

```xml
<bean id="c1" class="bean.Course">
```

```
        <property name="cname" value="Java" />
        <property name="creditHour" value="4" />
    </bean>
    <bean id="c2" class="bean.Course">
        <property name="cname" value="Java Web" />
        <property name="creditHour" value="3" />
    </bean>
```

将两个对象保存至 Map 类型的 Bean 对象，代码如下。

```
<util:map id="courses" map-class="java.util.HashMap">
    <entry key="001" value-ref="c1"/>
    <entry key="002" value-ref="c2"/>
</util:map>
```

在 Student 类中，用@Resource 按照 Map 集合 Bean 对象的名字"courses"进行注入，代码如
程序清单 12-3 所示。

程序清单 12-3　使用@Resource 按名字注入属性

```java
package bean;
import java.io.Serializable;
import java.util.Map;
import javax.annotation.Resource;    //@Resource对应的类
import org.springframework.beans.factory.annotation.Autowired;
import org.springframework.stereotype.Component;
@Component
public class Student implements Serializable{
    private String name;
    private int age;
    @Autowired
    private MobilePhone phone;
    @Resource(name="courses")    //用@Resource按照名字进行注入
    private Map<String, Object> coursesInfo;
    //此处省略set、get方法，构造方法
}
```

使用 JUnit 进行测试。

```java
@Test
public void test(){
    ApplicationContext ac = new
        ClassPathXmlApplicationContext("applicationContext.xml");
    Student stu =   ac.getBean("student", Student.class);
    System.out.println(stu.getCoursesInfo().get("001"));
    System.out.println(stu.getCoursesInfo().get("002"));
}
```

输出如下，则表示注入正确。

```
Course [cname=Java, creditHour=4]
Course [cname=Java Web, creditHour=3]
```

各个 Bean 对象之间的关系如图 12-2 所示。

在例 12-3 中，同时用到了 XML 配置文件和注解两种方式来创建和注入 Bean 对象，这两种

方式的对比如表 12-1 所示。

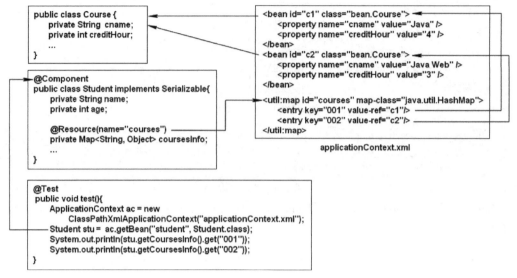

图 12-2 例 12-3 同时使用 XML 配置和注解依赖注入关系图

表 12-1 Spring 创建和注入 Bean 的方式对比

	XML 方式	注 解 方 式
Bean 定义	在 XML 文件中通过<bean>元素定义 Bean，即<bean id=" " class=" ">	在 Bean 类前通过注解@Component 或者衍生注解@Servlet，@Repository，@Controller 定义 Bean
Bean 的名字	通过<bean>元素的 id 属性定义	通过注解的 value 属性定义，默认为类名首字母小写
Bean 作为属性注入	<property>元素中用 ref 属性指定	在属性或方法前加@Autowired 按类型注入或用@Resource 按名字注入
使用场景	Bean 实现类来源于第三方类库，源代码不可见，例如 Map 等；需要创建该类的多个 Bean 对象	Bean 的实现类是当前项目开发的，源代码可见

实际应用中根据需要综合使用 XML 配置+注解的方式。

另外，@Autowired 和@Resource 注解不仅可以应用在属性上，也可以应用在方法上，表示向方法注入参数。

12.2 Spring MVC 注解

Spring MVC 编程中，可以对控制器使用@Controller 注解，同时原本 HandlerMapping 的配置工作也可以通过@RequestMapping 注解进行标识。@Controller 和@RequestMapping 注解是 Spring MVC 中最重要的两个注释类型。

12.2.1 Controller 注解

使用基于注解的控制器有如下优点。

1）传统方式下一个实现 Controller 接口的控制器只能处理一个请求，而使用注解的控制器类可以处理多个请求，这就允许相关的请求处理写在同一个控制器类，从而减少应用程序中类的数量。

2）基于注解的控制器的请求映射不需要存储在配置文件中，使用@RequestMapping 注解即可以对每个方法进行请求标注。

如第 11 章所述，传统的 Spring MVC 编写步骤分为 7 步。与之相比，基于注解的编程将其中的 4）和 6）替换为注解形式，同时在 Spring 的配置文件中添加组件扫描和启动 MVC 的注解扫描，代码如下。

```
<context:component-scan base-package="..." />
<mvc:annotation-driven/>
```

其中，<context:component-scan>与 12.1.1 节所述相同，在 base-package 中指定 Spring 扫描组件的范围。< mvc:annotation-driven/>用于启动 MVC 的注解扫描，使@RequestMapping 等注解生效。

使用注解方式，编写 Controller 时不再实现 Controller 接口，只需要在类名前添加@Controller，指示类的实例是一个控制器。在 Controller 中可以添加多个方法，每个方法处理一个请求；方法名可自定义，方法的返回值既可以是 ModelAndView，也可以是 String。

12.2.2　RequestMapping 注解

在@Controller 标注的类的内部，使用@RequestMapping 注解将每个方法与某个请求 URI 相关联。使用@RequestMapping 的方法成为请求处理方法，当前端控制器 DispatcherServlet 接收到某个请求时，按请求调用对应的方法。

@RequestMapping 注解的 value 属性将 URI 映射到方法，因为 value 是@RequestMapping 的默认属性，所以只写一个属性时可以省略属性名称。

【例 12-4】　用注解的方式实现输出 Hello World。

与 11.3 节的版本相比，进行两处修改，其他不变。

1）修改 Spring 配置文件。删除 HelloController 的 <bean>声明，删除 HandlerMapping 的配置；加入组件扫描和 MVC 扫描。

```
<context:component-scan base-package="…" />         <!--…为被扫描包-->
<mvc:annotation-driven/>
```

2）修改 HelloController，代码如程序清单 12-4 所示。

程序清单 12-4　使用注解方式实现的 Hello World

```
package controller;
import org.springframework.stereotype.Controller;
import org.springframework.web.bind.annotation.RequestMapping;
import org.springframework.web.servlet.ModelAndView;
@Controller   //声明类是控制器
public class HelloController {
    @RequestMapping("/hello.do")        //请求/hello.do 交给 hello()方法处理
    public String hello(){
        return "hello";
    }
}
```

由此，再版的 Hello World 完成。可以看到，基于注解的 Spring MVC 更加便捷，开发效率进一步提升，其工作过程如图 12-3 所示，说明如下。

①：Spring 容器启动时会扫描<context:component-scan base-package="...">中"base-package"包下的类，创建带有@Controller 注解的控制器对象。

②③：当前端控制器 DispatcherServlet 接收到请求后，到控制器对象中对@RequestMapping 设置的路径进行匹配，找到匹配的请求处理方法后执行。

④⑤⑥：请求处理方法返回视图逻辑名，DispatcherServlet 将其交给视图解析器 ViewResolver 将其解析为视图对象。

⑦：由视图对象产生响应结果。

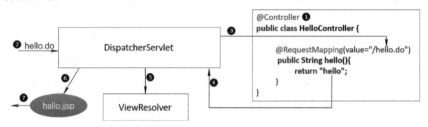

图 12-3 　基于注解的 Spring MVC 执行过程

@RequestMapping 除了注解方法外，也可以用来注解一个控制器类，代码如程序清单 12-5 所示。

程序清单 12-5 　@RequestMapping 注解控制器类

```
package controller;
import org.springframework.stereotype.Controller;
import org.springframework.web.bind.annotation.RequestMapping;
@Controller
@RequestMapping("/user")     //注解类的 URI
public class UserController {
    @RequestMapping("/registe.do")
    public String addUser(){
        return …;
    }
    @RequestMapping("/login.do")
    public String login(){
        return …;
    }
    …
}
```

注解控制器类时，Controller 中所有的方法都映射为相对于类级别的请求，每个方法的请求路径前加上该前缀，例如，addUser()方法对应的访问 URI 为"/user/registe.do"。由此通过前缀统一标识相同类别的请求。

　　注意：只要在方法上有@RequestMapping 注解，无论方法返回值是哪种类型，都按转发进行跳转处理。

12.3 　基于注解的请求和响应处理

基于注解的控制器的每个请求处理方法可以按照需求设定不同类型和个数的参数，并使用不同的方式向视图传递模型数据。

12.3.1 读取请求参数

Spring MVC Web 请求提交数据到控制器的常用方式包括使用 HttpServletRequest 获取；使用 @RequestParam 注解特殊参数；使用自动机制封装为 Bean 对象。

下面以第 2 章 "体温平安报" 的功能为例学习几种获取请求参数的方法。

【例 12-5】 使用不同方式提取 "体温平安报" 的请求参数。

（1）使用 HttpServletRequest 获取请求参数

使用 HttpServletRequest 获取请求参数时，只需要将 HttpServletRequest 对象作为方法的参数传入即可。这种方式与 Servlet 的处理方式相同，优点是直接，缺点是必须自己处理数据类型转换，不建议使用，代码如程序清单 12-6 所示。

程序清单 12-6 使用 request 提取请求参数

```
package controller.tmpmis;
import java.io.UnsupportedEncodingException;
import javax.servlet.http.HttpServletRequest;
import org.springframework.stereotype.Controller;
import org.springframework.web.bind.annotation.RequestMapping;
import bean.Report;        //保存上报信息的实体类，包含 name、telephone、isCon、temp 属性
@Controller
@RequestMapping("/tmp")
public class AddTmpController {
    @RequestMapping("/add.do")
    public String getInfo1(HttpServletRequest request) {
        //使用 request 获取表单提交的数据
        String name = request.getParameter("name");
        String telephone = request.getParameter("telephone");
        String isContacted = request.getParameter("isContacted");
        String temperature = request.getParameter("temperature");
        //手动数据类型转换
        boolean isCon = false;
        if(isContacted!=null && isContacted.equals("1")){
            isCon=truc;
        }
        double temp=0;
        if(temperature!=null){
            temp= Double.parseDouble(temperature);
        }
        Report r = new Report(name,telephone,isCon,temp);
        //在控制台打印封装数据
        //System.out.println(r);        //测试
        return "show";    //视图
    }
}
```

其中，"/tmp/add.do" 的请求提交给 getInfo()方法处理，方法参数为 HttpServletRequest，利用该参数提取请求数据，并手动进行数据转换处理。

Report 类是根据请求参数设计的实体类，代码如下。

```
package bean;
```

```
public class Report {
    private String name;
    private String telephone;
    private boolean isContacted;
    private double temperature;
    //省略 set、get 方法，构造方法
}
```

（2）使用@RequestParam 注解映射名称不一致的参数

在一般情况下，请求处理方法将请求参数作为自己的参数，保持方法的参数名与请求参数名一致即可。如果名称不一致，则可以使用@RequestParam 注解进行说明，代码如程序清单 12-7 所示。Spring 会对参数进行类型的自动转换，有时可能会出现类型转换异常。

程序清单 12-7　使用@RequestParam 注解请求参数

```
package controller.tmpmis;
import java.io.UnsupportedEncodingException;
import javax.servlet.http.RequestParam;
import org.springframework.stereotype.Controller;
import org.springframework.web.bind.annotation.RequestMapping;
import bean.Report;
@Controller
@RequestMapping("/tmp")
public class AddTmpController {
    @RequestMapping("/add.do")
    public String getInfo2(String name, String telephone, boolean isContacted,
            @RequestParam("temperature")double temp) {
        Report r = new Report(name,telephone,isContacted,temp);
        //System.out.println(r);   //测试
    return "show";
    }
}
```

其中，表单的请求参数为"temperature"，请求处理方法的参数为"temp"，在两者不一致的情况下，在参数声明前用@RequestParam 标识请求参数的真实名称。

同时，请求处理方法中参数 isContacted 为 boolean 型，temp 为 double 类型，这些数据的类型转换都由 Spring 自动完成。

（3）使用自动封装

如果将请求参数一个个地作为方法的参数，书写过于烦琐。所以对于请求参数较多的情况，可以定义与请求相对应的实体类，属性名与请求参数一致，定义对应的 set、get 方法，请求处理方法将该实体类对象做参数，代码如下。

```
@RequestMapping("/add.do")
public String getInfo3(Report r) {          //实体类对象做参数
    //System.out.println(r);                //测试
    return "show";
}
```

可以看到，3 种方式是递进式的简洁，后两种方式中 Spring 自动完成数据的类型转换及封装。

12.3.2 向页面传递数据

请求处理完毕后，需要向视图传递模型数据，对于 MVC 框架来说模型数据是最重要的，控制（C）是为了产生数据模型，视图（V）是为了渲染模型数据。

Servlet 编程中传递模型数据是将数据根据需要绑定在 HttpServletRequest（request）、HttpSession（session）或者 ServletContext（application）中，作为属性变量传递。

Spring MVC 提供了多种途径传递模型数据，常用方式如下。

1）使用 request 参数对象。因为 Spring MVC 转向视图时默认使用转发机制，所以在基于注解的控制器中，可以为请求处理方法添加 HttpServletRequest 参数，将数据绑定在 request 对象来进行传递。

2）使用 ModelMap 参数对象。在请求处理方法中添加 ModelMap 参数对象，将数据以键值对的形式添加到 ModelMap 对象，ModelMap 数据会自动添加到模型中到达视图。

3）使用 ModelAndView 返回值对象。当请求处理方法返回值为 ModelAndView 时，可以将数据添加到 Map 对象，然后封装到 ModelAndView 对象中，随方法的返回值到达视图。

方式2）和方式3）都是使用 Model 向页面传递数据，前者自动添加至模型，后者手动添加至模型。

4）使用 session 参数对象。当以重定向方式到达视图，或者模型数据需要在会话期的多个请求间共享时，需要将其保存至 session 对象。安全使用 session 的方法是利用请求处理方法的 HttpServletRequest 参数获取 session，并使用 setAttribute()方法添加模型数据，与 Servlet 编程的方式相同。

【例 12-6】 使用不同的方式将"体温平安报"提交的数据信息传递给 show.jsp 页面。

（1）使用 request 参数对象传递数据

表单提交的数据封装在 Report 对象中，请求处理方法添加 HttpServletRequest 参数，代码如程序清单 12-8 所示。

程序清单 12-8　使用 request 参数传递数据

```
package controller.tmpmis;
import javax.servlet.http.HttpServletRequest;
import org.springframework.stereotype.Controller;
import org.springframework.web.bind.annotation.RequestMapping;
import bean.Report;
@Controller
@RequestMapping("/tmp")
public class AddTmpController {
    @RequestMapping("/add.do")
    public String getInfo4(HttpServletRequest request, Report r) {
        request.setAttribute("info", r);
        return "show";
    }
}
```

在 show.jsp 页面中，通过 EL 表达式获取 request 对象的属性变量 info 中的信息，代码如下。

```
<h1>${info.name}</h1>
<h1>${info.telephone }</h1>
<h1>${info.isContacted}</h1>
```

```
<h1>${info.temperature }</h1>
```

注意：对于 boolean 型数据（以 Report 类的属性"isContacted"为例），Eclipse 在自动创建 get 方法时，默认名称是 isContacted()。但是，EL 表达式在读取属性值时严格按照 getXX()（XX 为属性名）的形式寻找对应的方法。所以 Report 中"isContacted"属性对应的 get 方法名称应为 getIsContacted()。

（2）使用 ModelMap 参数对象传递数据

ModelMap 是 Spring 框架自己实现的 Map 集合，比 java.util.Map 更易用，添加在 ModelMap 中的数据自动随响应到达视图。

使用时，在请求处理方法中增加 ModelMap 类型的参数，调用 addAttribute()方法存储数据模型，代码如程序清单 12-9 所示。

程序清单 12-9　使用 ModelMap 参数传递数据

```
package controller.tmpmis;
import org.springframework.stereotype.Controller;
import org.springframework.ui.ModelMap;
import org.springframework.web.bind.annotation.RequestMapping;
import org.springframework.web.servlet.ModelAndView;
import bean.Report;
@Controller
@RequestMapping("/tmp")
public class AddTmpController {
    @RequestMapping("/add.do")
    public String getInfo5(Report r , ModelMap model) {
        model.addAttribute ("info", r);
        return "show";
    }
}
```

Spring MVC 在调用请求处理方法前会创建一个隐含的模型对象，用于存储模型数据。如果请求处理方法的参数类型为 ModelMap，Spring 会将隐含的模型对象传递给它。在方法体内即可通过该参数访问模型对象中的所有数据，既可以读取也可以写入。

保存在 ModeMap 中的模型数据可以在视图中直接读取，show.jsp 代码不变。

（3）使用 ModelAndView 返回值对象传递数据

使用 ModelAndView 传递数据模型时，先将数据添加到 Map 对象，再将 Map 对象作为模型封装到 ModelAndView 对象中。ModelAndView 对象带有 View 和 Model 两个参数，代码如程序清单 12-10 所示。

程序清单 12-10　使用 ModelAndView 返回值对象传递数据

```
package controller.tmpmis;
import java.util.HashMap;
import java.util.Map;
import org.springframework.stereotype.Controller;
import org.springframework.web.bind.annotation.RequestMapping;
import org.springframework.web.servlet.ModelAndView;
import bean.Report;
```

```
@Controller
@RequestMapping("/tmp")
public class AddTmpController {
    @RequestMapping("/add.do")
    public ModelAndView getInfo6(Report r) {
        //1.将数据模型添加至 Map
        Map<String, Object> data = new HashMap<String, Object>();
        data.put("info", r);
        //2.创建将 Map 作为模型的 ModelAndView 对象，返回
        return new ModelAndView("show", data);        //视图参数+Model 参数
    }
}
```

随 ModelAndView 返回的模型数据在视图中可以直接读取，show.jsp 代码不变。

session 的示例在 12.4 节的重定向中讲解。

12.3.3 中文乱码处理

表单提交时，如果遇到中文字符会出现乱码现象。Spring 提供了 CharacterEncodingFilter 过滤器，用于解决 post 请求的乱码问题。

CharacterEncodingFilter 过滤器在 web.xml 中进行配置，代码如下。

```
<filter>
    <filter-name>CharacterEncodingFilter</filter-name>
    <filter-class>
        org.springframework.web.filter.CharacterEncodingFilter
    </filter-class>
    <init-param>
        <param-name>encoding</param-name>
        <param-value>utf-8</param-value>
    </init-param>
</filter>
<filter-mapping>
    <filter-name>CharacterEncodingFilter</filter-name>
    <url-pattern>/*</url-pattern>
</filter-mapping>
```

其中，<init-param>设置中文编码为 UTF-8；<url-pattern>指定过滤器对项目中的全部资源生效。

对于视图，使其编码与过滤器保持一致即不会出现乱码。JSP 页面使用 page 指令：

```
<%@page contentType="text/html;charset=utf-8" %>
```

HTML 页面使用<meta>标签：

```
<meta charset="utf-8" />
```

【例 12-7】 在"体温平安报"中测试请求和响应的中文编码问题。

首先，在 web.xml 中增加 CharacterEncodingFilter 过滤器的配置。然后，在填写表单数据时使用中文姓名，在控制台打印姓名参数，观察是否出现乱码。最后，修改视图文件 show.jsp，增加中文信息，指定字符编码为 UTF-8，并引入 JSTL 标签对 boolean 型结果的展示予以处理，show.jsp 页面代码如程序清单 12-11 所示。

```jsp
<%@page contentType="text/html;charset=utf-8" %>
<%@taglib uri="http://java.sun.com/jsp/jstl/core" prefix="c"%>
<html>
    <head><title>上报体温数据</title></head>
    <body>
        <h1>姓名：${info.name}</h1>
        <h1>联系方式：${info.telephone }</h1>
        <h1>与湖北是否有接触:
        <c:if test="${info.isContacted}" var="res">
            有接触</h1>
        </c:if>
        <c:if test="${!res}">
            未有接触</h1>
        </c:if>
        </h1>
        <h1>当日体温：${info.temperature }</h1>
    </body>
</html>
```

上述代码使用了 JSTL 标签，在 Maven 项目中引入 JSTL 时，在 pom.xml 中增加如下构件。

```xml
<!-- https://mvnrepository.com/artifact/javax.servlet/jstl -->
<dependency>
    <groupId>javax.servlet</groupId>
    <artifactId>jstl</artifactId>
    <version>1.2</version>
    <scope>runtime</scope>
</dependency>
<!-- https://mvnrepository.com/artifact/taglibs/standard -->
<dependency>
    <groupId>taglibs</groupId>
    <artifactId>standard</artifactId>
    <version>1.1.2</version>
</dependency>
```

注意：引入 jstl.jar 时不要将 groupId 错引为 javax.servlet.jsp.jstl。

运行效果如图 12-4 所示，未出现中文乱码。

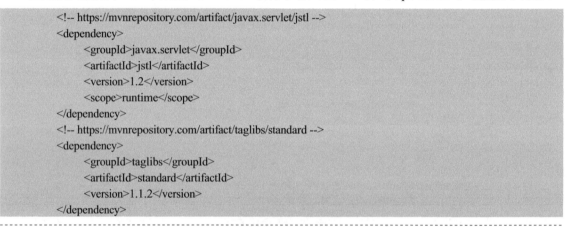

图 12-4 　 中文请求和响应处理结果

12.4　重定向

转发和重定向是到达视图的两种方式，而且转发比重定向快。因为重定向经过客户端，而转发没有；但如果要到达外部网站则只能使用重定向。

另外一个使用重定向的场景是避免用户重新请求页面时再次调用同样的动作。例如，对数据进行增、删、改都不能重新提交，因此完成操作后都是重定向到一个查询的页面，这个页面如何重新加载都没有副作用。

Spring MVC 默认采用转发方式到达视图，需要重定向时，如果请求处理方法返回的是 String 类型，可以使用 "redirect:" 前缀重定向；如果 Controller 的请求处理方法返回的是 ModelAndView 对象，可以使用 RedirectView 对象重定向。

重定向方式不受 ViewResolver 的约束，Controller 需要自行指定完整的跳转路径。

在 Spring MVC 中，转发时可以将数据简单地添加到 Model，目标视图可以直接访问到。但由于重定向会经过客户端，所以 Model 中的一切在重定向时丢失，需要使用 session 对象向页面传递数据。

【例 12-8】　编写登录及跳转处理。

登录成功重定向到 index.jsp，显示欢迎**用户；登录失败重定向到登录页面。

编写 LoginController 对登录请求进行处理，代码如程序清单 12-12 所示。

程序清单 12-12　使用 redirect:进行重定向

```
package controller;
import javax.servlet.http.HttpServletRequest;
import org.springframework.stereotype.Controller;
import org.springframework.web.bind.annotation.RequestMapping;
@Controller
public class LoginController {
    @RequestMapping(value="/login.do")
    public String login(String name, String pwd, HttpServletRequest request) {
        if(null!=name && name.equals("song") &&
                null!=pwd && pwd.equals("1234") ){ //用户名、密码匹配
            request.getSession().setAttribute("username",name);
            return "redirect:welcome.jsp";        //重定向到首页
        }else{
            return "redirect:login.html";         //重定向至登录页面
        }
    }
}
```

在请求处理方法中添加 HttpServletRequest 参数，以便从中获取到 HttpSession 对象。

登录逻辑使用假定用户名、密码，登录成功后将用户名保存至 session 属性变量。

重定向可以使用 "redirect:" 形式，将跳转地址写在冒号的后面，不受 ViewResolver 的限制，可完整书写；也可以在请求处理方法是 ModelAndView 时，使用 RedirectView 对象包装重定向地址，代码如程序清单 12-13 所示。

程序清单 12-13　使用 RedirectView 包装重定向地址

```
package controller;
```

```
import javax.servlet.http.HttpServletRequest;
import org.springframework.stereotype.Controller;
import org.springframework.web.bind.annotation.RequestMapping;
import org.springframework.web.servlet.ModelAndView;
import org.springframework.web.servlet.view.RedirectView;
@Controller
public class LoginController {
    @RequestMapping(value="/login.do")
    public ModelAndView login(String name, String pwd,
            HttpServletRequest request) {
        if(null!=name && name.equals("song") &&
                null!=pwd && pwd.equals("1234") ){ //用户名、密码匹配
            request.getSession().setAttribute("username",name);
            return new ModelAndView(new RedirectView("welcome.jsp"));
        }else{
            return new ModelAndView(new RedirectView("login.html"));
        }
    }
}
```

12.5 基于注解的 Spring MVC 分层架构

下面进一步深化 MVC 架构中的分层思想，将整个系统分为表示层、业务层和持久层 3 部分。表示层用于数据的展现和界面操作；业务层进行业务逻辑的处理；持久层负责数据库访问，最后由 Controller 将它们联系起来。

分层结构中，上一层通过接口调用下一层提供的服务，这样做的好处是当下一层的实现发生改变时，不会影响到上一层。面向对象的设计中最基本的原则就是"开闭原则"（Open-Closed Principle），对扩展开放，对修改关闭，面向接口编程很好地实现了这一点。例如，业务层通过接口调用持久层，当持久层的实现从 JDBC 的访问迁移到 NoSQL 时，只要持久层都遵守接口的标准，那么业务层的代码就保持了稳定，无须修改。

下面用分层的思想实现登录处理的完整过程。麻雀虽小、五脏俱全，从简单的业务入手，再触类旁通。

12.5.1 登录处理的分层结构

登录处理的表示层包括登录操作页面 login.jsp，登录后的首页 index.jsp，登录用户名、密码错误的提示页面 error.jsp。业务层通常都命名为 XxxxService，LoginService 是接口，LoginServiceImpl 是它的实现类。持久层进行数据库访问，命名为 XxxxDAO，UserDAO 是接口，UserDAOJdbcImpl 是用 JDBC 访问数据库的实现类。这 3 层由控制器统筹调用，调用流程图如图 12-5 所示。项目的整体文件结构如图 12-6 所示。

12.5.2 项目的基础工作

项目的基础建设，可通过以下 3 步实现。

1）建立 Maven 项目 springmvc-login，在 pom.xml 中添加组件，导入项目所需 jar 包，如表 12-2 所示。

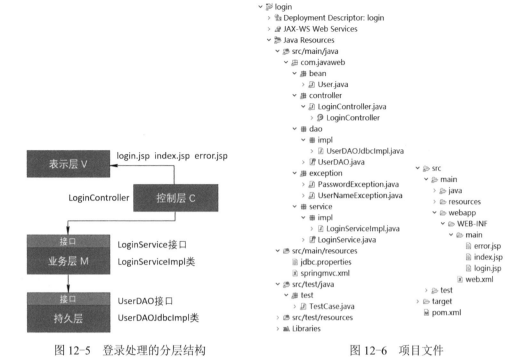

图 12-5　登录处理的分层结构　　　　　图 12-6　项目文件

表 **12-2**　项目所需 **jar** 包（**pom.xml** 添加配置信息）

spring-webmvc 框架	```<dependency> <groupId>org.springframework</groupId> <artifactId>spring-webmvc</artifactId> <version>3.2.18.RELEASE</version></dependency>```
JUnit 测试	```<dependency> <groupId>junit</groupId> <artifactId>junit</artifactId> <version>4.10</version> <scope>test</scope></dependency>```
MySQL 数据库连接	```<dependency> <groupId>mysql</groupId> <artifactId>mysql-connector-java</artifactId> <version>5.1.18</version></dependency>```
DBCP 数据库连接池	```<dependency><groupId>org.apache.commons</groupId><artifactId>commons-dbcp2</artifactId><version>2.2.0</version></dependency>```

　　2）在 web.xml 中配置 DispatcherServlet 和 CharacterEncodingFilter 过滤器（代码参见 12.3.3 节）。指定 Spring 配置文件在类路径下，名为 spingmvc.xml；DispatcherServlet 调度范围为*.do。

```
<servlet>
    <servlet-name>springmvc</servlet-name>
    <servlet-class>
        org.springframework.web.servlet.DispatcherServlet
    </servlet-class>
    <init-param>
        <param-name>contextConfigLocation</param-name>
        <param-value>classpath:springmvc.xml</param-value>
```

```
                </init-param>
                <load-on-startup>1</load-on-startup>
        </servlet>
        <servlet-mapping>
                <servlet-name>springmvc</servlet-name>
                <url-pattern>*.do</url-pattern>
        </servlet-mapping>
```

3）在类路径下（src/main/resources）添加 Spring 配置文件，配置文件中添加注解扫描和 MVC 扫描，注解扫描范围为顶层包"com.javaweb"。

```
        <context:component-scan base-package="com.javaweb" />
        <mvc:annotation-driven/>
```

12.5.3 配置数据库连接池

完成项目的基础建设后，再进行数据库连接池的配置，步骤如下。

1）建立数据库连接池的配置文件 jdbc.properties，将其存储在类路径下。文件提供数据源的配置信息，代码如下。

```
        driver=com.mysql.jdbc.Driver
        url=jdbc:mysql://localhost:3306/stu
        username=root
        password=1234
        initialSize=3
        maxTotal=15
        maxIdle=2
        minIdle=1
        maxWait=30000
```

在 Spring 配置文件中，通过 Properties 集合读取配置文件 jdbc.properties，保存在 Bean 对象中。

```
        <util:properties id="jdbc" location="classpath:jdbc.properties"/>
```

2）在 Spring 配置文件中，通过 Spring 表达式获取 jdbc 数据，配置 DBCP 数据库连接池对应的 Bean 对象。

```
        <bean id="ds"
              class="org.apache.commons.dbcp2.BasicDataSource"
              destroy-method="close">
            <property name="driverClassName" value="#{jdbc.driver}"/>
            <property name="url" value="#{jdbc.url}"/>
            <property name="username" value="#{jdbc.username}"/>
            <property name="password" value="#{jdbc.password}"/>
            <property name="initialSize" value="#{jdbc.initialSize}"/>
            <property name="maxTotal" value="#{jdbc.maxTotal}"/>
            <property name="maxIdle" value="#{jdbc.maxIdle}"/>
            <property name="minIdle" value="#{jdbc.minIdle}"/>
            <property name="maxWaitMillis" value="#{jdbc.maxWait}"/>
        </bean>
```

注意：BasicDataSource 提供了 close()方法来关闭数据源，所以必须设定 destroy-method="close"

属性，以便 Spring 容器关闭时，数据源能够正常关闭。

3）配置完成后，在 JUnit 类中测试数据库连接池是否创建成功。DBCP 的连接池送给 JDBC 访问所需的数据源 javax.sql.DataSource，代码如程序清单 12-14 所示。

程序清单 12-14   JUnit 测试 Spring MVC 数据库连接池是否创建成功

```java
import java.sql.SQLException;
import javax.sql.DataSource;
import org.junit.Before;
import org.junit.Test;
import org.springframework.context.ApplicationContext;
import org.springframework.context.support.ClassPathXmlApplicationContext;
public class TestCase {
    ApplicationContext ac;
    @Before
    public void init(){
        ac = new ClassPathXmlApplicationContext("springmvc.xml");
    }
    @Test
    public void test1() throws SQLException{
        DataSource ds = ac.getBean("ds", DataSource.class);
        System.out.println(ds.getConnection());
    }
}
```

其中，带有@Before 注解的 init()方法创建 ApplicationContext 属性对象，供其他测试方法使用。数据源 ds 配置成功后，在持久层的 DAO 访问中通过它来获取数据库连接。

12.5.4　持久层

配置完数据库连接池之后，即可在持久层进行数据库访问，步骤如下。

1）在 MySQL 数据库中，建立数据库 user 及数据表 user_info。

```sql
create database if not exists user charset=utf8;
use user;
create table if not exists user_info(
    id          int primary key not null auto_increment,
    name        varchar(30) not null,
    password    varchar(30) not null,
    telephone   char(11),
    email       varchar(50)
);
insert into user_info values(null,'admin','123456','13674561259','admin@126.com');
```

2）对应 user_info 数据表，建立 User 实体类。

```java
package com.javaweb.bean;
import java.io.Serializable;
public class User implements Serializable{
    private int id;
    private String name;
    private String pwd;
```

```
        private String telephone;
        private String email;
        //set、get 方法，构造方法等
}
```

3）建立 UserDAO 接口。

```
package com.javaweb.dao;
import bean.User;
public interface UserDAO {
        User findByName(String username);
}
```

4）建立 UserDAOJdbcImpl 类，持久层实现类代码如程序清单 12-15 所示。

程序清单 12-15　持久层实现类

```
package com.javaweb.dao.impl;
import java.sql.Connection;
import java.sql.PreparedStatement;
import java.sql.ResultSet;
import java.sql.SQLException;
import javax.annotation.Resource;
import javax.sql.DataSource;
import org.springframework.stereotype.Repository;
import com.javaweb.dao.UserDAO;
import com.javaweb.bean.User;
@Repository("userDAO")   //标识持久层的 Bean 对象
public class UserDAOJdbcImpl implements UserDAO{
        @Resource(name="ds")       //按名字注入 Spring 容器中的 Bean 对象
        private DataSource ds;
        public User findByName(String username) {
                if(username==null){
                        return null;
                }
                Connection con = null;
                try {
                        con = ds.getConnection();
                        String sql = "select * from user_info where name= ?";
                        PreparedStatement pst = con.prepareStatement(sql);
                        pst.setString(1, username);
                        ResultSet rs = pst.executeQuery();
                        if(rs.next()){
                                int id = rs.getInt("id");
                                String name = rs.getString("name");
                                String pwd = rs.getString("password");
                                User u = new User(id, name, pwd);
                                return u;
                        }
                } catch (SQLException e) {
                        e.printStackTrace();
                } finally{
```

```
                        if(rs!=null)    {try{rs.close();} catch(Exception e){}}
                        if(pst!=null)    {try{pst.close();} catch(Exception e){}}
                        if(con!=null) {try{con.close();} catch(Exception e){}}
                }
                return null;
        }
}
```

持久层实现类中最关键的两点：一点是在类前用@Repository("userDAO")注解创建持久层的Bean 对象，业务层将使用该 Bean 对象调用持久层方法；另一点是在数据源属性前用@Resource(name="ds")按名字注入 Spring 容器中的连接池对象，在 findByName()方法中获取数据库连接进行 JDBC 操作。

5）在 JUnit 测试类中测试持久层方法，代码如程序清单 12-16 所示。

程序清单 12-16 持久层测试

```
import org.junit.Before;
import org.junit.Test;
import org.springframework.context.ApplicationContext;
import org.springframework.context.support.ClassPathXmlApplicationContext;
import com.javaweb.bean.User;
import com.javaweb.dao.UserDAO;
public class TestCase {
        ApplicationContext ac;
        @Before
        public void init(){
                ac = new ClassPathXmlApplicationContext("springmvc.xml");
        }
        @Test
        public void test2(){
                UserDAO dao = ac.getBean("userDAO", UserDAO.class);
                User u = dao.findByName("admin");
                System.out.println(u.getId());
        }
}
```

12.5.5 业务层

业务调用持久层的 findByName()方法按用户名查找，查找可能会出现用户不存在的情况；用户存在时密码也可能不匹配，这都会导致登录失败。将这两种情况定义为系统异常，向用户发出出错提示，步骤如下。

1）为登录业务处理可能遇到的状况自定义异常，在业务方法中抛出。一个为查无此人异常，另一个为密码错误异常。自定义异常最重要的就是名字，标识发生的状况，代码如程序清单 12-17所示。

程序清单 12-17 业务处理对应的自定义异常类

```
package com.javaweb.exception;
public class UserNameException extends Exception{
        public UserNameException(String message) {
```

```
        super(message);
    }
}
package com.javaweb.exception;
public class PasswordException extends Exception{
    public PasswordException(String message){
        super(message);
    }
}
```

2）创建 LoginService 接口，代码如程序清单 12-18 所示。

程序清单 12-18　业务层接口

```
package com.javaweb.service;
import com.javaweb.bean.User;
import com.javaweb.exception.PasswordException;
import com.javaweb.exception.UserNameException;
public interface LoginService {
    User checkLogin(String name,String pwd)
                    throws UserNameException,PasswordException;
}
```

3）创建 LoginServiceImpl 实现类，代码如程序清单 12-19 所示。

程序清单 12-19　业务层实现类

```
package com.javaweb.service.impl;
import javax.annotation.Resource;
import org.springframework.stereotype.Service;
import com.javaweb.bean.User;
import com.javaweb.dao.UserDAO;
import com.javaweb.exception.PasswordException;
import com.javaweb.exception.UserNameException;
import com.javaweb.service.LoginService;
@Service("loginService")
public class LoginServiceImpl implements LoginService {
    @Resource(name = "userDAO")
    private UserDAO dao;
    public User checkLogin(String name, String pwd)
                        throws UserNameException, PasswordException {
        User user = dao.findByName(name);
        if (user == null) {
                throw new UserNameException("无此用户");
        } else if (!user.getPwd().equals(pwd)) {
                throw new PasswordException("密码错误");
        }
        return user;
    }
}
```

4）在 JUnit 测试类中测试业务方法，代码如程序清单 12-20 所示。

程序清单 12-20　测试业务层方法

```java
package test;
import org.junit.Before;
import org.junit.Test;
import org.springframework.context.ApplicationContext;
import org.springframework.context.support.ClassPathXmlApplicationContext;
import com.javaweb.bean.User;
import com.javaweb.exception.PasswordException;
import com.javaweb.exception.UserNameException;
import com.javaweb.service.LoginService;
public class TestCase {
    ApplicationContext ac;
    @Before
    public void init(){
            ac = new ClassPathXmlApplicationContext("springmvc.xml");
    }
    @Test
    public void test3(){
        LoginService service = ac.getBean("loginService",LoginService.class);
        try {
                User u = service.checkLogin("admin","123456");
                System.out.println(u.getId());
        } catch (UserNameException e) {
                System.out.println(e.getMessage());
        } catch (PasswordException e) {
                System.out.println(e.getMessage());
        }
    }
}
```

变换登录数据，分别对正常和会抛出异常的情况进行测试。

12.5.6　表示层

表示层包括登录页面 login.jsp、首页 index.jsp 和出错页面 error.jsp，所有 JSP 页面均存储在
WEB-INF 文件夹下，防止用户直接从地址栏访问。

登录页面 login.jsp 通过请求 toLogin.do 到达，登录成功后以重定向方式 toIndex.do 的请求到
达 index.jsp，登录不成功（用户名或者密码错误）时，转发至 error.jsp，给出错误提示，两秒后
通过 toLogin.do 自动跳转至 login.jsp。访问过程如图 12-7 所示。

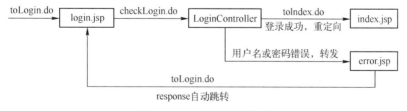

图 12-7　表示层视图关系

3 个页面的效果如图 12-8 所示。

图 12-8 登录过程的表示层页面

a) 登录页面 b) 登录成功 c) 登录不成功（密码错误）

创建 3 个视图页面，代码如程序清单 12-21 所示。

程序清单 12-21　登录页面

```
<%@page contentType="text/html;charset=utf-8"%>
<html>
<head><title>登录</title></head>
<body>
<form method="post" action="checkLogin.do">
    <fieldset style="width:260px;">
        <legend>登录</legend>
        <span>用户名：</span><input type="text" name="name" /><br><br>
        <span>密　码：</span><input type="password" name="pwd" /><br><br>
        <div><input type="submit" value="登录" id="login"/></div>
    </fieldset>
</form>
</body>
</html>
```

网站首页显示用户名，代码如程序清单 12-22 所示。

程序清单 12-22　网站首页

```
<%@page contentType="text/html;charset=utf-8"%>
<html>
    <head><title>首页</title></head>
    <body>
            欢迎，${username}
    </body>
</html>
```

出错页面，显示异常信息，并重新跳转至登录页面，代码如程序清单 12-23 所示。

程序清单 12-23　出错页面

```
<%@page contentType="text/html;charset=utf-8"%>
<html>
    <head><title>出错页面</title></head>
    <body>
```

```
            出错了，${message}
        <%
                response.setHeader("refresh", "2; url=toLogin.do");
        %>
    </body>
</html>
```

12.5.7 控制器

万事俱备，只欠东风，最后使用 Controller 将业务层和表示层连接起来。

在 LoginController 中注入业务层的 Bean 对象，在 checkLogin.do 的请求处理方法中使用。每个请求处理按照图 12-7 所示转向不同的请求或视图，登录控制器代码如程序清单 12-24 所示。

程序清单 12-24　登录控制器

```java
package com.javaweb.controller;
import javax.annotation.Resource;
import javax.servlet.http.HttpSession;
import org.springframework.stereotype.Controller;
import org.springframework.ui.ModelMap;
import org.springframework.web.bind.annotation.RequestMapping;
import com.javaweb.bean.User;
import com.javaweb.exception.PasswordException;
import com.javaweb.exception.UserNameException;
import com.javaweb.service.LoginService;
@Controller
public class LoginController {
    @Resource(name="loginService")
    private LoginService sevice;

    @RequestMapping("/toLogin.do")
    public String toLogin(){
        return "main/login";
    }
    @RequestMapping("/checkLogin.do")
    public String checkLogin(String name, String pwd,
            HttpSession session, ModelMap model){
        try {
            User u = sevice.checkLogin(name, pwd);
            session.setAttribute("username", name);
            return "redirect:toIndex.do";        //重定向：书写完整路径
        } catch (UserNameException e) {
            model.addAttribute("message", e.getMessage());
            return "main/error";
        } catch (PasswordException e) {
            model.addAttribute("message", e.getMessage());
            return "main/error";
        }

    }
```

```
        @RequestMapping("/toIndex.do")
        public String toIndex(){
            return "main/index";
        }
    }
```

登录处理的 Spring MVC 分层结构中，依赖注入的关系如图 12-9 所示，上层注入下层的实现类对象，但编程本身使用接口完成。控制器调用业务层的接口，业务层调用持久层的接口，保持了代码的稳定性。

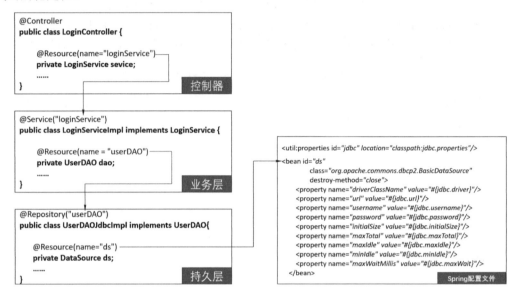

图 12-9　分层结构中的依赖注入

12.6　Spring JDBC

JDBC 访问中有很多重复的事，获取连接、创建 Statement 对象、释放资源、异常处理等。Spring JDBC 是 Spring 的持久层技术，可通过模板和回调机制以更直接、更简洁的方式完成 JDBC 的工作，使我们仅需要做那些必不可少的事。

12.6.1　配置 Spring JDBC

使用 Spring JDBC 编程，可借助 JdbcTemplate 来封装获取和释放数据库连接等工作。配置 Spring JDBC 的步骤如下。

1）JdbcTemplate 需要使用 DataSource 获取连接，可在 Spring 配置文件中创建好数据源，详见 12.5.3 节，这里不再重复。

2）在 pom.xml 中添加 Spring JDBC 需要 jar 包。

```
<!-- https://mvnrepository.com/artifact/org.springframework/spring-jdbc -->
<dependency>
    <groupId>org.springframework</groupId>
    <artifactId>spring-jdbc</artifactId>
    <version>5.2.5.RELEASE</version>
```

```
    </dependency>
```

3）在 Spring 配置文件中定义 JdbcTemplate。

```
<bean id="jdbcTemplate"
    class="org.springframework.jdbc.core.JdbcTemplate">
    <property name="dataSource" ref="ds"/>
</bean>
```

其中，"ds" 为已定义好的数据源对象。

下面以"体温平安报"的数据表操作为例，学习使用 Spring JDBC。其中，表结构如图 2-13 所示，实体类如下。

```
import java.util.Date;
public class Report {
    private int id;
    private String name;
    private String telephone;
    private boolean isContacted;
    private Date date;
    private double temp;
    //set、get 方法，构造方法
}
```

12.6.2　为 SQL 语句传参

JdbcTemplate 使用 PreparedStatement 执行 SQL 语句，在 SQL 语句中使用"?"作为占位符表示参数。

JdbcTemplate 提供了若干个 update()方法，实现对数据表的增、删、改操作。

- int update(String sql)：执行不带参数的 SQL 语句。
- int update(String sql, Object[] args)：执行带参数的 SQL 语句，第 2 个参数 Object[]以 Object 数组的形式接收语句中的所有参数。
- int update(String sql, Object···args)：执行带参数的 SQL 语句，第 2 个不定参数与 Object[] 相似，但参数可以为任意类型、任意一个。

JdbcTemplate 将原始的 JDBC 访问简化为定义 SQL 语句、准备参数、调用 update()3 个步骤。

【例 12-9】　定义 ReportDAO，使用 JdbcTemplate 完成增、删操作。

持久层 DAO 继续遵循接口实现类的结构设计，先定义接口。

```
package com.jdbc.dao;
import java.util.List;
import com.jdbc.bean.Report;
public interface ReportDAO {
    void delete(int id);
    void update(Report report);
    void save(Report report);
    Report findById(int id);
    List<Report> findAll();
}
```

在 ReportDAO 的实现类中注入 JdbcTemplate 对象，使用 JdbcTemplate 完成按 id 进行删除的方法，代码如程序清单 12-25 所示。

程序清单 12-25　使用 JdbcTemplate 的删除操作

```java
package com.jdbc.dao.impl;
import java.util.List;
import javax.annotation.Resource;
import org.springframework.jdbc.core.JdbcTemplate;
import org.springframework.stereotype.Repository;
import com.jdbc.bean.Report;
@Repository("reportDAOImpl")
public class ReportDAOImpl implements com.jdbc.dao.ReportDAO{
    @Resource(name="jdbcTemplate")
    private JdbcTemplate template;
    public List<Report> findAll() {
        return null;
    }
    public void delete(int id) {
        //1.定义 SQL 语句
        String sql = "delete from temperature where id = ?";
        //2.准备参数:只有 id
        //3.执行 SQL 语句
        template.update(sql, id);
    }
    //省略其他方法
}
```

因为该 SQL 语句只有一个参数，所以调用 int update(String sql, Object…args)方法，直接将 id 作为第 2 个参数。

当参数较多时，要在 ReportDAOImpl 中向数据表插入记录，通常是将参数封装为 Object[]数组，按照定义 SQL 语句、准备参数、执行 SQL 语句的顺序来执行，使用 update(String sql, Object[] args)方法完成，代码如程序清单 12-26 所示。

程序清单 12-26　使用 JdbcTemplate 的添加记录操作

```java
public void save(Report report) {
    //1.定义 SQL 语句
    String sql = "insert into temperature values(null,?,?,?,?,?)";
    //2.准备参数
    Object[] params = new Object[]{
        report.getName(), report.getTelephone(),
        report.isContacted(), report.getDate(),
        report.getTemp()
    };
    //3.执行 SQL 语句
    template.update(sql,params);
}
```

准备参数时，按照 SQL 语句的占位符所需数据依次书写。

12.6.3　用回调处理查询

查询操作与、增、删、改操作不同，SQL 语句执行完毕后还需要对结果集中的数据进行封装，封装为一个对象或者一个集合。

JdbcTemplate 提供了很多个用于查询的方法,通常查询结果唯一时使用 queryForObject()方法,直接返回一个对象；查询结果为集合时使用 query()方法，返回一个 List 集合。

JdbcTemplate 将结果集的处理利用回调接口完成，作为查询方法的最后一个参数，例如，query()方法的格式如下。

- void query(String sql, RowMapper rowMapper)：处理无参的查询。
- void query(String sql, Object[] args, RowMapper rowMapper)：处理有参的查询。

其中，RowMapper 是处理结果集映射逻辑的接口，接口中只有一个方法 mapRow(ResultSet rs, int rowNum)，可在其中书写封装对象与结果集之间的映射关系。

实现 RowMapper 接口，可以直接以匿名内部类的方式写在函数的参数位置；也可以在 DAO 中创建 RowMapper 的实现类，在参数位置创建实现类对象。

【例 12-10】 使用 JdbcTemplate 完成 findById()操作。

因为按 id 查询，结果最多只有一条，所以选择 queryForObject()方法，在回调接口参数部分直接创建匿名内部类对象。

程序清单 12-27　JdbcTemplate 返回单条数据的查询

```java
public Report findById(int id) {
    //1.定义 SQL 语句
    String sql = "select * from temperature where id= ?";
    //2.准备参数
    Object[] params = new Object[]{id};
    //3.执行 SQL 语句
    return template.queryForObject(sql, params ,new RowMapper<Report>{//使用泛型
        //4.实现接口方法
        public Report mapRow(ResultSet rs, int index) //返回值修改为 Report
            throws SQLException {
            Report r = new Report();
            r.setId(rs.getInt("id"));
            r.setName(rs.getString("name"));
            r.setTelephone(rs.getString("telephone"));
            r.setContacted(rs.getInt("isContacted")==0?false:true);
            r.setDate(rs.getDate("date"));
            r.setTemp(rs.getDouble("temp"));
            return r;
        }
    });
}
```

实现接口时，注意泛型的使用，将对象标识为 Report 类型。

如果在 DAO 中有很多查询方法，那么定义 RowMapper 的实现类将更加便捷。

【例 12-11】 使用 JdbcTemplate 完成 findAll()操作。

查询结果可能为多条时，使用 query()方法。定义 RowMapper 的实现类 ReportRowMapper，在 query()方法中创建 ReportRowMapper 对象，代码如程序清单 12-28 所示。

程序清单 12-28　JdbcTemplate 返回集合数据的查询

```java
public List<Report> findAll() {
    //1.定义 SQL 语句
    String sql = "select * from temperature";
    //2.执行 SQL 语句
    return template.query(sql, new ReportRowMapper());   //实现类对象做参数
}
```

```
private class ReportRowMapper implements RowMapper<Report>{
    public Report mapRow(ResultSet rs, int index) throws SQLException {
        Report r = new Report();
        r.setId(rs.getInt("id"));
        r.setName(rs.getString("name"));
        r.setTelephone(rs.getString("telephone"));
        r.setContacted(rs.getInt("isContacted")==0?false:true);
        r.setDate(rs.getDate("date"));
        r.setTemp(rs.getDouble("temp"));
        return r;
    }
}
```

注意，当查询结果为多条，需要封装在 List 集合中时，代码中却没有 List 出现。这是因为 JdbcTemplate 会自动创建 List 集合，把封装好的对象添加至 List 的操作都是自动完成的。

RowMapper 的实现类在所有查询方法中都可以使用，例如，findById()可以改写为

```
return template.queryForObject(sql, params ,new ReportRowMapper());
```

至此，本章完成了基于注解的 Spring MVC 和 Spring JDBC 的学习，下一章将使用这些技术实现网上书店的开发。

12.7 思维导图

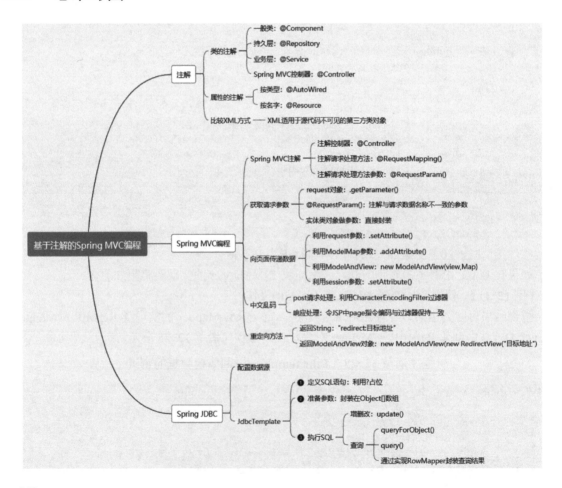

12.8 习题

1．选择题

1）关于 Spring MVC 中 Controller 接收页面参数的方式，说法错误的是（　　）。

    A．可以使用 request 获取

    B．可以使用@RequestParam 注解

    C．可以使用@RequestMapping 注解

    D．可以使用自动机制封装成对象

2）下面关于请求处理方法的返回类型，说法正确的是（　　）。

    A．常见的返回类型是 String 和 ModelAndView

    B．ModelAndView 类型中可以指定视图并添加 Model 数据

    C．String 类型的返回值可以跳转视图，但不能携带数据

    D．void 类型主要用于 Ajax 异步请求，它只返回数据，而不会跳转视图

3）下面关于@RequestMapping 注解说法错误的是（　　）。

    A．@RequestMapping 注解的默认属性是 value

    B．@RequestMapping 注解的 value 属性名可以省略

    C．@RequestMapping 注解的 value 属性必须书写

    D．@RequestMapping 注解只能用于 Controller 的请求处理方法

4）下面说法正确的是（　　）。

    A．在控制器类中，每一个请求处理方法都可以有多个不同类型的参数，以及一种类型的返回结果

    B．@Resource 注解是 Spring 框架定义的

    C．重定向与转发相同，都经过 ViewResolver 的解析处理

    D．重定向可以使用 Model 向页面传递数据

5）有关 Spring 中配置数据源说法正确的是（　　）。

    A．配置数据源的 bean 名字只能是 datasource

    B．DataSource 接口位于 java.sql 包

    C．在一个 Spring 配置文件中可以配置多个数据源

    D．DataSource 对应一个数据库连接池

2．编程题

1）使用基于注解的 Spring MVC，实现城市列表显示功能，要求如下。

① City 城市类设有 id 和 name 两个属性。

② 构建 List<City>集合，并将数据传递给页面。

③ 在 JSP 中采用 JSTL 和 EL 表达式显示集合数据。

城市列表

ld	name
001	北京
002	上海
003	广州
004	深圳

2）使用 Spring MVC 编写一个 BMI 计算器。输入身高、体重，输出 BIM 指数及身体状况。体质指数（BMI）=体重（kg）÷身高^2（m^2）。

已知成年人身体质量指数标准如下。

成年人身体质量指数			
轻体重BMI	健康体重BMI	超重BMI	肥胖BMI
BMI<18.5	18.5≤BMI<24	24≤BMI<28	28≤BMI

3）准备好一张数据表，使用 Spring JDBC 完成对数据表的如下操作。

① 向表中插入一条记录。

② 对表中的数据进行更改。

③ 按照 MySQL 数据库中 limit 子句的限制，查询出指定范围的记录集。

limit 的使用方法为：select * from ** limit begin, n。其中，begin 为数据表记录的位序，n 为记录数目，即查询得到从 begin 开始的 n 条记录。

3. 综合实践

使用 Spring MVC 的分层结构重写学生信息管理系统，如图 12-10 所示。

图 12-10 学生信息管理系统

第13章　网上书店的开发

本章使用 Spring 技术完成一个网上书店的设计，从而掌握开发一个复杂 Web 应用的全过程。

13.1　网上书店概述

一个项目的开发首先要有顶层的设计，包括功能模块、数据库，并确定项目的工程结构、项目所需的所有 jar 包等。

13.1.1　功能模块

网上书店包括用户管理、网站首页、分类查看、购物车和订单模块，如图 13-1 所示。

用户管理包含注册、登录和退出；网页首页由图书分类、编辑推荐和新书热卖榜组成；分类浏览包括分类图书数量统计、图书分页浏览和图书明细；购物车包括创建和添加购物车、查看购物列表、修改购物车和删除购物信息；订单包含填写订单及查看订单。

这些功能模块包含了用户从进入网站、浏览图书到完成购物的各个过程。

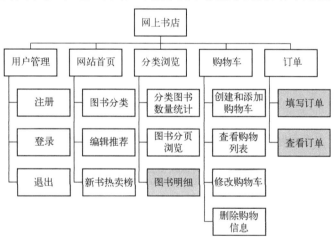

图 13-1　网上书店的功能模块图

说明：有底纹标记的模块作为综合练习留给读者实践。

13.1.2　数据库设计

本系统使用 MySQL 数据库，系统的底层数据表及关系如图 13-2 所示。

user 表存储用户注册的信息；book 表存储图书的所有信息；category 表存储图书的类别信息；category_book 表存储类别和图书之间的包含关系；orderform 表存储订单信息；item 表存储订单明细。

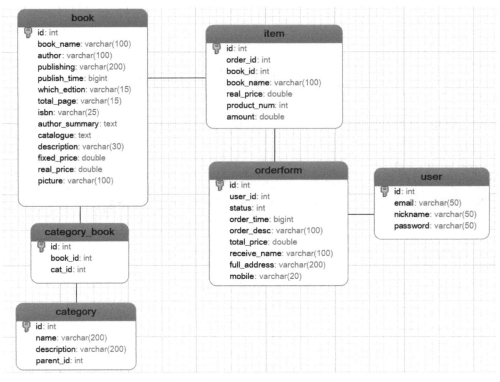

图 13-2　网上书店的数据表及关系

Tips： 创建数据库及数据表的脚本文件见教材配套资源中的源代码，可以直接用 MySQL 中的 source 指令运行脚本文件。

13.1.3　项目结构

项目服务器端使用 Spring MVC 控制器连接视图层和持久层，持久层使用 Spring JDBC 书写 DAO 访问。视图层使用 JSP、EL 表达式和 JSTL 标签。

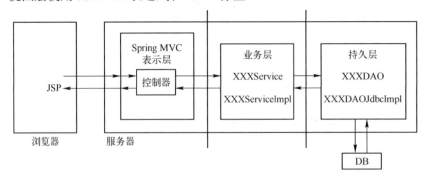

图 13-3　项目架构关系

项目的源代码包结构如图 13-4 所示。com.bookshopping 包中包含子包 controller（控制器）、service（业务层）、dao（持久层）、view（视图层），其中，service 和 dao 下各自有 impl 子包，按照接口/实现类架构组织；entity 包中存储实体类，exception 包存储系统中自定义的异常类，tag 包存储自定义标签，util 包存储连接数据库等工具类。

页面文件的代码结构如图 13-5 所示。JSP 页面存储在 WEB-INF 文件夹下，防止在浏览器端直接对其进行访问。页面按模块分别存储在 user（用户管理模块）、main（主页）、booklist（图书分类浏览）、cart（购物车）中；common 文件夹下存储每个页面都包括的头文件 head.jsp 等。

图 13-4 源代码包结构　　　　图 13-5 页面代码结构

13.1.4 项目所需 jar 包

在 pom.xml 中定义项目所需 jar 包的坐标，如表 13-1 所示，包括 Spring MVC 框架、Spring JDBC、JUnit 测试、与 Spring MVC 配合完成 JSON 数据访问的相关 jar 包、MySQL 数据库、DBCP 数据库连接池的 jar 包等。

表 13-1 项目所需 jar 包

jar 包	坐　　标
Spring MVC 框架	```<dependency>` ` <groupId>org.springframework</groupId>` ` <artifactId>spring-webmvc</artifactId>` ` <version>3.2.18.RELEASE</version>` `</dependency>```
Spring JDBC	```<dependency>` ` <groupId>org.springframework</groupId>` ` <artifactId>spring-jdbc</artifactId>` ` <version>5.2.5.RELEASE</version>` `</dependency>```
JUnit 测试	```<dependency>` ` <groupId>junit</groupId>` ` <artifactId>junit</artifactId>` ` <version>4.10</version>` ` <scope>test</scope>` `</dependency>```
Spring MVC 所需 JSON	```<dependency>` ` <groupId>com.fasterxml.jackson.core</groupId>` ` <artifactId>jackson-core</artifactId>` ` <version>2.2.3</version>` `</dependency>` `<dependency>` ` <groupId>com.fasterxml.jackson.core</groupId>` ` <artifactId>jackson-annotations</artifactId>` ` <version>2.2.3</version>` `</dependency>` `<dependency>` ` <groupId>com.fasterxml.jackson.core</groupId>` ` <artifactId>jackson-databind</artifactId>` ` <version>2.2.3</version>` `</dependency>```
MySQL 数据库	```<dependency>` ` <groupId>mysql</groupId>` ` <artifactId>mysql-connector-java</artifactId>` ` <version>5.1.18</version>` `</dependency>```

jar 包	坐　　标

DBCP 连接池	`<dependency>`
	`    <groupId>org.apache.commons</groupId>`
	`    <artifactId>commons-dbcp2</artifactId>`
	`    <version>2.2.0</version>`
	`</dependency>`

JSTL 标签	`<dependency>`
	`    <groupId>javax.servlet</groupId>`
	`    <artifactId>jstl</artifactId>`
	`    <version>1.2</version>`
	`    <scope>runtime</scope>`
	`</dependency>`
	`<dependency>`
	`    <groupId>taglibs</groupId>`
	`    <artifactId>standard</artifactId>`
	`    <version>1.1.2</version>`
	`</dependency>`

13.1.5　配置 Spring MVC

在 web.xml 中配置项目的首页、DispatcherServlet 和 CharacterEncodingFilter 过滤器，代码如程序清单 13-1 所示。

程序清单 13-1　web.xml

```xml
<?xml version="1.0" encoding="UTF-8"?>
<web-app xmlns:xsi="http://www.w3.org/2001/XMLSchema-instance" xmlns="http://java.sun.com/xml/ns/javaee"
    xsi:schemaLocation="http://java.sun.com/xml/ns/javaee  http://java.sun.com/xml/ns/javaee/web-app_2_5.xsd" version="2.5">
    <display-name>test</display-name>
    <welcome-file-list>
    <welcome-file>index.jsp</welcome-file>
    </welcome-file-list>
    <servlet>
        <servlet-name>springmvc</servlet-name>
        <servlet-class>
            org.springframework.web.servlet.DispatcherServlet
        </servlet-class>
        <init-param>
            <param-name>contextConfigLocation</param-name>
            <param-value>classpath:springmvc.xml</param-value>
        </init-param>
        <load-on-startup>1</load-on-startup>
    </servlet>
    <servlet-mapping>
        <servlet-name>springmvc</servlet-name>
        <url-pattern>*.do</url-pattern>
    </servlet-mapping>
    <filter>
        <filter-name>CharacterEncodingFilter</filter-name>
        <filter-class>
            org.springframework.web.filter.CharacterEncodingFilter
        </filter-class>
```

```
            <init-param>
                <param-name>encoding</param-name>
                <param-value>utf-8</param-value>
            </init-param>
        </filter>
        <filter-mapping>
            <filter-name>CharacterEncodingFilter</filter-name>
            <url-pattern>/*</url-pattern>
        </filter-mapping>
    </web-app>
```

13.1.6 spring-mvc.xml

在 Spring 的配置文件中定义组件扫描、注解扫描、创建数据库连接的相关 Bean 对象及配置项目的视图解析器等，代码如程序清单 13-2 所示。

程序清单 13-2   Spring 配置文件

```
<?xml version="1.0" encoding="UTF-8"?>
<beans xmlns="http://www.springframework.org/schema/beans"
    xmlns:xsi="http://www.w3.org/2001/XMLSchema-instance"
    xmlns:context="http://www.springframework.org/schema/context"
    xmlns:jdbc="http://www.springframework.org/schema/jdbc"
    xmlns:jee="http://www.springframework.org/schema/jee"
    xmlns:tx="http://www.springframework.org/schema/tx"
    xmlns:aop="http://www.springframework.org/schema/aop"
    xmlns:mvc="http://www.springframework.org/schema/mvc"
    xmlns:util="http://www.springframework.org/schema/util"
    xmlns:jpa="http://www.springframework.org/schema/data/jpa"

    xsi:schemaLocation="
        http://www.springframework.org/schema/beans
        http://www.springframework.org/schema/beans/spring-beans-3.2.xsd
        http://www.springframework.org/schema/context
        http://www.springframework.org/schema/context/spring-context-3.2.xsd
        http://www.springframework.org/schema/jdbc
        http://www.springframework.org/schema/jdbc/spring-jdbc-3.2.xsd
        http://www.springframework.org/schema/jee
        http://www.springframework.org/schema/jee/spring-jee-3.2.xsd
        http://www.springframework.org/schema/tx
        http://www.springframework.org/schema/tx/spring-tx-3.2.xsd
        http://www.springframework.org/schema/aop
        http://www.springframework.org/schema/aop/spring-aop-3.2.xsd
        http://www.springframework.org/schema/mvc
        http://www.springframework.org/schema/mvc/spring-mvc-3.2.xsd
        http://www.springframework.org/schema/util
        http://www.springframework.org/schema/util/spring-util-3.2.xsd
        http://www.springframework.org/schema/data/jpa
        http://www.springframework.org/schema/data/jpa/spring-jpa-1.3.xsd">

    <!--1.组件扫描 -->
    <context:component-scan base-package="com.bookshopping"/>
    <!--2.Spring MVC 注解扫描 -->
    <mvc:annotation-driven/>
```

```xml
<!--3.读取配置文件 -->
<util:properties id="jdbc" location="classpath:dbcp.properties"/>
<!--4.定义数据源 -->
<bean id="ds"
    class="org.apache.commons.dbcp2.BasicDataSource"
    destroy-method="close">
  <property name="driverClassName" value="#{jdbc.driver}"/>
  <property name="url" value="#{jdbc.url}"/>
  <property name="username" value="#{jdbc.username}"/>
  <property name="password" value="#{jdbc.password}"/>
  <property name="initialSize" value="#{jdbc.initialSize}"/>
  <property name="maxTotal" value="#{jdbc.maxTotal}"/>
  <property name="maxIdle" value="#{jdbc.maxIdle}"/>
  <property name="minIdle" value="#{jdbc.minIdle}"/>
  <property name="maxWaitMillis" value="#{jdbc.maxWait}"/>
</bean>
<!--5.配置 Spring JDBC 访问数据源 -->
<bean id="jdbcTemplate"
    class="org.springframework.jdbc.core.JdbcTemplate">
    <property name="dataSource" ref="ds"/>
</bean>
<!--6.配置视图解析器 -->
<bean
  class="org.springframework.web.servlet.view.InternalResourceViewResolver">
    <property name="prefix" value="/WEB-INF/" />
    <property name="suffix" value=".jsp" />
</bean>
</beans>
```

13.1.7 数据库连接池配置文件

数据库连接池配置文件指定数据库源获取的相关参数。

```
driver=com.mysql.jdbc.Driver
url=jdbc:mysql://localhost:3306/bookshop?characterEncoding=utf8
username=xx
password=xx
initialSize=3
maxTotal=15
maxIdle=2
minIdle=1
maxWait=30000
```

13.2 用户管理

用户管理的注册、登录、退出几乎是所有 Web 应用都会具备的功能。

13.2.1 用户管理相关的基本类和接口

用户对应的实体类如下。

```java
package com.bookshopping.entity;
import java.io.Serializable;
```

```
public class User implements Serializable{
    private int id;
    private String email;
    private String nickname;
    private String password;
    //set、get 方法，构造方法等
}
```

持久层 DAO 访问接口如下。

```
package com.bookshopping.dao;
import com.bookshopping.entity.User;
public interface UserDAO {
    public User findByEmail(String email);
    public User findById(String id);
    public void save(User user);
}
```

业务层 Service 访问接口如下。

```
package com.bookshopping.service;
import com.bookshopping.entity.User;
import com.bookshopping.exception.ExistedEmailException;
import com.bookshopping.exception.PasswordException;
import com.bookshopping.exception.UserNameException;
public interface UserService {
    public User checkEmail(String email) throws ExistedEmailException;
    public User checkLogin(String email, String password)
                throws UserNameException,PasswordException;
    public void addUser(String email, String password, String nickname);
}
```

Service 涉及的 3 个自定义异常定义如下，分别标识邮箱已存在、登录时查无该用户、登录密码输入错误这 3 种情况。

```
package com.bookshopping.exception;
public class ExistedEmailException extends Exception{
    public ExistedEmailException(String message){
        super(message);
    }
}
package com.bookshopping.exception;
public class UserNameException extends Exception{
    public UserNameException(String message) {
        super(message);
    }
}
package com.bookshopping.exception;
public class PasswordException extends Exception{
    public PasswordException(String message){
        super(message);
    }
}
```

用户数据表结构如表 13-2 所示。

表 13-2　user 表

字 段 名	含 义	数 据 类 型	说 明
id	ID	int	关键字，自动增长
email	邮箱	varchar(50)	唯一
nickname	昵称	varchar(50)	
password	密码	varchar(50)	需加密存储

13.2.2　用户注册

系统的注册页面如图 13-6 所示。

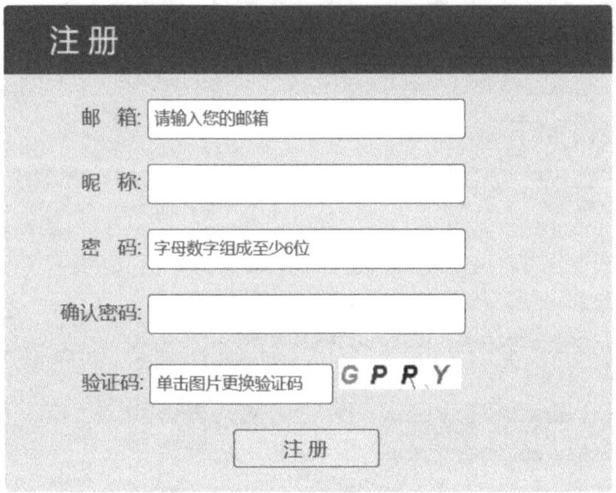

图 13-6　注册页面

注册页面包括的功能如下。

1）客户端校验：邮箱规则检测及查重、密码的规则检测及密码和确认密码的一致性检测、单击更换验证码、验证码正确性检测。

2）密码加密存储。

3）用户注册信息存储至 user 数据表。

用户注册的页面存储在 webapp/WEB-INF/user 下，名为 registe.jsp；为注册提供客户端校验的代码位于 webapp/js 下，名为 check_registe.js。

注册页面的核心代码如下。

```
<dt>
    邮箱:<input type="text" name="email" id="email"
         placeholder="请输入您的邮箱" tabindex='2'/>
    <div class='warning' id='warning_email'></div>
</dt>
<dt>
    昵称:<input type="text" name="nickname" id="nickname" tabindex='3'/>
</dt>
<dt>
    密码: <input type="password" name="password" id="password"
         placeholder="字母数字组成至少6位" tabindex='4'/>
    <div class='warning' id='warning_password'></div>
```

```
    </dt>
    <dt>
        确认密码: <input type="password" name="" id="final_password" tabindex='5'/>
        <div class='warning' id='warning_final_password'></div>
    </dt>
    <dt>
        验证码: <input type="text" name="verifycode" id="verifycode"
                placeholder="单击图片更换验证码" tabindex='6'/>
        <img class="" id="imgVcode" src="getVerifyCode.do" />
        <div class='warning' id='warning_verifycode'></div>
    </dt>
    <dt>
        <input type="submit" value='注册' tabindex='7'/>
    </dt>
```

1. 邮箱验证及查重

当邮箱文本框失去光标时，使用 jQuery 对是否为空和邮箱格式进行验证，代码如下。

```
$('#email').blur(function(){
    //1.判断邮箱是否为空
    $("#warning_email").html('');
    var email = $('#email').val();
    if(email==""){
        $("#warning_email").html('邮箱不能为空');
        return;
    }
    //2.利用正则表达式判断邮箱格式是否正确
    var Email_reg=/^[a-zA-Z0-9_+.-]+\@([a-zA-Z0-9-]+\.)+[a-zA-Z0-9]{2,4}$/;
    if(!Email_reg.test(email)){
        $("#warning_email").html('邮箱格式不正确');
        return;
    }
}
```

如果邮箱通过验证，则再利用 Ajax 请求对邮箱进行查重。服务器端组件请求路径为 validEmail.do，返回 JSON 数据，在 success 的回调函数中将 JSON 封装的查重结果信息输出至提示区，代码如下。

```
//3. 发送 Ajax 请求判断邮箱唯一性
$.ajax({
    type:"post",
    url: 'validEmail.do',
    data:{'email':email},
    dataType:"json",   //标识返回值类型为 JSON
    success: function(data){ //data:JSON 数据
        $("#warning_email").html(data.msg);
    }
});
```

JSON 数据为纯文本，具有跨平台的特性，且键值对的表达方式非常灵活便捷。JSON 格式的数据随着 Ajax 技术的普及，应用更加广泛。邮箱查重的 Ajax 请求使用了 Spring MVC 搭档的 Jackson 类库的应用，它能够将 Java 对象序列化为 JSON 字符串，也能够将 JSON 字符串反序列化为 Java 对象。首先在项目中导入 Jackson 库的 jar 包，如表 13-1 所示。

为了返回 JSON 格式数据，定义保存返回结果的实体类。

```
package com.bookshopping.entity;
import java.io.Serializable;
public class Result implements Serializable{
    private int status;   // 状态标志
    private String msg;   // 信息描述
    //set、get 方法，构造方法等
}
```

UserDAO 的实现类 UserDAOJdbcImpl 中的 findByEmail()方法实现 user 表按 email 的查询。使用 Spring JDBC 查询方法的代码如程序清单 13-3 所示。

程序清单 13-3   用户查询的持久层访问

```
package com.bookshopping.dao.impl;
import java.sql.ResultSet;
...
@Repository("userDAO")    //持久层 Bean 对象注解
public class UserDAOJdbcImpl implements UserDAO{
    @Resource(name="jdbcTemplate")
    private JdbcTemplate template;

    public User findByEmail(String email) {
        String sql = "select * from user where email= ?";
        Object[] params = new Object[]{email};
        try{
            return template.queryForObject(
                        sql, params ,new UserRowMapper());
        }catch(Exception e){
            return null;
        }
    }
    private class UserRowMapper implements RowMapper<User>{
        public User mapRow(ResultSet rs, int index) throws SQLException {
            User u = new User();
            u.setId(rs.getInt("id"));
            u.setEmail(rs.getString("email"));
            u.setNickname (rs.getString("nickname"));
            u.setPassword(rs.getString("password"));
            return u;
        }
    }
}
```

UserService 实现类 UserServiceImpl 中的 checkEmail()方法完成查重，代码如程序清单 13-4 所示。

程序清单 13-4   用户查重的业务层访问

```
package com.bookshopping.service.impl;
```

```
import javax.annotation.Resource;
…
@Service("userService")     //业务层Bean对象注解
public class UserServiceImpl implements UserService{
    @Resource(name = "userDAO")      //注入userDAO的Bean对象
    private UserDAO dao;
    public User checkEmail(String email) throws ExistedEmailException { //查重
        User user = dao.findByEmail(email);
        if (user != null) {
            throw new ExistedEmailException("existed");
        }
        return user;
    }
}
```

控制层 UserController 利用 validEmail()方法接收查重请求,并将查重结果以 JSON 格式返回。引入 Jackson 库后,在处理请求的方法的首部用@ResponseBody 注解标识,方法的返回值不再限定为 String 和 ModelAndView,可以是自定义对象,Jackson 将其自动转化为 JSON 格式的字符串,代码如程序清单 13-5 所示。

程序清单 13-5   用户注册的控制层访问

```
package com.bookshopping.controller;
import javax.annotation.Resource;
…
@Controller
@RequestMapping("/user")   //请求前缀
public class UserController {
    @Resource(name="userService")      //注入业务层Bean对象
    private UserService service;
    @RequestMapping("/validEmail.do")    //请求完整路径为/user/validEmail.do
    @ResponseBody   //返回JSON字符串
    public Result validEmail(String email){
        Result result = new Result();
        try {
            User u = service.checkEmail(email);
            result.setStatus(1); //
            result.setMsg("邮箱可用");
        } catch (ExistedEmailException e) {
            result.setStatus(0); //
            result.setMsg("邮箱已被占用");
        }
        return result;
    }
}
```

Result 结果对象由返回状态(1 表示邮箱可用,0 表示邮箱已被占用)和返回信息字符串组成。在@ResponseBody 注解的作用下,返回值由 Result 对象转换得到 JSON 字符串,如图 13-7 所示。

说明:密码和确认密码的客户端校验,请直接参看教材配套资源中的源代码,此处不再占用篇幅叙述。

2．验证码

验证码工具 VerifyCodeUtil 提供两个方法，getVerifyCode()方法生成验证码字符，outputImage()方法将验证码图像信息作为输出流输出。关注验证码字符串取值，例如，向 session 中写入验证码字符串时调用 getVerifyCode()；获取验证码图片时调用 outputImage()方法，代码如程序清单 13-6 所示。

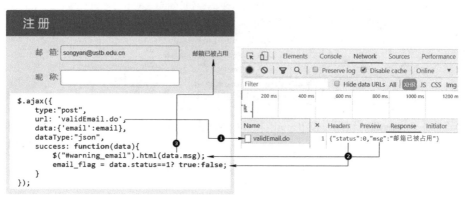

图 13-7　Ajax 调用及 JSON 返回值

程序清单 13-6　验证码工具类

```java
package com.bookshopping.util;
import java.awt.Color;
…
public final class VerifyCodeUtil {
    //初始化验证码字符，去掉了容易混淆的字符
    private static final String str = "ABCDEFGHJKLMNPQRSTUVWXY3456789";
    private static final int SIZE = 4;
    private static final int LINES = 4;
    private static final int WIDTH = 100;
    private static final int HEIGHT = 40;
    private static final int FONT_SIZE = 20;

    public static String getVerifyCode(){
        StringBuffer buffer = new StringBuffer();
        Random ran = new Random();
        for(int i=1; i<=SIZE; i++){ //生成随机数 r，str.charAt(r)为验证码字符
            int r = ran.nextInt(str.length());
            buffer.append(str.charAt(r));
        }
        return buffer.toString();
    }
    public static void outputImage(OutputStream out,String code)
                        throws IOException{
        //1.关于图形的处理，验证码图像存储在 image 中
        BufferedImage image = new BufferedImage(WIDTH, HEIGHT-16,
                        BufferedImage.TYPE_INT_RGB);
        Graphics graphic = image.getGraphics();
        graphic.setColor(Color.WHITE);
        graphic.fillRect(0, 0, WIDTH, HEIGHT);
```

266

```
        graphic.setFont(new Font(null,Font.BOLD+Font.ITALIC,FONT_SIZE));
        //2.绘制验证码字符
        for(int i=0;i<SIZE;i++){
                graphic.setColor(getRandomColor());
                //绘制验证码,指定左下坐标
                graphic.drawString(code.charAt(i)+"", i*WIDTH/SIZE , HEIGHT/2);
        }
        //3.绘制干扰线
        Random ran = new Random();
        for(int i=1;i<=LINES;i++){
                graphic.setColor(getRandomColor());
                graphic.drawLine(ran.nextInt(WIDTH), ran.nextInt(HEIGHT),
                                ran.nextInt(WIDTH),ran.nextInt(HEIGHT));
        }
        //4.将 image 中的图像数据以 png 格式输出
        ImageIO.write(image, "png", out);
    }
    public static Color getRandomColor(){
        Random ran = new Random();
        Color color =
            new Color(ran.nextInt(256),ran.nextInt(256),ran.nextInt(256));
        return color;
    }
}
```

在 Spring MVC 中返回给客户端的信息都是以视图(View)方式呈现的,因此需要为验证码图像的输出创建一个视图类。方法是实现 View 接口,而 View 接口的职责就是接收 model 对象、request 对象、response 对象,并渲染输出结果送给 response 对象。

在 Controller 的请求方法中,将验证码写入 model,由这个自定义的 View 实现类将其渲染为图片送给 Response 对象。

在 View 接口中有两个方法需要实现,分别是 getContentType()方法和 render()方法。

```
public String getContentType(){}
```

getContentType()方法定义视图的返回类型。

```
public void render(Map<String, ?> model,
        HttpServletRequest request, HttpServletResponse response)    throws Exception {}
```

render()方法负责对 model 中的数据进行渲染,并送给 response 对象输出,代码如程序清单 13-7 所示。

程序清单 13-7　验证码视图类

```
package com.bookshopping.view;
import java.util.Map;
…
public class VerifyCodeView implements View{
    public String getContentType() {
        return "image/png";
    }
    public void render(Map<String, ?> model,
            HttpServletRequest request, HttpServletResponse response)
```

```
                          throws Exception {
            //1.获取输出流
            ServletOutputStream out = response.getOutputStream();
            //2.从 model 中取出验证码（在 Controller 中存入）
            String code = (String)model.get("code");
            //3.由 response 对象输出验证码图片
            VerifyCodeUtil.outputImage(out, code);
        }
    }
```

在 registe.jsp 中，通过"getVerifyCode.do"请求获取验证码，在 UserController 中负责处理该请求的代码如程序清单 13-8 所示。

程序清单 13-8　用户管理控制层获取验证码的相关代码

```
@RequestMapping("/getVerifyCode.do")
public ModelAndView CreateVerifyCode (HttpSession session){
    //1.创建 ModelAndView 对象
    ModelAndView model = new ModelAndView();
    //2.生成验证码
    String code = VerifyCodeUtil.getVerifyCode();
    //3.添加验证码到 ModelAndView
    model.addObject("code", code);
    //4.指定视图形式
    model.setView(new VerifyCodeView());
    //5.添加验证码加入 session 中
    session.setAttribute("code", code);
    //6.返回模型和视图
    return model;
}
```

验证码的获取过程如图 13-8 所示。

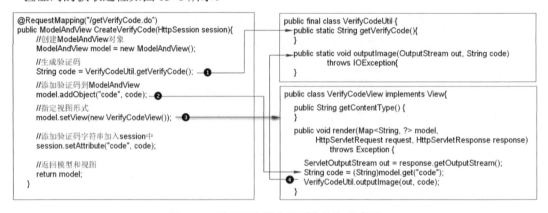

图 13-8　验证码字符串和图片的生成过程

同时，为了实现标准验证码与用户输入的验证码进行比对，将验证码字符串保存至 session 对象。当注册表单的验证码框失去焦点时，发送 Ajax 请求通过 checkVerifyCode.do 对验证码进行检测，代码如程序清单 13-9 所示。

268

程序清单 13-9　验证码校验的 Ajax 请求

```
$(function(){
    $("#verifycode").blur(function(){
        $.ajax({
            type: "post",
            url: 'checkVerifyCode.do',
            data: {'verifyCode':verifyCode},
            dataType: "json",
            success: function(data){
                $("#warning_verifycode").html(data.msg);
            }
        });
    })
});
```

在 UserController 中负责处理该请求的方法如程序清单 13-10 所示，返回 JSON 字符串。

程序清单 13-10　用户管理控制层校验验证码的相关代码

```
@RequestMapping("/checkVerifyCode.do")
@ResponseBody    //返回 JSON 字符串
public Result checkVerifyCode(HttpSession session, String verifyCode){
    Result result = new Result();
    String code =(String)session.getAttribute("code");
    if(code.equalsIgnoreCase(verifyCode)){    //忽略大小写
        result.setStatus(1);
        result.setMsg("正确");
    }else{
        result.setStatus(0);
        result.setMsg("输入有误");
    }
    return result;
}
```

3. 密码加密存储

为了保护用户密码，在数据表中存储密码时采取加密方式。

java.security.MessageDigest 包下的 MessageDigest 类为应用程序提供了"信息摘要"算法，如 MD5 算法等，将 String 字符串加密为字节数组。

摘要算法的特征是加密过程不需要密钥，经过加密的数据无法被解密，只有输入相同的明文数据经过相同的摘要算法才能得到相同的密文。摘要算法不存在密钥的管理和分发问题，适合在 Web 应用中使用。

MessageDigest 类的 getInstance()方法生成实现指定摘要算法的 MessageDigest 对象，例如，创建对象的同时指定 MD5 算法，代码如下。

```
MessageDigest md5Code = MessageDigest.getInstance("MD5");
```

MessageDigest 类的 digest(byte[] input)方法对字节数组参数完成摘要计算，返回加密后的字节数组。

为了方便使用加密后的数据，通常用 sun.misc.BASE64Encoder 类将 MessageDigest 得到的字节数组转换为 String 类型。BASE64 编码按照每 6 bit 转换为一个 BASE64 编码表中的相应字符的方式完成转换，如果转换到最后一个字节时只剩 2 bit 或者 4 bit，则在后面补零凑足 6 bit，补上的部分用等号 "=" 表示。

BASE64Encoder 类的 encode()方法实现字节数组到字符串的转换。转换过程如图 13-9 所示。

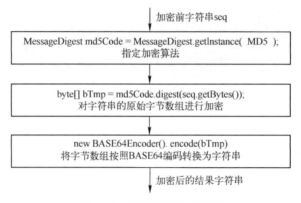

图 13-9　密码加密处理过程

使用 MD5 摘要算法加密，再转换为字符串的工具类 DegistUtil 的代码如程序清单 13-11 所示。

程序清单 13-11　密码加密工具类

```
package com.bookshopping.util;
import java.security.MessageDigest;
import java.security.NoSuchAlgorithmException;
import sun.misc.BASE64Encoder;
public class DegistUtil { //密码的加密处理
    public static String produceDegistCode(String seq) {
        try {
            //1.使用 MD5 摘要算法为密码字符串生成对应的字节数组
            MessageDigest md5Code = MessageDigest.getInstance("MD5");
            byte[] bTmp = md5Code. digest(seq.getBytes()); //加密得到字节数组
            //2.采用 BASE64 算法将字节数组转换成字符串
            BASE64Encoder base64 = new BASE64Encoder();
            return base64.encode(bTmp);
        } catch (NoSuchAlgorithmException e) {
            return null;
        }
    }
}
```

提交注册时，registe.do 请求将提交的密码用工具类 DegistUtil 加密，再向 UserService、UserDAO 传递，代码如程序清单 13-12 所示。

程序清单 13-12　用户管理控制层注册处理部分

```
@RequestMapping("/registe.do")
public String registe(HttpSession session, String email, String password, String nickname){
    //提交密码转为小写后进行加密处理
```

```
        String pwd = DegistUtil.produceDegistCode(password.toLowerCase());
        service.addUser(email, pwd, nickname);
        session.setAttribute("username", nickname);
        return "redirect:toIndex.do";
    }
```

注册成功后，用户的昵称信息加入 session，再重定向到 toIndex.do 请求，然后进入主页 main.jsp。

```
    @RequestMapping("/toIndex.do")
    public String toIndex(){
        return "/main/main";
    }
```

UserService 和 UserDAO 的代码省略，注册后用户信息在数据表中如图 13-10 所示。

id	email	nickname	password
1	songyan@ustb.edu.cn	yan	o5ARNAB3i+ebwrhTpOgIyg==
2	li@126.com	Lily	4MEPRRIXuT92wmVLK3KbhQ==

图 13-10　注册用户信息

13.2.3　用户登录和退出登录

用户登录的过程与 12.5 节的叙述相同，不同的是此处登录成功之后转入网站首页 main.jsp，首页的顶部是通过<@include >指令包含的 head.jsp 页面，为项目中的各页面共享，如图 13-11 所示。

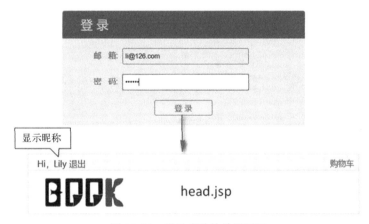

图 13-11　登录成功的效果展示

head.jsp 中的部分代码如程序清单 13-13 所示，使用 JSTL 标签和 EL 表达式判断 session 中是否已存在用户登录信息。

程序清单 13-13　网站页面的头文件 head.jsp

```
<c:if test="${username==null}" var="res">
    <b>欢迎光临</b>
    [<a href="../user/toLogin.do" class="b">登录</a>|
    <a href="../user/toRegiste.do" class="b">注册</a>]
</c:if>
```

```
<c:if test="${!res}">
    Hi，${username}
    <a href="exit.do" class="b">退出</a>
</c:if>
```

其中，toLogin.do 请求跳转至 login.jsp；toRegiste.do 跳转至 registe.jsp，exit.do 为退出登录请求，删除 session 中的用户登录信息，并重定向到网站主页，代码如程序清单 13-14 所示。

程序清单 13-14 用户管理控制层的退出登录处理

```
@RequestMapping("/exit.do")
public String exit(HttpSession session){
    session.removeAttribute("username");
    return "redirect:toIndex.do";
}
```

13.3 网站首页

网站首页 main.jsp 的效果如图 13-12 所示。

图 13-12 网站首页页面效果

页面顶部是 head.jsp，主体部分由左、中、右三部分组成，分别对应图书分类、编辑推荐和新书热卖榜，结构如图 13-13 所示。

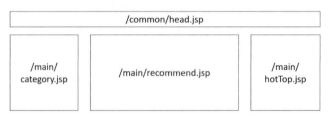

图 13-13 /main/main.jsp 的结构图

在图 13-13 中，head.jsp 直接通过指令包含进来；而下面的 3 个 JSP 均为动态请求生成，所以使用 JSTL 标签 <c:import>导入请求的结果视图文件，其中，主页 main.jsp 的代码结构如程序清单 13-15 所示。

程序清单 13-15　网站首页 main.jsp 的代码结构

```
<!-- 头部 -->
<%@include file="../common/head.jsp"%>
<!--左栏-->
<div id="left" class="book_left">
    <c:import url="/main/getCategory.do"></c:import>
</div>
<!--中栏-->
<div class="book_center">
    <c:import url="/main/recommend.do?size=2"></c:import>
</div>
<!--右栏-->
<div class="book_right">
    <c:import url="/main/hot.do?size=10"></c:import>
</div>
```

13.3.1 图书分类

图书分类数据存储在 category 表中，表结构如表 13-3 所示。

表 13-3　category 表

字 段 名	含 义	数 据 类 型	说 明
id	ID	int	关键字，自动增长
name	分类名	varchar(50)	
description	分类描述信息	varchar(100)	
parent_id	所属分类 ID	int	上一级分类的 ID 号

图书分类数据关系如表 13-4 所示。

表 13-4　图书分类数据关系

一级分类	二级分类	一级分类	二级分类	一级分类	二级分类	一级分类	二级分类
id=1 文艺	parent_id=1 文学 传记 艺术 摄影	id=2 小说	parent_id=2 当代小说 近现代小说 古典小说 四大名著 世界名著	id=3 外语	parent_id=3 英语 日语 韩语 俄语 德语	id=4 计算机	parent_id=4 计算机理论 数据库 程序设计 人工智能 计算机考试

表 13-4 中 parent_id 是所属一级分类的 ID，一级分类自身的 parent_id 为 0。所以，通过查询 parent_id 为 0 的数据可以获取到一级分类；通过 parent_id 和各一级分类 id 的比较，可以找到一级分类的下属二级分类。

为此，实体类 Category 设计如下，其中，childrenListCates 用于保存一级分类的下属二级分类集合，二级分类的该项取值为 null。

```
package com.bookshopping.entity;
import java.util.List;
public class Category implements java.io.Serializable {
    private Integer id;
```

```
            private String    name;        //分类名
            private String    description;  //描述信息
            private Integer parentId;        //一级分类 ID
            private List<Category> childrenListCates;    //二级分类集合
            //set、get 方法……
    }
```

而 CategoryDAO 实现类 CategoryDAOImpl 的 findAll()方法查询得到各级分类之间的对应关系，它借用内部方法 findByParentIdInner()按照 parent_id 得到分类集合，例如，parent_id 等于 0 时即可获得所有一级分类，parent_id 等于 1 时可获得文艺类的所有二级分类集合……使用 findAll()方法先找到一级分类集合，再对其进行遍历，找到它们的二级分类列表，存储在一级分类对象的 childrenListCates 属性中。相关代码如程序清单 13-16 所示。

<h3 style="text-align:center">程序清单 13-16　获取图书分类关系的持久层访问</h3>

```java
package com.bookshopping.dao.impl;
import java.sql.ResultSet;
…
@Repository("categoryDAO")
public class CategoryDAOImpl implements CategoryDAO {
    @Resource(name="jdbcTemplate")
    private JdbcTemplate template;
    // 按照 parent_id 查询分类列表，parent_id=0 为一级分类
    private List<Category> findByParentIdInner(int pid) throws SQLException {
        String sql = "select * from category where parent_id=?";
        Object[] params = new Object[]{pid};
        return template.query(sql, params ,new CategoryRowMapper());
    }
    private class CategoryRowMapper implements RowMapper<Category>{
        public Category mapRow(ResultSet rs, int index) throws SQLException {
            Category c = new Category();
            c.setId(rs.getInt("id"));
            c.setName(rs.getString("name"));
            c.setDescription(rs.getString("description"));
            c.setParentId(rs.getInt("parent_id"));
            return c;
        }
    }
    //找到所有一级分类的二级分类列表
    public List<Category> findAll() throws SQLException {
        List<Category> list = new ArrayList<Category>();
        //1.parent_id=0，找到一级分类列表
        list = findByParentIdInner(0);
        Iterator<Category> it = list.iterator();
        while(it.hasNext()){
            Category c= (Category)it.next();
            int pid = c.getId(); //一级目录的id
            List<Category> childrenList = new ArrayList<Category>();
            //2.查找该一级分类的二级分类列表
```

```
            childrenList = findByParentIdInner(pid);
            //3.设置给一级分类对象
            c.setChildrenListCates(childrenList);
        }
        return list;
    }
}
```

作为业务层的实现类使用 categoryDAO 调用 findAll()方法得到分类关系，代码如程序清单 13-17 所示。

程序清单 13-17　获取图书分类关系的业务层访问

```
package com.bookshopping.service.impl;
import java.sql.SQLException;
…
@Service("categoryService")
public class CategoryServiceImpl implements CategoryService{
    @Resource(name = "categoryDAO")
    private CategoryDAO dao;
    public List<Category> getAllCategory(){
        try {
            return dao.findAll();
        } catch (SQLException e) {
            e.printStackTrace();
            return null;
        }
    }
}
```

CategoryController 对/main/getCategory.do 请求进行处理，调用业务层方法将分类列表保存至 model 供/main/ category.jsp 使用，代码如程序清单 13-18 所示。

程序清单 13-18　图书分类控制层请求处理

```
package com.bookshopping.controller;
import java.util.Map;
…
@Controller
@RequestMapping("/main")
public class CategoryController {
    @Resource(name="categoryService")
    private CategoryService service;

    @RequestMapping("/getCategory.do")
    public String getCategory(Map model){
        model.put("cats", service.getAllCategory());
        return "main/category";
    }
}
```

category.jsp 的核心代码如程序清单 13-19 所示，其中使用 JSTL 标签和 EL 表达式将列表中的分类按所属关系输出。

程序清单 13-19　展示图书分类关系的视图层

```
<c:forEach items="${cats}" var="c1">
    <!--1级分类-->
    <h3>
        [<a href='#'> ${c1.name}</a>]
    </h3>
    <!--2级分类-->
    <ul class="ul_left_list">
        <c:forEach items="${c1.childrenListCates}" var="c2">
            <li><a    href='#'>${c2.name}</a></li>
        </c:forEach>
    </ul>
</c:forEach>
```

上述分类关系展示的过程如图 13-14 所示。

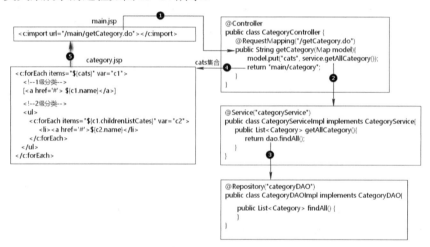

图 13-14　分类展示的调用关系

13.3.2　编辑推荐

编辑推荐位于主页中栏，展示两本推荐图书的概要信息，如图 13-15 所示。

图 13-15　编辑推荐效果图

展示内容涉及图书信息，对应 book 表的结构如表 13-5 所示。

表 13-5　book 表

字　段　名	含　　义	数 据 类 型	说　　明
id	ID	int	关键字，自动增长
book_name	书名	varchar(100)	
author	作者	varchar(100)	
publishing	出版社	varchar(50)	
publish_time	出版时间	bigint(20)	存储时间对应的毫秒数
which_edtion	版本	varchar(15)	
total_page	页数信息	varchar(15)	
isbn	ISBN	varchar(25)	
author_summary	摘要	text	
catalogue	目录	text	
description	图书描述	varchar(30)	
fixed_price	定价	double	
real_price	网价	double	
picture	图书图片地址	varchar(100)	

图书和分类之间的关系存储在 category_book 表中，以 book_id 和 cat_id 作为外键，如表 13-6 所示。在 13.4 节的图书分类展示中，将根据此表的信息统计各类图书的数量。

表 13-6　category_book 表

字　段　名	含　　义	数 据 类 型	说　　明
id	ID	int	关键字，自动增长
book_id	图书 ID	int	外键，book 表 ID
cat_id	分类 ID	int	外键，category 表 ID

假设编辑推荐的规则是在畅销图书的前 10 名中随机选取两本，因此还会涉及图书的销量，该信息与订单表、订单明细表相关，如表 13-7 和表 13-8 所示。

表 13-7　orderform 表（订单表）

字　段　名	含　　义	数 据 类 型	说　　明
id	ID	int	关键字，自动增长
user_id	用户 ID	int	外键，user 表 ID
status	订单状态	int	
order_time	下单时间	bigint(20)	存储时间对应的毫秒数
order_desc	订单描述信息	varchar(100)	
total_price	总价	double	
receive_name	收件人姓名	varchar(100)	
full_address	收件地址	varchar(200)	
mobile	移动电话	char(11)	

表 13-8　item 表（订单明细表）

字　段　名	含　义	数 据 类 型	说　明
id	ID	int	关键字，自动增长
order_id	订单 ID	int	外键，orderform 表 ID
book_id	图书 ID	int	外键，book 表 ID
book_name	图书名	varchar(100)	
real_price	网价	double	
product_num	数量	int	
amount	金额	double	

对应的 SQL 语句如图 13-16 所示。

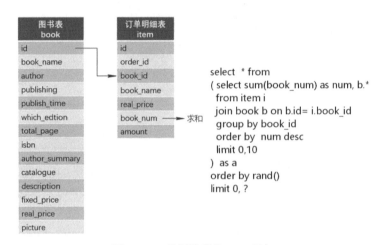

图 13-16　编辑推荐的 SQL 语句

book 表和 item 表按照图书的 id 号连接，并以 id 分组进行销售数量的求和统计，按降序选出 10 本图书；对此查询结果进一步随机选取出指定参数条记录。

相关的 BookDAOImpl 的代码如程序清单 13-20 所示。

程序清单 13-20　编辑推荐的持久层访问

```
@Repository("bookDAO")
public class BookDAOImpl implements BookDAO{
    @Resource(name="jdbcTemplate")
    private JdbcTemplate template;
    public List<Book> findRecommendBook(int size) throws SQLException{
        String sql = "select   * from ("
        + "select sum(product_num) as num,b.* from item i join book b "
        + " on b.id= i.book_id group by book_id order by   num desc as a"
        + " limit 0,10) order by rand() limit 0,?";
        Object[] params = new Object[]{size};
        return template.query(sql, params ,new BookRowMapper());
    }
}
```

278

BookServiceImpl 通过 DAO 返回查询结果，代码清单如程序清单 13-21 所示。

程序清单 13-21　编辑推荐的业务层访问

```java
@Service("bookService")
public class BookServiceImpl implements BookService{
    @Resource(name = "bookDAO")
    private BookDAO dao;
    public List<Book> findRecommendBook(int size){
        try {
            return dao.findRecommendBook(size);
        } catch (SQLException e) {
            return null;
        }
    }
}
```

BookController 处理/main/recommend.do 请求，通过 Sevice 得到查询结果，存储在 model 中返回给/main/recommend.jsp，代码如程序清单 13-22 所示。

程序清单 13-22　图书展示控制层的编辑推荐请求处理

```java
@Controller
@RequestMapping("/main")
public class BookController {
    @Resource(name="bookService")
    private BookService service;

    @RequestMapping("/recommend.do")
    public String findHotBook(Map model, int size){
        List<Book> list = service.findRecommendBook(size);
        model.put("hotList", list);
        return "main/recommend";
    }
}
```

recommend.jsp 使用 JSTL 和 EL 表达式展示数据，核心代码如程序清单 13-23 所示。

程序清单 13-23　编辑推荐的视图层

```jsp
<c:forEach items="${hotList}" var="book">
    <img src="<%=request.getContextPath() %>/images/product/${book.picture}" />
    <a book='#'>${book.bookName}</a>
    作者：${book.author} 著 <br />
    出版社：${book.publishing}
    出版时间：<udc:sysdate format="yyyy-MM-dd" time="${book.publishTime}"/>
    ${book.description}
    定价：¥<fmt:formatNumber value="${book.fixedPrice}"
                                      pattern=".00" type="number"/>
    本网价：¥<fmt:formatNumber value="${book.realPrice}"
                                      pattern=".00" type="number"/>
</c:forEach>
```

在 JSP 中展示价格时需要使用 JSTL 库中的格式化标签，指定格式为两位小数，导入标签的代码如下。

```
<%@taglib uri="http://java.sun.com/jsp/jstl/fmt" prefix="fmt" %>
```

日期的格式化输出则需要自定义标签，标签类 SysDateTag 有两个属性：一个是时间，与数据表中时间的 long 型相对应；另一个是格式字符串。代码如程序清单 13-24 所示。

程序清单 13-24　long 型日期类型数据格式化的自定义标签类

```java
package com.bookshopping.tag;
import java.text.SimpleDateFormat;
import java.util.Date;
import javax.servlet.jsp.JspException;
import javax.servlet.jsp.JspWriter;
import javax.servlet.jsp.PageContext;
import javax.servlet.jsp.tagext.SimpleTagSupport;

public class SysDateTag extends SimpleTagSupport{
    private String format;
    private long time;
    public void setFormat(String format) {
        this.format = format;
    }
    public void setTime(long time){    //时间对应的毫秒数
        this.time=time;
    }
    @Override
    public void doTag() throws JspException, IOException {
        Date day = new Date(time);
        SimpleDateFormat sdf = new SimpleDateFormat(format);
        //获取 out 对象
        PageContext context = (PageContext)super.getJspContext();
        JspWriter out = context.getOut();
        //输出格式化日期
        out.print(sdf.format(day));
    }
}
```

在 WEB-INF 文件夹下的 mytag.tld 文件中对该标签予以声明，代码如程序清单 13-25 所示。

程序清单 13-25　自定义标签的描述文件

```xml
<taglib xmlns="http://java.sun.com/xml/ns/j2ee"
        xmlns:xsi="http://www.w3.org/2001/XMLSchema-instance"
        xsi:schemaLocation="http://java.sun.com/xml/ns/j2ee
        http://java.sun.com/xml/ns/j2ee/web-jsptaglibrary_2_0.xsd"
    version="2.0">
    <description>自定义标签库</description>
    <display-name>自定义</display-name>
    <tlib-version>1.0</tlib-version>
    <short-name>udc</short-name>
    <uri>bookshopping.com/tag</uri>
    <tag>
        <description>格式化输出指定时间</description>
```

```
            <name>sysdate</name>
            <tag-class>com.bookshopping.tag.SysDateTag</tag-class>
            <body-content>empty</body-content>
            <attribute>
                <description>日期格式</description>
                <name>format</name>
                <required>true</required>
                <rtexprvalue>true</rtexprvalue>
            </attribute>
            <attribute>
                <description>时间毫秒数</description>
                <name>time</name>
                <required>true</required>
                <rtexprvalue>true</rtexprvalue>
            </attribute>
        </tag>
    </taglib>
```

页面导入标签的代码如下。

```
<%@taglib uri="bookshopping.com/tag" prefix="udc"%>
```

页面中使用该标签指定 format 和 time 两个参数实现日期的格式化输出，即

```
出版时间：<udc:sysdate format="yyyy-MM-dd" time="${book.publishTime}"/>
```

说明：新书热卖榜的处理过程与编辑推荐相似，不同的是 SQL 查询语句和最后的视图层的数据展示内容。请读者参看教材配套资源中的源代码。

13.4　分类浏览

在首页单击某个二级分类后，进入该类别的图书分页浏览。展示数据由 4 部分组成，一级分类名称及图书总数量、二级分类列表及各类图书数量、图书分页信息及图书信息明细，如图 13-17 所示。

图 13-17　分类浏览效果图

13.4.1 分类图书数量统计

在首页单击二级分类的超链接，进入图书的分类显示，超链接地址携带一级分类 id（pid）和二级分类 id（cid），作为查询分类及其下图书数量的依据，如图 13-18 所示。

图 13-18　主页分类的超链接

1. 分类信息

在 CategoryDAO 中用 public String findNameById(int id)方法根据 id 查询得到分类名称。

CategoryDAO 的 List<Category> findByParentId(int pid)方法返回某个一级分类 pid 对应的二级分类列表，二级列表的获取基于之前运行过的 findAll()方法，该方法已经在每个 Category 对象中存储了子类列表信息。

```
public List<Category> findByParentId(int pid) throws SQLException {
    List<Category> list = findAll();
    Iterator<Category> it = list.iterator();
    while(it.hasNext()){
        Category c= (Category)it.next();
        int id = c.getId(); //一级目录的 id
        if(id==pid){
            return c.getChildrenListCates();
        }
    }
    return null;
}
```

2. 图书数量统计

为了记录每个分类下图书的信息和数量，在 Category 实体类中增加一个属性 books 保存分类下的图书信息，数据由 BookDao 从 book 表和 category_book 表联合查询得到。

```
public class Category implements java.io.Serializable {
    private Integer id;
    private String    name;
    private String    description;
    private Integer parentId;      //一级分类
    private List<Category> childrenListCates;      //二级分类集合

    //用于储存商品信息,由 BookDao 获取
    private List<Book> books;
    //set、get 方法……
}
```

BookDao 中 List<Book> findBooksByCatI(int cid)方法按照分类号完成查询，查询过程和代码如下，对应的 SQL 语句如图 13-19 所示。

```
public List<Book> findBooksByCatId(int cid)    throws SQLException{
    String sql = "select b.* from book b join category_book cb "
            + "on b.id=cb.book_id where cb.cat_id=?";
```

```
        Object[] params = new Object[]{cid};
        return template.query(sql, params ,new BookRowMapper());
    }
```

图 13-19　按分类 id 号查询图书信息的 SQL 语句

在 CategoryDAOImpl 的 findAll()方法中，除了建立一级分类和二级分类的关系外，再增加存储每个分类下图书列表的操作。findAll()方法完整的代码如程序清单 13-26 所示。

程序清单 13-26　分类信息的持久层 findAll()全代码

```
@Resource(name="bookDAO")
private BookDAO bookDao;
public List<Category> findAll() throws SQLException {
    List<Category> list = new ArrayList<Category>();
    //1.parent_id=0，找到一级分类列表
    list = findByParentIdInner(0);
    Iterator<Category> it = list.iterator();
    while(it.hasNext()){
        Category c= (Category)it.next();
        int pid = c.getId(); //一级目录的 id
        List<Category> childrenList = new ArrayList<Category>();
        //2.查找该一级分类的二级分类列表
        childrenList = findByParentIdInner(pid);
        //3.设置给一级分类对象
        c.setChildrenListCates(childrenList);
        //4.图书分类列表所用功能，存储二级分类下书目及数量
        Iterator<Category> itChild = childrenList.iterator();
        while(itChild.hasNext()){    //遍历二级分类
            Category c2= (Category)itChild.next();
            List<Book> bookList = bookDao.findBooksByCatId(c2.getId());
            c2.setBooks(bookList);
        }
    }
    return list;
}
```

13.4.2　图书分页浏览

图书分页浏览除了包含当前页码之外，还包含该二级分类图书的总页数，这个信息通过

BookDAO 计算得到。在翻页的过程中，当前页和翻页按钮随之变化，列表中展示的图书随之
变化。

BookDAO 实现类中图书总页数计算的代码如程序清单 13-27 所示。

程序清单 13-27　图书总页数计算的持久层处理

```java
public int findPageNumByCatId(int catId, int pageSize) throws SQLException {
    //1.调用 findBooksByCatId()方法获取该类别下图书列表
    int totalRows = findBooksByCatId(catId).size();
    //2.根据 totalRows 和 pageSize 计算总页数
    if(totalRows == 0){
        return 1;    //没有数据记为 1
    }else if(totalRows%pageSize == 0){
        return totalRows/pageSize;
    }else{
        return totalRows/pageSize+1;
    }
}
```

其中，pageSize 在 BookListController 中指定默认值（当前项目取值为 3）。

BookDAO 获取当前页图书信息的方法如程序清单 13-28 所示，其中，参数 page 为当前要显
示的数据页编号，pagesSize 为每页图书数量，因此查询得到数据表中第(page-1)*pageSize 条开始
的 pageSize 条记录。

程序清单 13-28　获取当前页图书信息的持久层处理

```java
public List<Book> findPageBooksByCatId(final int cid, final int page,final int pageSize)
        throws SQLException{
    String sql = "select b.* from book b join category_book cb "
        + " on (b.id=cb.book_id) where cb.cat_id=? limit ?, ?";
    Object[] params = new Object[]{cid,(page-1)*pageSize, pageSize};
    return template.query(sql, params ,new BookRowMapper());
}
```

Service 中间包装的过程此处省略，BookListController 代码如程序清单 13-29 所示，其中，
/list/cateAndBookList.do 请求完成页面所有信息的获取和传递；默认 page 为 1，pageSize 为 3。

程序清单 13-29　浏览图书的控制层请求处理

```java
package com.bookshopping.controller;
import org.springframework.stereotype.Controller;
…
@Controller
@RequestMapping("/list")
public class BookListController {
    @Resource(name="bookService")        //图书业务层 Bean 对象
    private BookService bookService;

    @Resource(name="categoryService")    //分类业务层 Bean 对象
    private CategoryService categoryService;
    @RequestMapping("/cateAndBookList.do")
    public String findCateNumList(Map model, int pid, int cid,
            @RequestParam(defaultValue="1")int page,
```

```
            @RequestParam(defaultValue="3")int pageSize){
//将页面所需数据保存至 model
try {
        //1.按 pid 查询一级分类的名字
        String catName = categoryService.findNameById(pid);
        model.put("catName", catName);

        //2.pid 下的二级分类列表
        List<Category> childList =
                categoryService.findByParentId(pid);
        model.put("childList", childList);

        //3.统计各二级分类的图书总数
        int totalNum=0;
        for(Category c: childList){
                totalNum += c.getBooks().size();
        }
        model.put("totalNum", totalNum);

        //4.分页总数
        int pages = bookService.findPageNumByCatId(cid, pageSize);
        model.put("totalPage", pages);

        //5.找到 cid 类别下的第 page 页图书列表
        List<Book> list =
                bookService.findPageBooksByCatId(cid, page, pageSize);
        model.put("books", list);

        //6.在页面中继续使用的数据
        model.put("page", page);
        model.put("pid", pid);
        model.put("cid",cid);
} catch (SQLException e) {
}
return " booklist/book_list ";
    }

}
```

注意，pid、cid 和 page 信息在页面中仍需使用，所以一并存入 model。
/booklist/book_list.jsp 中对以上信息进行展示，分类信息部分如图 13-20 所示。

图 13-20　分类浏览的分类信息部分

主要代码如程序清单 13-30 所示。

程序清单 13-30　分类浏览的分类信息展示

```
您现在的位置: <a href='../user/toIndex.do'>图书</a> &gt;&gt;
<font style='color: #cc3300'><strong>${catName}</strong> (${totalNum})
<h2>分类浏览</h2>
<ul>
    <c:forEach items="${childList}" var="c">
        <li>
            <a href="cateAndBookList.do?pid=${pid}&cid=${c.id}">
            ${c.name} (${c.books.size()})
            </a>
        </li>
    </c:forEach>
</ul>
```

分页导航部分如图 13-21 所示，向前翻页和向后翻页两个红色图片带有超链接，都是携带一级分类 pid 和二级分类 cid，并根据翻页前后传递最新的 page 信息；灰色图片不带有超链接。页面根据 page>1 和 page <totalPage 两个条件分别选择前翻和后翻的哪个图片出现。

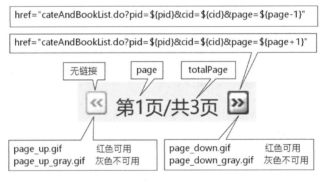

图 13-21　分页导航功能

主要代码如程序清单 13-31 所示。

程序清单 13-31　分类浏览的分页导航视图

```
<!--分页导航开始-->
<c:if test="${page>1}" var="res">
    <a href="cateAndBookList.do?pid=${pid}&cid=${cid}&page=${page-1}">
        <img src='../images/page_up.gif' />
    </a>
</c:if>
<c:if test="${!res}">
    <img src='../images/page_up_gray.gif' />
</c:if>
<div class='list_r_title_text3b'>第${page}页/共${totalPage}页</div>
<c:if test="${page<totalPage}" var="res">
    <a href="cateAndBookList.do?pid=${pid}&cid=${cid}&page=${page+1}">
        <img src='../images/page_down.gif' />
    </a>
</c:if>
```

```
<c:if test="${!res}">
    <img src='../images/page_down_gray.gif' />
</c:if>
<!--分页导航结束-->
```

分类浏览模块的处理过程如图 13-22 所示。

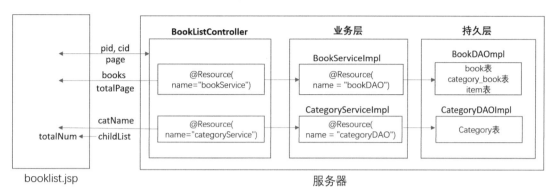

图 13-22 分类浏览模块的调用关系

说明：图书明细与编辑推荐相似，请读者参看教材配套资源中的源代码。

13.5　购物车

在图书列表中可以将商品添加至购物车。单击页面顶部的购物车链接进入购物车后，可以查看购物列表、修改商品数量、删除商品，如图 13-23 所示。

图 13-23 购物车效果图

13.5.1　创建和添加购物车

图书列表中每本图书都有一个"加入购物车"的图片超链接，代码如下。

```
<a href="javascript: ;" bid="${book.id}" class="buy">
    <img src='../images/buy.gif' />
</a>
```

技巧：单击超链接时，为了防止页面滚动，指定<a>标签的 href 属性为"javascript: ;"。

加入购物车的操作通过 Ajax 异步式访问实现，单击该图标后，发起添加购物车的请求。因为每条书名信息后都有"加入购物车"按钮，所以 jQuery 不能使用 id 选择器，因此指定样式

class="buy"，以此实现选择元素；bid 为当前图书的 id，向服务器端传递。Ajax 调用返回 JSON 格式数据，Ajax 访问代码如程序清单 13-32 所示。

程序清单 13-32　添加购物车的 Ajax 请求

```
$(".buy").click(function(){    //通过样式选择元素
    var id = $(this).attr("bid");    //图书 id
    $.ajax({
        "url":"../cart/addcart.do",
        "type":'get',
        "data":{"bid":id, "date":new Date().getTime()},
        "dataType":"json",
        "success":
            function(data){
                alert(data.msg);
            }
    });
});
```

本项目使用 session 实现购物车。

购物车实际即为一个实现购物信息增、删、改、查的数据访问接口，购物车结构如图 13-24 所示，每条购物信息封装在 CartItem 对象中，包含图书和数量；所有购物信息则可以保存在一个 List 中，创建购物车时创建 List 对象，为存储购物信息做好准备；购物车在用户浏览网站的各个请求中有效，所以存储在 session 中共享。

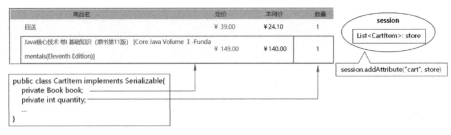

图 13-24　购物车存储结构

在 CartDAO 的购物处理中，首先检测 session 中是否存在购物车。如果是第一次购物，session 中没有购物车，则创建购物车；如果购物车已存在，则读取 session 中的购物车，对其进行遍历，已存在该商品则增加商品数量；如果是第一次购买某商品，则根据参数 id 查询得到该图书信息，在购物车列表中增加商品条目，或者最后将新的购物列表保存至 session，代码如程序清单 13-33 所示。

程序清单 13-33　添加购物车的持久层访问

```
public void addToCart(HttpSession session, int bid) throws Exception {
    List<CartItem> store = (List)session.getAttribute("cart");
    if(store==null){    //购物车不存在
        store = new ArrayList<CartItem>();    //第一次购物，创建购物车
    }else{    //购物车已存在，判断是否购买过
    for(CartItem item: store){
        if(item.getBook().getId()==bid){ //已购买过
```

```
                    item.setQuantity(item.getQuantity()+1);   //数量加 1
                    session.setAttribute("cart", store);   //更新 session
                    return;
                }
            }
        }
    }
    //第一次购买
    //1. 查询得到该图书信息
    Book book = bookDao.findById(bid);
    //2. 创建购物项, 数量为 1
    CartItem item = new CartItem(book,1);
    //3. 加入购物车列表
    store.add(item);
    //4. 更新 session
    session.setAttribute("cart", store);
}
```

CartService 对添加购物车进行包装, 代码如程序清单 13-34 所示。

程序清单 13-34 添加购物车的业务层访问

```
@Service("cartService")
public class CartServiceImpl implements CartService {
    @Resource(name="cartDAO")
    private CartDAO cartDao;
    public void addToCart(HttpSession session, int bid) throws Exception {
        cartDao.addToCart(session, bid);
    }
}
```

CartController 处理/cart/addcart.do 请求, 利用 CartService 的 Bean 对象完成添加, 返回 JSON 字符串, 代码如程序清单 13-35 所示。

程序清单 13-35 购物车控制层的添加购物车请求处理

```
@Controller
@RequestMapping("/cart")
public class CartController {
    @Resource(name="cartService")
    private CartService service;

    @RequestMapping("/addcart.do")
    @ResponseBody
    public Result addToCart(HttpSession session, int bid){   //bid: 图书 id 参数
        Result r = new Result();
        try {
            service.addToCart(session, bid);
            r.setStatus(1);
            r.setMsg("购买成功");
        } catch (Exception e) {
            r.setStatus(0);
```

```
                  r.setMsg("购买失败");
              }
              return r;
          }
      }
```

处理过程如图 13-25 所示。

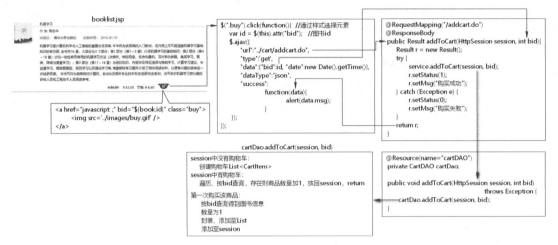

图 13-25 添加购物车处理过程

13.5.2 查看购物列表

查看购物车的链接位于/common/head.jsp 中，代码如下。

```
<div class="cart">
    <a href="../cart/cart_list.do">购物车</a>
</div>
```

超链接使用 cart_list.do 显示购物车列表。

如图 13-23 所示，购物车列表包含购物车的所有购物项以及总价信息。因此 CartController 的对应请求方法通过 service 获取两个数据，放在 model 中返回。因为购物车存储在 session 中，所以从 Controller 到 Service 到 DAO，都以 session 作为参数，代码如程序清单 13-36 所示。

程序清单 13-36　购物车控制层的查看购物车请求处理

```
@RequestMapping("/cartlist.do")
public String getCartList(HttpSession session, Map model){
    model.put("cartlist", service.getAllCartItems(session));
    model.put("total", service.getCartCost(session));
    return "cart/cartlist";
}
```

CartServiceImpl 调用 CartDAO 获取购物车和计算总价，代码如程序清单 13-37 所示。

程序清单 13-37　查看购物车的业务层处理

```
public List<CartItem> getAllCartItems(HttpSession session) {
    return cartDao.getAllCartItems(session);
```

```
    }
    public double getCartCost(HttpSession session) {
        return cartDao.getCartCost(session);
    }
```

CartDAOImpl 完成具体工作，代码如程序清单 13-38 所示。

程序清单 13-38   查看购物车的持久层处理

```
public List<CartItem> getAllCartItems(HttpSession session) {
    List<CartItem> store = (List)session.getAttribute("cart");
    if(store==null || store.size()==0){
        return null;     //使为空时的购物车页面一致，否则 store 存在，会显示空列表 }
    return store;
}
public double getCartCost(HttpSession session) {
    List<CartItem> store = (List)session.getAttribute("cart");
    double total=0;
    if(store!=null){
        for(CartItem item:store){
            total += item.getBook().getRealPrice()*item.getQuantity();
        }
    }
    return total;
}
```

13.5.3 修改购物车

在购物车列表中，每个购物项的数量后面都有一个文本框，可以输入新的数量，单击"变更"超链接后完成数量的更新。

为了针对每条购物信息完成该操作，即均能记录该条信息的唯一标志，将该区域的页面设计如下。

```
<input class="modify_num" id="${cartitem.book.id}" />
<a href="javascript:;" class="${cartitem.book.id}">变更</a>
```

每个购物项中的"变更数量"文本框用当前商品的 id 作为其 id 取值，"变更"按钮使用商品的 id 作为其 class 取值。因为 id 的唯一性，使用 jQuery 的 id 选择器和类选择器实现对各行数据的区分，如图 13-26 所示。

```
▼<td>
    <input class="modify_num" id="3" type="text" size="3" maxlength="4">
    <a href="javascript:;" class="3">变更</a>
  </td>
▼<td>
    <input class="modify_num" id="4" type="text" size="3" maxlength="4">
    <a href="javascript:;" class="4">变更</a>
  </td>
```

图 13-26 每条购物项的更改部分的页面

更改数量的请求为 modifycart.do,同时提交商品 id 和用户输入的数量,代码如程序清单 13-39 所示。

程序清单 13-39　修改购物车的客户端处理

```
<td>
    <input class="modify_num" id="${cartitem.book.id}" type="text" size="3" />
    <a href="javascript:;" class="${cartitem.book.id}">变更</a>
    <script>
        $(function(){
            $('.${cartitem.book.id}').click(function(){
                var quantity = $('#${cartitem.book.id}').val();
                var reg=/^\d+$/;
                if(!reg.test(quantity)){
                    alert("请输入数字");
                    return;
                }
                var bid = ${cartitem.book.id};
                window.location='modifycart.do?bid='+bid+"&quantity="+quantity;
            });
        });
    </script>
</td>
```

> **注意**：以上代码需要根据<c:forEach>的当前循环变量 cartitem 获取当前商品的 id 信息,所以需要放在循环内,跟随每条购物信息。

修改购物车后再次请求 cart_list.do 更新数量和总价,CartController 相关代码如程序清单 13-40 所示。

程序清单 13-40　购物车控制层的修改购物车请求处理

```
@RequestMapping("/modifycart.do")
public String modifyCart(HttpSession session, int bid, int quantity){
    service.modifyCartItem(session, bid, quantity);
    return "redirect:cartlist.do";
}
```

其中,CartDAOImpl 的 modifyCartItem()方法完成购物车的修改,代码如程序清单 13-41 所示。

程序清单 13-41　修改购物车的持久层处理

```
public void modifyCartItem(HttpSession session, int bid, int quantity) {
    List<CartItem> store = (List)session.getAttribute("cart");
    for(CartItem item: store){
        if(item.getBook().getId()==bid){
            item.setQuantity(quantity);
        }
    }
    session.setAttribute("cart", store);
}
```

13.5.4 删除购物信息

购物车列表中，每条购物信息后有超链接"删除"，代码如下。

```
<td>
    <a href="deletecart.do?bid=${cartitem.book.id}">删除</a>
</td>
```

如果要删除购物信息，可通过 deletecart.do 请求依据商品 id 参数完成删除。

CartController 中处理该请求的代码如程序清单 13-42 所示。

程序清单 13-42　购物车控制层的删除购物车请求处理

```
@RequestMapping("/deletecart.do")
public String removeCartItem(HttpSession session, int bid){
    service.removeCartItem(session, bid);
    return "redirect:cartlist.do";
}
```

其中，CartDAOImpl 的 removeCartItem ()方法完成删除购物信息，注意对 List 的删除操作要利用迭代器完成，代码如程序清单 13-43 所示。

程序清单 13-43　删除购物车的持久层处理

```
public void removeCartItem(HttpSession session, int bid) {
    List<CartItem> store = (List)session.getAttribute("cart");
    Iterator<CartItem> it = store.iterator();    //使用迭代器进行删除
    while(it.hasNext()){
        CartItem item = it.next();
        if(item.getBook().getId()==bid){
            it.remove();
            break;
        }
    }
    session.setAttribute("cart", store);
}
```

确定购物车后，用户可以进入订单模块，该模块由填写订单和查看订单两个部分组成，处理流程与其他操作相似，正文不再赘述，作为本项目学习后的综合实践留给读者完成。

本章展示了综合项目的开发过程，项目开发犹如搭积木，在顶层将功能模块、模块间关系、数据库设计好，每个模块按部就班即可。

Web 项目的开发过程遵循分层架构，希望读者通过本项目的多模块练习能够熟练掌握分层的开发过程。

13.6　习题

1）根据项目所给页面，在项目中添加图书明细展示功能。单击某本图书的书名或图片时打开此页面，如图 13-26 所示。

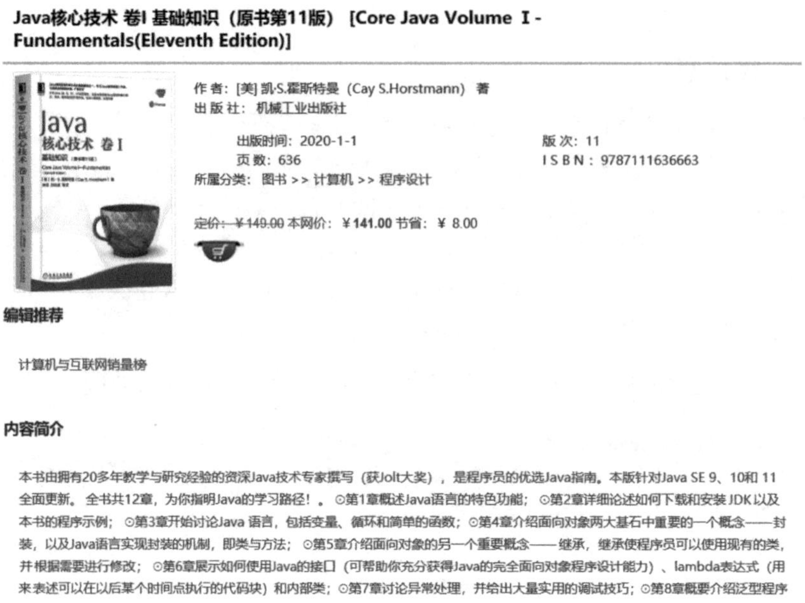

Java核心技术 卷I 基础知识（原书第11版）　[Core Java Volume Ⅰ - Fundamentals(Eleventh Edition)]

作　者：[美] 凯·S.霍斯特曼（Cay S.Horstmann）著
出 版 社：机械工业出版社

出版时间：2020-1-1　　　　　　　　　　　版次：11
页　数：636　　　　　　　　　　　　　　 I S B N：9787111636663
所属分类：图书 >> 计算机 >> 程序设计

定价：￥149.00 本网价：￥141.00 本省：￥8.00

编辑推荐

计算机与互联网销量榜

内容简介

本书由拥有20多年教学与研究经验的资深Java技术专家撰写（获Jolt大奖），是程序员的优选Java指南。本版针对Java SE 9、10和11全面更新。全书共12章，为你指明Java的学习路径！。 ⊙第1章概述Java语言的特色功能；⊙第2章详细讨论如何下载和安装JDK以及本书的程序示例；⊙第3章开始讨论Java语言，包括变量、循环和简单的函数；⊙第4章介绍面向对象两大基石中重要的一个概念——封装，以及Java语言实现封装的机制，即类与方法；⊙第5章介绍面向对象的另一个重要概念——继承，继承使程序员可以使用现有的类，并根据需要进行修改；⊙第6章展示如何使用Java的接口（可帮助你充分获得Java的完全面向对象程序设计能力）、lambda表达式（用来表述可以在以后某个时间点执行的代码块）和内部类；⊙第7章讨论异常处理，并给出大量实用的调试技巧；⊙第8章概要介绍泛型程序

图 13-26　图书明细页面

说明：图书明细模块页面位于 webapp/product 文件夹下。

2）根据项目所给页面，完成订单模块的编写，其中填写订单部分包括确认订单、填写送货地址和生成订单，如图 13-27 所示。

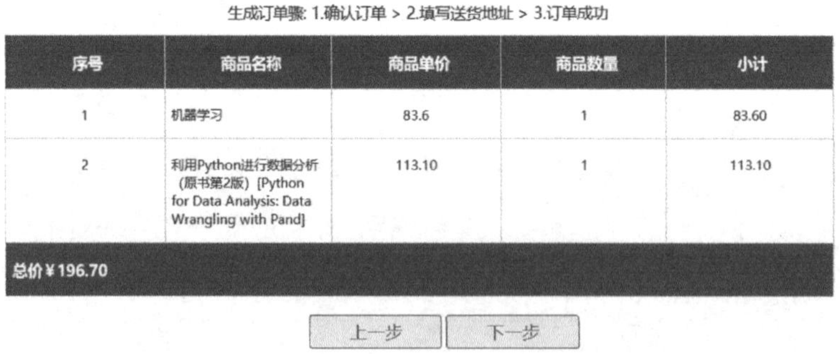

生成订单骤: 1.确认订单 > 2.填写送货地址 > 3.订单成功

序号	商品名称	商品单价	商品数量	小计
1	机器学习	83.6	1	83.60
2	利用Python进行数据分析（原书第2版）[Python for Data Analysis: Data Wrangling with Pand]	113.10	1	113.10
总价 ￥196.70				

上一步　下一步

a)

生成订单骤: 1.确认订单 > 2.填写送货地址 > 3.订单成功

收件人姓名：		请填写有效的收件人姓名
收件人详细地址：		请填写有效的收件人的详细地址
邮政编码：		请填写有效的收件人的邮政编码
电话：		请填写有效的收件人的电话
手机：		请填写有效的收件人的手机

上一步　下一步

b)

图 13-27　填写订单页面

a) 确认订单　b) 填写送货地址

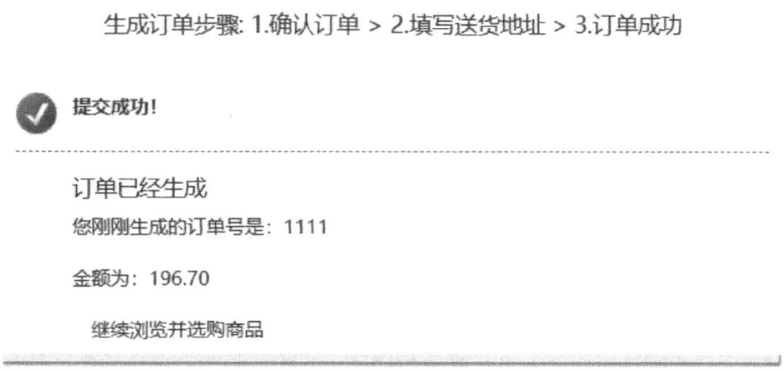

生成订单步骤: 1.确认订单 > 2.填写送货地址 > 3.订单成功

✓ 提交成功!

订单已经生成

您刚刚生成的订单号是: 1111

金额为: 196.70

继续浏览并选购商品

c)

图 13-27　填写订单页面（续）

c) 订单成功

说明：订单模块相关页面位于 webapp/order 文件夹下。

参 考 文 献

[1] 孙卫琴. Tomcat 与 Java Web 开发技术详解[M]. 第 2 版. 北京：电子工业出版社，2009.

[2] 许令波. 深入分析 Java Web 技术内幕[M]. 北京：电子工业出版社，2014.

[3] 陈雄华，林开雄. Spring 3.x 企业应用开发实战[M]. 北京：电子工业出版社，2012.

[4] Deck P. Spring MVC 学习指南[M]. 林仪明，崔毅，译. 北京：人民邮电出版社，2015.